行銷資料科學

大數據×市場分析×人工智慧

第二版

推薦序 | FOREWORD

多年來，筆者在臺科大企管系擔任行銷管理及口碑行銷的授課，專注的研究主題是在口碑及行銷研究方面。2017 年初，台評會邀我加入他們的校務研究（institutional research, IR）團隊，希望藉助筆者的研究專長來協助瞭解國內各大專院校，在面對少子女化趨勢時，所遇到的嚴峻招生挑戰，以及校際間競合關係的本質。同時，也希望瞭解學校的顧客－學生在選校時，所考慮的網路評論和學長姐口碑推薦的影響力。

投入 IR 校務研究後，由於涵蓋的資料多達數十所大學、數百個變數與萬千筆資料，筆者發現傳統的統計工具，所能快速與方便處理的研究變數和報表產出格式，有很大的侷限。換句話說，在大數據的多元資料來源下，過去的分析工具，已無法有效符合我們的分析需求。我們必須儘快找到新的工具或方法，來面對大數據的挑戰。

就在此時，筆者正好看到研究助理皓軒（本書作者之一）的桌上，有一本 Thomas W. Miller 的《Marketing Data Science：Modeling Techniques in Predictive Analytics with R and Python》。當時，他正在學習 R 和 Python 語言，同時極力推薦我研讀此書。稍翻閱一下，我就發現資料科學的進步一日千里，書中的技術已能同時處理成千上萬個變數、能處理文字型態的資料，且在研究結果的視覺化呈現上，比過去的統計工具更好太多了。我隨即對皓軒說：「我們整個研究團隊應該轉到《Marketing Data Science：……》行銷資料科學的方向」。從此，我積極對大數據分析、機器學習、資料科學，以及相關的行銷與口碑近期文獻，投入更多的時間學習。

2017 年 3 月，筆者開始在台科大企管系的大學部開設「行銷資料科學」課程，這對企管系、對學生、對我，都是嶄新的挑戰。此外，筆者也同時要求所指導的博碩班研究生，全部轉而學習 R 和 Python，並利用此兩種語言，來分析論文進行中所蒐集到的數據。一時之間，這轉變對筆者、也對學生們造成很大的壓力。但「壓力，就是成長的動力源」，透過持續的摸索、進修與密集討論，我們終於慢慢走過來，也開始感受到大數據分析的實質效果和利益。

回顧筆者過去所參與的業界專案，幾乎都是市場調查或是行銷研究類別，利用基本的敘述性統計方法，就可大致涵蓋。然而這兩年，業界需求丕變，舉凡變數的增加、資料量的膨脹、分析手法的複雜以及時效的快速要求，若非先前在行銷資料科學的投入奠基，我們實在難以承接。筆者很慶幸，在大數據的浪頭上，我們沒有置身事外，而被時代所淘汰了。

經過許多共同努力，筆者很高興見證過去與現在指導的學生，羅凱揚、蘇宇暉和鍾皓軒，合作出版了這本書。本書的內容涵蓋行銷資料科學的基本概念、理論實務，和規劃執行。書中有許多故事與專案，內容深入淺出，很適合對行銷管理或行銷研究有興趣，或想瞭解如何將資料科學，應用於行銷的行銷人與資訊人閱讀。我因此，極力推薦本書給大家。

林孟彥
台灣科技大學企業管理系教授

序 | PREFACE

記得是 2018 年左右吧，我們在每兩星期一次與指導教授的會議過程中，都會由不同的碩、博士班學弟妹，上台報告全世界最新的行銷科學論文內容。很難想像，在學弟妹由不同期刊近乎「隨機」選出的論文中，三篇論文竟然同步指向一個全新的研究領域─行銷資料科學，這也讓原本只埋頭在傳統「口碑研究」領域的我們，突然驚醒，我們已經悄悄站在全新的學術浪頭之上，而它正以鋪天蓋地之勢席捲而來。

於是，在徵得教授的同意下，我們把自己鑽研的口碑研究，向前後左右延伸，開啟了這趟全新的研究之旅，畢竟口碑研究在網際網路的推波助瀾下，已和行銷資料科學密不可分；畢竟在台灣還少有行銷研究的同行，著手撰寫行銷資料科學的相關工具、發展與可能擁有的未來。也就在這個趨勢下，我們創建的台灣第一個行銷資料科學臉書專頁和部落格於焉誕生。

為了這個專為行銷學術和實務圈所設置的臉書專頁和部落格，我們遍讀許多有關大數據和行銷資料科學的國內外學術期刊、論文、新聞，以及兩岸三地許多行銷實務案例，希望以最淺白的科學和商學普及教育的角度出發，向有意進入這個領域的新鮮人介紹未來的發展趨勢。很快地，我們各平台的粉絲加總已經突破七千多人以及眾多網友的按讚與分享，也承蒙碁峰資訊的抬愛，讓網站的內容得以很快集結出書。

以下，是這本書的梗概：

近年來，在資訊時代巨量資料蓬勃發展下，人工智慧（AI）浪潮席捲全球各大行業，賦予了我們許多資料科學的相關工具，諸如：機器學習、深度學習等，使管理者可以根據更廣泛的資料來源協助決策，讓傳統直覺式的決策方法，逐步轉型成「證據導向決策（Evidence Based Decision）」。

這也因此造就了 2012 年曾被《哈佛商業評論》評為「21 世紀最誘人的新興職位」-「資料科學家」，使得資料科學家頓時成為被眾人追捧的對象。為了趕上這股風潮，台灣已有一些大學開設資料科學相關的課程，像是大數據分析、資料科學方法等，亦有企業界為求百尺竿頭，讓資料能更進一步發揮其價值，所

以不斷延攬資料科學講師，進行企業內訓，讓資料科學的風潮在產學界十足興起了陣陣波瀾。

這幾年，在產業界和學界對資料科學技術，向下扎根的同時，我們藉由產學界的經驗，發掘了商業界因為資料科學解讀上的困難，屢屢造成「老闆與主管看不懂的結果」，進而否定了資料科學在商業上所帶來的價值；行銷學界則因資料科學的出現，對行銷研究的發展產生了巨大的改變，致使許多國際期刊搖身一變，對研究者要求使用資料科學式的行銷研究方法。

於是我們開始探討如何「透過科學化的方式，對與產學界最直接相關的行銷資料進行分析，並達到解決行銷管理上的問題」，也就是將資料科學運用到行銷領域的一門學問就稱為「行銷資料科學」。舉例來說，在亞馬遜網站購書後，網站透過不同的演算法也將其他人購買的同類的哪幾本，做出推薦清單後一併推薦給你，既能讓業界管理者輕易理解，也能讓學界研究者以資料科學的角度發表新研究文獻，這就是行銷資料科學的應用。

賡續「行銷資料科學」之理念，撰寫了國內第一本「行銷資料科學」的書籍。本書章節內容循序漸進，解說完整，包含行銷理論、實務故事、亦有部分實戰專案案例與線上程式操作，適合行銷人、經理人、管理者、資訊人、學生、數據分析使用者與預想從行銷商業面著手學習資料科學的初學者。

本書得以順利出版，要感謝台灣科技大學林孟彥教授指導本書的編撰。感謝碁峰資訊的鼎力支持與協助。感謝台灣科大的繪圖團隊為本書貢獻多張精美圖表，增加讀者對內容的理解程度。希望我們在行銷資料科學的努力，能協助產學界走向一個更具競爭力的未來。最後筆者於本書撰寫期間雖十分用心投入，但唯恐能力不及或論述未盡周詳，如有疏漏或錯誤內容，盼請不吝提供改善建議，讓我們有所成長。謹誠期盼

羅凱揚、蘇宇暉、鍾皓軒　謹識

目　錄 | CONTENTS

PART **1** ▶ 概論篇

PART 2 ▶ 大數據篇

PART **3** ▶ 行銷篇

CHAPTER
07　市場分析與行銷資料科學

價值溝通與行銷資料科學

PART 4 ▶ 策略篇

CHAPTER 11 行銷資料科學與策略

何謂行銷資料科學

1-1 智慧客服真聰明

想像一下，當你第一次打電話到銀行的客服中心（Call Center）時，客服系統就能夠真正聽懂你的意思，並且知道你的個性。下次當你再打電話進去時，系統會自動將電話轉接給與你性格相似的客服，以降低雙方在電話中可能因為誤解而產生衝突的風險，而銀行也可藉此提升顧客滿意度。事實上，這類智慧客服已陸續在國際銀行業上線服務消費者，然而，它們到底是如何辦到的呢？

這個故事要從美國的一位心理學家泰比‧卡勒（Taibi Kahler）博士說起。卡勒認為，人們講話時的語意結構、詞彙選擇等常會揭露人們的性格。他透過分析人們說話的方式，將人分成六大類型：情感導向型（Emotions-driven）、思考導向型（Thoughts-driven）、行動導向型（Actions-driven）、反思導向型（Reactions-driven）、意見導向型（Opinions-driven）和反應導向型（Reflections-driven）（如圖 1-1 所示）。

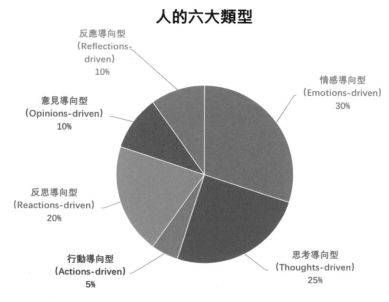

人的六大類型

反應導向型
（Reflections-driven）
10%

意見導向型
（Opinions-driven）
10%

情感導向型
（Emotions-driven）
30%

反思導向型
（Reactions-driven）
20%

行動導向型
（Actions-driven）
5%

思考導向型
（Thoughts-driven）
25%

⊕ 圖 1-1　泰比‧卡勒（Taibi Kahler）六大性格類型
繪圖者：趙雪君

泰比・卡勒（Taibi Kahler）將他的研究成果寫成了一本書《The Process Therapy Model：The Six Personality Types with Adaptations》（暫譯：過程治療模式：適應性的六種人格類型），而美國太空總署（NASA）後來則聘請他，藉由他的研究發展出選擇太空人團隊的方法。

之後，另一位創業家凱利・康威（Kelly Conway）與伏達風（Vodafone）電信公司合作，依據泰比・卡勒的研究，針對 12 位客服專員與其負責的 1,500 通電話進行分析，以瞭解每位客服專員與每位顧客的性格（共分成 6 大項），並計算每通電話的通話時間。康威發現，當顧客遇到性格與其相近的客服專員，通話時間約 5 分鐘，解決問題的比例高達 92%，而當顧客遇到性格迥異的客服專員時，通話時間長達 10 分鐘，問題解決的比例遽降到 47%。於是康威將以上的研究開發成產品，甚至申請了專利[1]（請參考 QR code）。

https://www.google.com/patents/US20090103699

就這樣，當你第一次打電話到銀行的客服中心時，電腦語音通常會要求你輸入身分證字號，這樣系統就會知道你是誰。接著，銀行再透過你與客服之間的對話來辨識你的個性。當你下次再打電話進客服中心時，輸入身分證字號後，系統就能自動將你「配對」至與你性格相似的客服，以提升顧客滿意度，這也就是為何系統能夠聽懂你的心的原因，如圖 1-2 所示。

---

[1] Kelly Conway 的專利為 Methods and systems for determining customer hang-up during a telephonic communication between a customer and a contact center US 20090103699 A1。

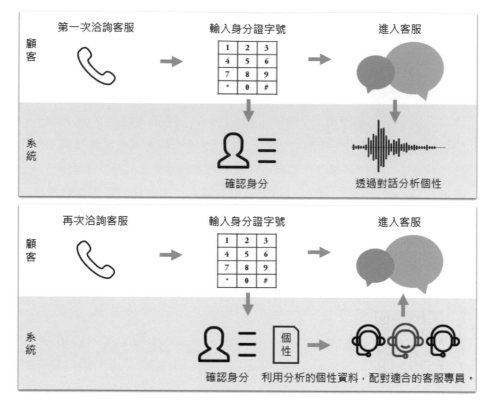

⊕ 圖 1-2 電腦語音系統如何讀懂你的心
繪圖者：余得如

後來，一家名為魅得賽（Mattersight）的美國公司，使用泰比‧卡勒博士所發明的模型，蒐集銀行、飯店、保險、連鎖藥店…等業者共超過 10 億筆的客服電話記錄，再透過機器學習，最終讓系統能在人們講話的前 30 秒內，就立刻判斷出這名消費者的性格。

透過上述電腦語音辨識性格的技術，再結合智慧客服機器人的發展未來，智慧客服機器人甚至可以針對不同類型的消費者，改變自己的聲調和語氣，進一步提升顧客滿意度。

生成式 AI 與行銷

ChatGPT 於 2022 年 11 月推出，短短兩個月，活躍用戶超過 1 億人。事實上，這波人工智慧（AI）對行銷產生很大的影響，內容包括：

1. 更好地了解客戶：人工智慧技術可以幫助行銷人員更好地了解客戶，包括他們的喜好、需求和購買習慣。透過機器學習和大數據分析，可以根據客戶的行為和反應，建立更準確的客戶個人化檔案。

2. 更精確的預測：人工智慧可以分析大量的數據，進行深度學習，進而對未來進行預測。這可以幫助行銷人員更好地了解市場趨勢和客戶需求，進而調整其策略，提供更符合客戶需求的產品和服務。

3. 更好的客戶體驗：人工智慧技術可以幫助行銷人員更好地了解客戶需求，並根據這些需求提供更好的產品和服務。透過自然語言處理和機器學習，可以實現更好的客戶互動體驗，例如聊天機器人和智能個人助理。

4. 更有效的行銷：人工智慧技術可以分析客戶數據和行為，幫助行銷人員更好地了解哪些行銷策略和渠道最有效。這可以幫助行銷人員優化其行銷策略，並將更多的資源投放到最有效的渠道上。

以上 4 點內容，即是 ChatGPT 所生成的結果。

ChatGPT 是一種生成式 AI（generative AI），顧名思義，它能自動生成內容，無論是文章、圖片、或聲音等。至於它生成的內容有多厲害，除了上述 4 點有關 AI 對行銷產生影響的論述。在 2022 年，藝術家傑森・艾倫（Jason Allen），便利用 Midjourney 創作了〈太空歌劇院〉，贏得美國科羅拉多州博覽會的「數位藝術類別」的首獎。

而生成式 AI 裡最重要的組織，莫過於 OpenAI。於 2022 年底，該組織所開發生成模型包括 GPT-3（用於文本）、DALL-E 2（用於圖像）、Whisper（用於語音）、Codex（用於程式碼）。

至於要能善用生成式 AI，背後需要由人類輸入「提示」到生成式模型，再由 AI 產生內容。而為了能讓 AI 生成令自己滿意的結果，便有了「提示工程」（Prompt engineering）專業的出現。畢竟，擁有好的提示，才能有好的輸出結果。就像傑森・艾倫（Jason Allen）在贏得比賽後，接受專訪時表示，他花了超過 80 個小時，不斷地微調「提示」，製作了超過 900 個版本的底稿，才有了最終的成果。

至於生成式 AI 已經對行銷產生何種影響？美國貝伯森學院（Babson College）湯瑪斯・戴文波特（Thomas H. Davenport）教授與德勤顧問（Deloitte Consulting LLP）高階主管尼廷・米塔爾（Nitin Mittal），在 2023 年 3 月的哈佛商業評論（HBR）上，發表了一篇文章[2]，探討了生成式 AI 對行銷所產生的影響。

戴文波特教授以 AI 行銷文案公司 Jasper 為例，提及該公司透過串接 OpenAI GPT-3，讓使用者輸入提示，就能夠生成文案、部落格文章、社群媒體貼文、電子郵件廣告等。同時提到，許多公司開始運用生成式 AI 來生成文本和圖像，並透過這些模型，大幅提高 SEO 的效果。此外，圖像生成工具也可能會取代現有的圖庫市場，畢竟現有圖庫的客製化程度較低。最後，戴文波特教授還提到，服飾公司 Stitch Fix 正根據顧客對服飾顏色、風格的喜好，透過 DALL-E 2，建立服飾圖像。玩具公司美泰兒（Mattel）也開始運用生成式 AI，來進行玩具的設計與行銷。

---

2 資料來源：https://www.hbrtaiwan.com/article/21836/how-generative-ai-is-changing-creative-work

SECTION 1-2

行銷新顯學：行銷資料科學（**Marketing Data Science**）

美國零售業先驅約翰‧汪納麥克（John Wanamaker）曾經說過：「我花在廣告上一半的經費都浪費掉了，麻煩的是我完全不知道是哪一半。」後來這句話又被人引申為「我有一半的廣告經費都沒有效，更糟糕的是，我卻不知道是哪一半。」多年來，行銷界人士之所以有廣告經費不知道花到哪兒去，以及明知無效卻還得投入的喟嘆，其實是因為過去的廣告行銷都很難做到「明確區隔、精準行銷」所致。然而，現在隨著社群網路（Social Network）、物聯網（Internet of Things）、開放資料（Open Data）、大數據（Big Data）等概念的出現，加上行銷管理學的領域不斷地發展出新的研究方法與工具，已經為行銷領域帶來「精準行銷」的全新契機。

過去，企業界想要知道市場概況，最普遍的方式就是展開一系列的市場調查，從產品開發、設計、消費者口味調查，都得歷經不斷的研究與測試，上市前還得經過更全面的人口變數的查訪、市場開闢、銷售點研究、鋪貨等連串活動。初期就必須投下大筆經費，然後靜待消費者的感受與接納，想想看裡面有多少「嘗試錯誤（trial and error）」的成份，說實在話，這其實有點像是在「賭博」。

回過頭來看看最近廿年，社群網路鉅細靡遺地記錄著虛擬世界的消費者口碑；物聯網設備協助偵測實體世界的消費者行為；開放資料則提供行銷人員更多的次級資料（二手資料）來源，而這些都隨著網際網路的推演不斷進步，不斷累積出大量的數據，同時也不斷產生新的行銷概念，讓企業更能洞悉消費者的心。

在這樣的背景之下，傳統行銷研究（Marketing Research）的方法與工具，已不足以因應現在行銷管理者所需。現在的行銷管理者要有能力，也需要新的分析工具來做決策支援。

透過網路爬蟲（Web Crawler）技術與物聯網技術，收集消費者的初級資料（一手資料），再配合所收集到的開放資料，行銷人員要有能力運用資料探勘（Data

Mining）、文字探勘（Text Mining）、大數據分析（Big Data Analysis）等技術，對資料進行分析。然後，再藉由資料視覺化（Data Visualization）技術，將行銷研究結果做最佳的呈現，並讓企業決策者做出快速且正確的判斷。以上所提到的方法與工具，正是「行銷資料科學（Marketing Data Science）」的範疇。如圖 1-3 所示。

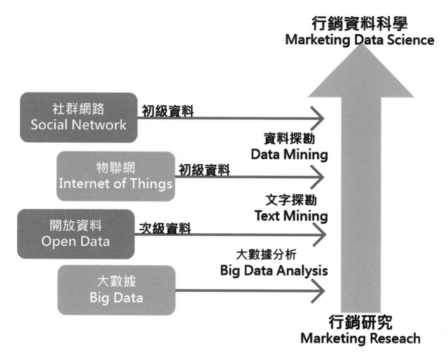

⊕ 圖 1-3 行銷資料科學發展概念圖
繪圖者：張庭瑄

目前「行銷資料科學」的概念才剛剛起步，但已經在行銷界掀起了驚濤巨浪。估計未來的行銷學領域和行銷研究將更加精進，除了結合大量的基礎與進階統計、資訊管理工作外，甚至還有資工的軟、硬體操作。對有意投入行銷領域的年輕朋友們，不但帶來更多的挑戰，也帶來更龐大的就業機會。

Part 1
概論篇

Part 2
大數據篇

Part 3
行銷篇

Part 4
策略篇

SECTION
1-3 何謂「行銷資料科學」?

在工業革命之後，行銷是產業對外拓展市場中最重要的武器。行銷學在美國的發展已超過一百年，而到了本世紀初，行銷與資料科學開始交會，擦撞出美麗的火花，挾數學、統計和資訊科技的「資料科學」加入行銷領域後，預料未來會讓企業行銷威力更銳不可擋。

1974 年，於丹麥哥本哈根大學任教的彼得‧諾爾（Peter Naur），在他的《Concise Survey of Computer Methods》一書中，首次提出資料科學（data science）的概念。從天文學領域轉戰電腦科學的他，一開始就認定資料科學乃是處理資料的科學，一旦有效建立，資料與其所代表的資料間的關係，就能應用到其他領域和學科。2001 年，威廉‧克利夫蘭（William S. Cleveland）在他發表「Data Science：An Action Plan for Expanding the Technical Areas of the Field of Statistics」一文中，則正式將資料科學認定為一門學科。

簡單來說，資料科學就是「透過科學化的方式，對資料進行分析的一門學問，而資料科學存在的目的，在於解決問題」。這裡的「科學化方式」特別強調「資訊科技」與「數學／統計」跨學科領域的應用。舉例來說，像是 Google 透過大數據分析，就能藉由使用者查詢感冒症狀的資料，比美國疾病管理局更能提早掌握流行性感冒疫情發生的情報。

現在來換個場景，將資料科學運用到行銷領域的學問就稱為「行銷資料科學」。所以行銷資料科學的定義，就是「透過科學化的方式，對行銷資料進行分析的一門學問；而行銷資料科學存在的目的，在於解決行銷管理上的問題」。舉例來說，在亞馬遜網站購書後，網站便會透過演算法將其他人也會購買的書籍做出推薦清單，一併推薦給你，這就是行銷資料科學的目的與應用。

從宏觀的角度來看，行銷資料科學專業範疇涵蓋了「行銷管理」、「資訊科技」與「數學統計」三種專業，如圖 1-4 所示。

圖 1-4　行銷資料科學專業範疇概念圖
繪圖者：周晏汝

從圖中可以發現「行銷管理」與「數學／統計」的交集，為「傳統行銷研究」的範圍。「行銷管理」與「資訊科技」的交集，衍生出「行銷資訊系統」的內容。「資訊科技」與「數學／統計」的交集，產生了「機器學習」的學問。而「行銷管理」、「資訊科技」與「數學／統計」的交集，開啟了「行銷資料科學」學科的先河。

再進一步看，行銷資料科學的研究需要結合統計、數學、資訊科學等各領域的專業知識，可以由「提出問題」出發，然後進行資料蒐集、量化、處理、分析和選擇模型等流程，協助我們理解問題和驗證假設，最後提出觀察結果或解決方案。

學習行銷資料科學，別忽略了統計

在許多企業準備邁向行銷資料科學的過程中，最常碰到的情況是，行銷人員不會寫程式，資訊人員不懂行銷，最近我們又觀察到一件事，這道鴻溝不僅雙方不易跨越，還有一道橫在面前的障礙是，大家對「統計」的不了解與畏懼。偏偏行銷資料科學又是「行銷、資訊和統計」三個不同領域的學科所建構而成，企業要找到三個領域都精通的行銷資料科學人，的確不容易。

過去企業認為，許多行銷人員不會寫程式、許多程式人員不會行銷，因此乾脆把行銷部門的人找來學寫程式，同時也為資訊中心程式人員開設行銷管理課，以為這樣可以有效增加彼此的本職學能，並且有助於專案的落實。結果一段時間下來，成效還是不彰。

仔細探究之後發現，行銷人員想到要寫程式頭就很痛，許多程式人員想學行銷但成效還是有限。也許是企業主管的指導方法不好，也許是行銷與資訊人員的學習方法有誤，或許也有可能是個人興趣或是個性使然，總之，學習成效與預期出現嚴重的落差。

更重要的是，企業主管在指導的過程中，容易陷入一個「誤區」，那就是誤認為大家的「統計學」有一定的基礎。因此對於像是「敘述性分析（Descriptive Analytics）」（亦即解釋已經發生的事，例如：協助企業分析出消費者的樣貌，或是這些消費者購買了什麼？）大家基本上都沒有太大的問題。

不過，在進入「預測性分析（Predictive Analytics）」，也就是像要協助企業解決可能發生的事，例如：分析出消費者可能還會購買什麼？進而提前給予消費者相關的產品資訊以及「指示性分析（Prescriptive Analytics）」，亦即能指導實際執行時該如何做，例如：當消費者走到某商圈時，手機會主動收到適合自己的附近店家折價券。基本上，許多人就無法完成。這樣的現象，背後的原因主要來自於「統計」。

其實，行銷資料科學專業範疇涵蓋「行銷管理」、「資訊科技」與「數學／統計」等三種專業。因為在預測性分析，需要理解統計的因果、關聯、迴歸等相關知識，當然有時也要帶點對資料的直覺與天份，才有辦法再向前跨越到指示性分析。

可能是過去太過專注在「行銷管理」與「資訊科技」，反而忽略了「數學統計」（或是高估了行銷與資訊人員的統計程度）。因此企業除了鼓勵行銷與資訊人員，持續相互學習程式與行銷之外，也應該替大家複習統計（雖然效果可能有限，但可以增加彼此的溝通成效，也鼓勵大家欣賞彼此的專業）。

最後，在執行專案時，我們可以將焦點聚焦在才能，而非成員[3]。畢竟有些成員只會寫程式，而有些成員資訊與統計卻很強。有些成員只會行銷，而有些成員行銷與統計都很在行。只要確保所有專案成員知識能力的加總，大過完成任務目標所需的知識能力的加總即可，至於這三種知識能力是來自於三位或是兩位成員，問題相對較小。

3　史考特‧貝里納托（Scott Berinato），「讓科學家與決策者理解彼此 用白話文說資料科學」，哈佛商業評論中文版，2019 年，1 月號。

SECTION 1-4 行銷資料科學的範疇

以下簡單說明資料科學、大數據、機器學習、數據分析,與人工智慧之間的關係。從系統觀點來看,「大數據」是「輸入」的來源,「機器學習」是「處理」的方式,「數據分析」以及「人工智慧」是「輸出」的成果。整個系統則是「資料科學」的範疇,如圖1-5所示。關於「大數據」以及「機器學習」更完整的概念,將在後續的章節內容中加以說明。

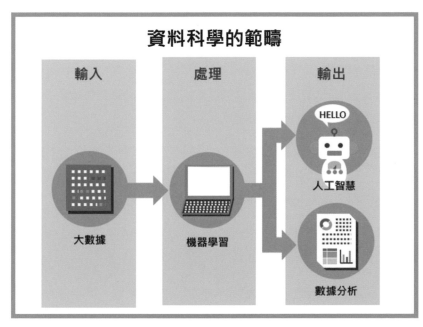

⊕ 圖 1-5 資料科學的範疇

繪圖者:廖庭儀、王舒憶

事實上，從資料中挖掘出不為人知、貼近真實的資訊，進行「數據分析」，甚至找出其應用價值，發展「人工智慧」，不僅僅是為了行銷目的，也能對推動商業和社會進步有所貢獻。

目前市面上有許多從事「行銷研究（Marketing Research）」的公司，主要的業務範疇包括：

1. 競爭者調查、消費者調查、價格調查、商圈調查和民意調查的市場調查。

2. 收視率調查、媒體效果的媒體研究。

3. 品牌管理、產品概念測試、廣告效益評估的專案執行。

4. 行銷策略和各類行銷業務諮詢的顧問諮詢。

它們的本質主要都以「調查（Survey）」為主。然而「行銷資料科學（Marketing Data Science）」出現後，卻讓這些從事相關工作與研究領域的機構和企業，在業務範疇的本質出現重大變化。

「行銷資料科學（Marketing Data Science）」主要是透過「機器學習（Machine learning）」對內部和外部資料加以分析與建模，為企業帶來「數據分析（Data Analysis）」與「人工智慧（Artificial Intelligence, AI）」的成果。

其中，數據分析包含了：「調查（Survey）」與「預測（prediction）」，而人工智慧則包括：「＋人工智慧（AI）」與「人工智慧（AI）＋」。

行銷資料科學的「調查」與行銷研究的調查頗為類似。多半是在資料蒐集、資料分析與資料呈現上工具的應用。例如：企業運用網路爬文技術，在調查網路口碑。至於「預測」則是能針對企業所欲了解的行銷變數（如消費者的態度與行為）加以預估。例如：全美第二大連鎖量販店塔吉特（Target）公司透過數據分析，預測女性消費者可能已經懷孕，以及未來妊娠期間的消費需求（詳細故事將於本書第十章進行說明）。

至於「＋人工智慧（AI）」意指將企業現有的產品或服務，透過人工智慧（AI）產生價值。例如：教育＋人工智慧，就是現有教育產業的從業者，思考如何透過人工智慧（如 AI 自動批改英文作文），來為自己的服務進行加值。

更進一步的「人工智慧（AI）＋」則是指透過人工智慧（AI）的視角，用顛覆傳統的方式，重新檢視現有產業，甚至創造新的產業。以人工智慧＋加上教育為例，美國紐頓教育公司 Knewton（https://www.knewton.com/）透過 AI 技術，打造出能為全世界的學生，量身訂作的個人化學習的服務。Knewton 透過 AI 系統，了解每位學生目前所掌握的知識，進而給予不同學生不同的學習目標。

在 Knewton 標榜的「全整合式適應型學習課程（Fully Integrated Adaptive Learning Courseware）」，主要將教育大數據分為兩大類。一類是關於學生基本資料的數據，另一類是以學生學習活動來提升學習效果的數據，包括：學習過程中學生與教師於課程間互動的資料、教學系統推斷出來的課程內容數據、系統整體範圍數據，以及系統本身推斷出來的學生學習數據。

簡單來說，該系統先依學生的基本資料和個別差異，再由課程和教科書來適應每個學生的差異。學生可以按照自己的節奏來控制學習進度，而不受周圍其他學生的行為以及老師必須維持教學進度的影響。然後，系統會不斷給予教師回饋，告知哪個學生在哪個方面有困難，同時擬出全班學生表現的整體分析資料。老實說，這種「人工智慧（AI）＋」已經相當貼近孔子一生所追求的「因材施教」。

從業務範疇的角度來看，行銷研究主要以「調查」為主。「行銷資料科學」則以數據分析（「調查」與「預測」）與人工智慧（「＋人工智慧（AI）」與「人工智慧（AI）＋」）為主，如圖 1-6 所示。

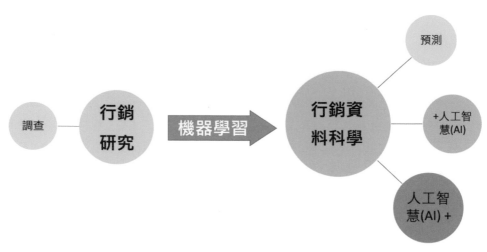

⊕ 圖 1-6　行銷研究的再提升
繪圖者：王舒憶

 人工智慧真的來了

這次，人工智慧（Artificial Intelligence，縮寫為 AI）真的來了。人工智慧又被稱作「機器智慧」，指的是由人類製造出來的機器所表現出來的智慧。通常人工智慧係指透過電腦程式的手段實現人類智慧的技術。而人工智慧的核心，則包括由電腦或機器建構能夠跟人類似，甚至超越人類推理、知識、規劃、學習、交流、感知、移動和操作物體的能力等。

美國麻省理工史隆管理學院教授艾瑞克•布林優夫森（Erik Brynjolfsson）與數位經濟專案負責人安德魯•麥克費（Andrew Mcafee）於 2017 年 7 月 18 日的哈佛商業評論 HBR.org 數位版上，發表了一篇「驅使機器學習大爆發的主因（What's Driving the Machine Learning Explosion）」[4]。文章裡面談到，最近人工智慧的大爆發，主要源自於三項因素：資料、演算法與硬體所致（如圖 1-7 所示）。

4　Brynjolfsson, Erik and Andrew Mcafee （2017）, "What's Driving the Machine Learning Explosion," HBR.org, 2017.7.18. 侯秀琴譯，「驅動機器學習大爆發」，哈佛商業評論全球繁體中文版，2017 年 10 月，33-34 頁。

1-4 行銷資料科學的範疇

Part 1
概論篇

Part 2
大數據篇

Part 3
行銷篇

Part 4
決思篇

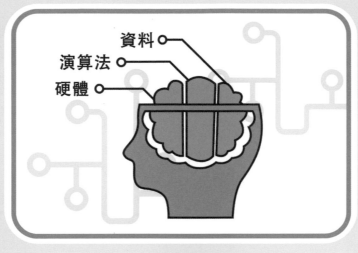

⊕ 圖 1-7　人工智慧大爆發
繪圖者：張珮盈

過去 20 年，可用資料成長 1,000 倍，演算法效益提升 10~100 倍，硬體速度至少提高 100 倍。由於以上因素的結合，讓應用軟體的效益改進至少 100 萬倍以上。

1. 資料：現今 90% 以上的數位資料，是由過去兩年所創造。同時，加上物聯網的出現，讓數以百億計的新裝置連上網路後，產生了更多有價值的資料。大數據時代正式來臨。

2. 演算法：深度監督式學習（deep supervised learning）與增強學習（reinforcement learning）等技術的出現，使得演算法能隨著訓練資料的增加，成效也跟著改善。

3. 硬體：半導體大廠英特爾創辦人之一戈登・摩爾（Gordon Moore）過去曾經指出，積體電路上電晶體的數量，每 18~24 個月會增加一倍，雖然摩爾定律（Moore's Law）看似已經被打斷，儘管成長速度已不如前，但過去 50 年來，電晶體數量確實隨著這個定律持續地成長。

同時，更適合神經網路計算使用的晶片也開始被開發出來，無論是繪圖處理器（Graphic Processing Unit, GPU）或是張量處理器（Tensor Processing Unit, TPU），這些處理器能夠增加 10 倍以上的計算效益。

多年來，由於以上三種因素彼此之間產生了 1+1+1>3 的效果。同時，網際網路全球化與雲端化的趨勢，也加速及擴大以上的綜效。再加上人工智慧機器人的發展，讓機器人透過一種「知識表示系統（Knowledge-representation system）」，可以與全世界的機器人之間進行知識分享與學習，進而加乘以上的綜效。

就在這樣的發展趨勢下，這次，人工智慧真的來了。

Part 1
概論篇

Part 2
大數據篇

Part 3
行銷篇

Part 4
策略篇

SECTION 1-5　行銷資料科學三種應用層次

在逐步了解「行銷資料科學」除了可擴大傳統行銷研究領域後，行銷資料科學還可進一步協助企業修正現有營運模式與創新營運模式。

行銷資料科學在應用上可分成三個層次，如圖 1-8 所示：

營運分析層 (Operation Analysis Level)	協助進行市場調查、顧客分析...等。 例如：透過網路爬蟲瞭解網路聲量。
產品服務層 (Product/Service Level)	協助開發新產品、新服務開發...等。 例如：透過物聯網(IoT)或人工智慧(AI)對產品服務進行加值。
商業模式層 (Business Model Level)	協助發展新的商業模式。 例如：發展成為資料型企業(Data BasedCompany)。

⊕ 圖 1-8　行銷資料科學三種應用層次
繪圖者：張庭瑄

傳統的行銷研究（Marketing Research）主要屬於營運分析層的範疇（例如：透過問卷進行市場調查），然而行銷資料科學（Marketing Data Science）的範圍則可擴及三個層次。以下簡單就三個層次進行說明：

一、營運分析層（Operation Analysis Level）

以資料科學為基礎，在現有商業模式下，進行營運分析，協助進行市場調查、顧客分析…等。例如：透過網路爬文技術，進行網路社群平台的口碑調查。

舉例來說：汽車廠商透過分析網路論壇的討論內容，了解各汽車品牌的網路口碑聲量與好感度，進而繪製出各汽車品牌的網路聲量與好感度定位圖。在實務上，傳統行銷研究必須透過問卷調查、焦點群體訪談…等工具進行市場調查。「行銷資料科學」則可提供更多的工具，協助企業瞭解更多的消費者行為。

二、產品服務層（Product/Service Level）

以資料科學為基礎，對商業模式進行修改。例如：透過資料科學的概念，發展新產品與新服務，而這些奠基於資料與機器學習所生成的產品，稱為「資料產品（data product）」。

舉例來說：Nike 整合智慧型行動裝置與物聯網技術，發展 Nike＋的系列產品，協助消費者了解自己的身體狀況，並讓消費者自己來擬定相關計畫，以達到健身與健康的目的。再舉個例來看，美國第三大車輛保險公司「先進公司（Progressive Corporation）」透過裝在車上的感測裝置 Snapshot，收集車主的行車數據，包括：頻率、速度、距離、時段、急煞…等。之後，再依車主的開車習慣來決定他的保費。同時，車主也能上網檢視資料，修正自身的駕駛方式。

資料產品會隨著使用人數與次數的增加，加速資料的蒐集，進而協助企業改善產品。甚至，在評估資料產品的發展時，企業要考慮到資料產品未來的潛能，因為當資料量越來越大，企業可以從這些資料中，發掘出新的產品應用與新的商機[5]。

三、商業模式層（Business Model Level）

以資料科學為基礎，發展創新的商業模式。例如：將資料科學作為創立新事業的契機，發展出「資料型企業（Data Based Company）」。

---

[5] 艾蜜莉・葛拉斯堡・桑茲 （Emily Glassberg Sands），《三階段打造最佳資料產品（How to Build Great Data Products）》，HBR 中文數位版文章，侯秀琴譯，2019/1/6。

舉例來說：許多「平台企業（Platform Company）」，如 Uber、Airbnb…等，背後都有「資料型企業（Data Based Company）」的影子。這些平台企業成功的原因，在於能即時撮合大量供需雙方的需求資料。而在台灣電動機車大廠 Gogoro 企圖打造出的電動車商業生態系，背後也與龐大的物聯網技術與大數據分析有關。

⊙ **Gogoro 台灣 facebook**

https://www.facebook.com/GogoroTaiwan/

至於因為開發來電辨識服務 whoscall 而走紅全球的行動應用程式開發公司 Gogolook，其背後就是透過資料科學的概念與技術，開發出來電辨識 App「Whoscall」。Whoscall 目前擁有全球超過 7 億筆電話的資料庫，累積超過 5,000 多萬用戶，每月可以辨識數十億通的陌生來電，讓「行銷資料科學」一次拉高到全新的商業營運模式。

行銷領域最誘人的工作 — 行銷資料科學家

資料科學家在 2012 年曾被《哈佛商業評論》評為「21 世紀最誘人的職缺」，使得資料科學家頓時成為被眾人追捧的對象。為了趕上這股風潮，台灣已有一些大學開設像是大數據分析等資料科學相關的課程。

進入大數據時代，企業必須不斷尋找「資料科學家」加入經營團隊，而「資料科學家」也被譽為本世紀企業最誘人的職缺。根據學界盤點，行銷資料科學家至少必須具備三種能力（如圖 1-9 所示）：

1. 行銷管理：行銷理論與行銷實務；

2. 數學統計：統計與機率、實驗設計、隨機過程與線性代數；

3. 資訊科技：R、Python 與資料庫等。

統計與機率
實驗設計
隨機過程
線性代數

數學統計

行銷管理
行銷理論
行銷實務

資訊科技
R、Python
資料庫

行銷資料科學家

＊圖 1-9 行銷資料科學家
繪圖者：周晏汝、趙雪君

財團法人「資訊工業策進會」曾經分析，如果把資料處理有關的工作，看成一個金字塔，最底層是資料工程師或是軟體工程師，專門負責資料蒐集、資料整理和儲存工作。中間層則是資料分析師，負責資料探勘和資料視覺化的工作，最上層則是資料科學家或是領域專家，專門為企業負責人做出商業決策建言，並做預測分析和商業決策的解讀。

至於在行銷領域內，又可大致分成「行銷資料分析師」與「行銷資料科學家」兩大類，之所以會有這樣的區別，主要在於「行銷資料分析師」這個職稱出現的時間比「行銷資料科學家」要早很多，而行銷資料分析師的工作與一般業務分析師非常相似，不同之處則在於他們的工作僅專注在行銷活動上。

「行銷資料分析師」蒐集與分析內部和外部資料，並規劃和實施行銷活動。他們常根據基本數據，做市場研究與趨勢研判，進行敘述性分析和診斷性分析。就技術和技能要求而言，這一群專業人員使用 Excel，SQL、SPSS 和 SAS 等來完成他們的工作。

至於「行銷資料科學家」則是資料科學的新興領域，它屬於資料科學家的角色，專注於提升組織的行銷成效。行銷資料科學家同樣蒐集與分析內部和外部資料，但蒐集的範圍更加廣泛，分析的程度更加深邃，並就行銷策略提出建議，向企業老板提出商業決策建言。

另一方面，行銷資料科學家的任務，亦是根據先進的統計技術建立模型，並用機器學習產生可靠的預測性和規範性見解。其所扮演的重要角色之一，取決於能夠以簡單的方式傳達複雜的想法，以便讓企業利害關係人能夠理解他們所做的工作，並且從中受益。

一般而言，行銷資料科學家的工作包括：1. 產生規範性見解—包含戰略和戰術見解，以提高行銷效率；2. 探索性資料分析；3. 度量和方法選擇；4.A／B 測試；5. 為管理層和其他專業人員提供諮詢，培訓和協助，幫助他們處理和理解各項組織數據。

此外，行銷資料科學家所需的技能還包括：1.SQL；2. 資料視覺化；3. 熟悉 Python 或 R 語言；4. 能夠預測與建立模型（統計和／或機器學習方法）；5. 最後也最重要的是，行銷資料科學家必須擁有出色的「人際關係技能」——能與資料工程師、業務管理和其他人員協同作業。

最後，美國資料科學家雨果‧邦尼 – 安德森（Hugo Bowne-Anderson）訪談 35 位世界級企業的資料科學家後發現[6]，絕大多數的頂尖資料科學家認為，因為新技術不斷推陳出新，以及需要透過團隊完成任務目標。資料科學家的關鍵技能不在使用深度學習工具的能力，而在擁有即時學習以及與他人有效溝通的能力。

6　雨果‧邦尼 – 安德森（Hugo Bowne-Anderson），「揭開資料科學家的神祕面紗」，哈佛商業評論中文版數位版文章，劉純佑譯，2018/9/28。

人機協作時代來臨

念國中的女兒，需要完成一本電子書的專題作業。某天傍晚，我與她分享了一部短片。該短片的內容在說明如何透過 ChatGPT 生成一個故事腳本，並透過 AI 繪圖工具 Midjourney 設計出繪本圖片，最後再透過影片編輯器 Clipchamp 製作出一段繪本影片。過程中，故事、繪本圖片生成，甚至是配音，都是由人與 AI 的協作來完成，女兒看完之後非常驚豔，於是便開始埋頭研究。

我對女兒說：「過去你是透過 Office 等工具來完成作業，這是人利用電腦來產生成果；現在你透過 ChatGPT 等 AI 工具來完成作業，這是人與 AI『協作』產生成果。」

在世界上最大的科技顧問公司埃森哲（Accenture）擔任全球執行董事與科技創新長的詹姆士・威爾遜（H. James Wilson）與保羅・道格提（Paul R. Daugherty），於 2018 年 7 月的哈佛商業評論（HBR）[7] 上，發表了一篇文章〈人+AI：智慧協作時代〉（Collaborative Intelligence: Humans and AI Are Joining Forces）[8]，內容提到人工智慧將會徹底改變人類工作的方式，但重點在於輔助人類與增加人類的能力，而非取代人類。威爾遜與道格提研究了 1,500 家公司，發現人類與人工智慧之間，如能善用較佳的方式進行協作，將大幅提升企業在速度、成本、營收等營運指標上的績效。

這種人機協作，簡單來說，就是將人類與人工智慧彼此的強項進行互補。人類的團隊合作、社交技巧與領導，以及人工智慧的量化運算、規模擴充與速度，彼此之間有著強大的互補。而這兩方面的優勢，都是經營管理上不可或缺的能力。

---

7   資料來源：Wilson, H. James, Paul R. Daugherty, "Collaborative Intelligence: Humans and AI Are Joining Forces," HBR, July-August 2018.

8   中文版於 2019/06/19 發行。

為了讓人機協作更為順暢，威爾遜與道格提說明，人工智慧能協助人類：提升認知能力、與關係人互動、執行人類技能（如圖 1-10 所示）。

人工智慧協助人類的三項優勢

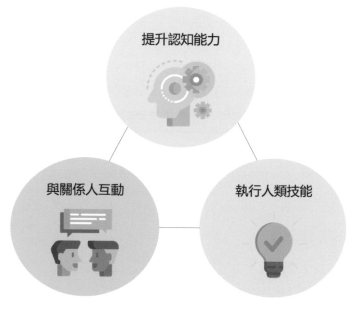

🔼 圖 1-10　人工智慧協助人類的三項優勢
繪圖者：謝瑜倩

一、提升認知能力

威爾遜與道格提以歐特克（Autodesk）設計軟體公司的 Dreamcatcher 人工智慧為例。這套系統能讓設計師給予有關目標產品的設計要求，例如一張承重多少的椅子、高度多高、成本低於多少錢等。接著，人工智慧系統就會產生幾百、幾千個符合這些條件的設計，並讓設計師進行篩選。設計師則可再進一步透過系統，發想新的條件，展開新一輪的設計。

二、與關係人互動

人工智慧助理的發展一日千里,無論是 Google Assistant、Microsoft Cortana、Amazon Alexa 與 Apple Siri,都展現了驚人的功能。

威爾遜與道格提也以瑞典的北歐斯安銀行(SEB)為例,說明其使用的 Aida 虛擬助理,能與數百萬名顧客進行互動。不但能回答許多常見的問題,也能對顧客進行後續的詢問,進一步解決問題。甚至 Aida 還能分析來電者的聲音語氣,無論是焦慮或生氣,進而在之後能運用與分析這些資訊,以提供更好的服務。而當 Aida 系統與到無法解決的問題時,會自動將電話轉給客服人員,並且觀測與記錄客服人員與顧客的互動,再透過系統進行學習,以提升日後遇到類似問題的能力。

透過客服人員與 Aida 的協作,客服人員能將時間花在解決更複雜的問題與特別不滿的顧客上。

三、執行人類技能

人工智慧系統不只以數位形式呈現,還能以實體機器人的方式,來協助人類增強工作能力。威爾遜與道格提便指出,現代集團(Hyundai)的工作人員,透過外骨骼機器人(Exoskeleton Robot)這樣的穿戴式機器人裝置,讓人員能以更輕鬆、更安全、更有效率的方式來執行任務。

最後,對於工作者來說,過去是透過 Office、自動化設備等工具來完成任務,這是人類利用電腦來產生成果;現在則是透過數位與實體的人工智慧等工具來完成任務,這是人類與 AI 協作產生成果。人機協作的時代已經來臨,無論是企業或個人,值得好好學習、思考與運用人機協作。

行銷資料的
類型、來源與管理

- ☑ 行銷資料的類型
- ☑ 資料類別排列組合
- ☑ 資料的來源
- ☑ 物聯資料
- ☑ 盡信資料，不如無資料
- ☑ 資料的整理
- ☑ 運用想像力透視問題背後的真相

行銷資料科學家大部分時間都在處理行銷資料，在瞭解何謂行銷資料科學之後，接下來的兩章，將分別就「行銷資料」與「資料科學」進行說明。本章先探討「行銷資料的類型、來源與管理」，釐清這些資料的基本定義和類型，有助於與企業內部人員的溝通，同時取得較佳的資料來源。

首先，在行銷資料的類型，可以區分為：結構化與非結構化資料、企業內部和外部資料、初級與次級資料、總體（宏觀）資料與個體（微觀）資料。

SECTION 2-1 行銷資料的類型

2.1.1 結構化與非結構化資料

進入大數據時代，資料成為挖掘商機的礦脈。然而，如果企業對資料的管理不夠，想要利用大數據來開創新生意無非是緣木求魚。請思考一下，自己公司有刻意收集什麼樣的資料嗎？公司有善待儲存下來的各式資料嗎？它們有專人管理嗎？還是坐看它們放在倉庫中，隨著歲月崩解殆盡？

在過去，許多企業認為資料庫裡的銷售資料、生產資料、財務資料…等量化資料，特別具有價值。事實上，真的是如此嗎？我們有個朋友，十多年前就開始在網路上，架設網站收集網友關於美妝的討論資料，而網友的留言都是一些文本（Text）資料，不但沒有固定格式，也不容易發掘出什麼內容來。當年他的員工就曾問他，收集這些資料到底要幹嘛？他說他也不知道，反正先收攬下來再說，只要收集到一定的規模，就一定會發現「什麼」。

現在靠著網友的支持，他的網站已經是台灣最大的美妝網站之一，幾乎所有的化妝品要上市前，都會先到網站發佈試用資訊、徵求試用者、然後再逐一測試、改善，收集意見後，才敢正式上市。對歐美、日系、韓系，甚至是台灣的本土美容業者來說，他的網站已儼然成為美妝界「資料」的寶庫。

從以上的說明可以發現，無論是銷售、生產、財務等量化資料，或是網友討論的文本資料，都是屬於資料型態的一環。而了解資料型態，正是踏入行銷資料科學領域的第一步，那到底資料是如何分類的？

我們先來看一下維基百科如何定義「資料」。資料指的是「未經過處裡的原始記錄，包括：數字、文字、聲音、影像…等」。而在電腦裡的資料，最終可分解成 0 與 1，進行儲存與計算。

一般在資料科學裡，最重要的資料分類方式之一，即為 SQL 資料與 NoSQL 資料。本文將「可用 SQL 查詢結構化的資料」稱為「SQL 資料」，並將 SQL 以外可查詢的非結構化資料稱為「NoSQL 資料」（見圖 2-1、圖 2-2）：

⊕ 圖 2-1 SQL 資料與 NoSQL 資料

繪圖者：張庭瑄

SQL 是 Structured Query Language 的縮寫，意指「結構化查詢語言」，其資料為結構化資料。結構化資料在資料庫裡意指：它擁有固定欄位、固定格式與順序 ... 等。例如：企業銷售資料庫裡的欄位，通常有「會員編號」、「購買日期」、「購買品項」和「購買金額」等。類似目前企業最常用的 excel 格式檔案。

至於 NoSQL 的英文為 Not Only SQL，意指「不只是 SQL」，其中包含非結構化或半結構化資料。非結構化資料在資料庫裡意指：沒有固定欄位，也沒有固定格式。例如：影像檔、語音檔、圖檔、Office 檔案、PDF 檔、e-mail 和網頁等；半結構化資料在資料庫裡則意指：具有欄位，但內容不一致，例如：人力銀行網站上的職務內容，就是半結構化資料。因為每家公司的需求內容不一樣，無法有一致性的填寫方式，這類型的資料就無法透過欄位一一存放。

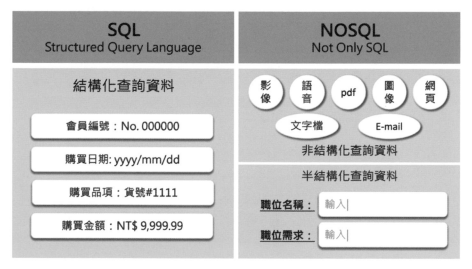

⊕ 圖 2-2 SQL 與 NoSQL
繪圖者：王舒憶

以上簡單介紹結構化資料與非結構化資料的差異，接著我們將陸續對「行銷資料」、「研究資料」、「資料類型的排列組合」加以介紹，為行銷資料科學的學習奠定良好的基礎。

Part 1
概論篇

Part 2
大數據篇

Part 3
行銷篇

Part 4
未來篇

2.1.2 企業內部資料和外部資料

為了做生意，全世界每一家企業都在搜集資料。像是在銷售產品時，收集消費者資料以便做好售後服務；或是在製造產品時，收集品管資料以便做好製程改善；抑或是在人員訓練時，搜集學員的上課、考試資料以便做好人才培育。平心而論，蒐集資料是企業的天職之一。

企業所蒐集的資料，種類可以很多元，無論是實體的或是數位的、文件或是電腦檔案，而拿來做行銷之用的，就屬「行銷資料」（顧名思義就是與行銷相關的資料）。

一般來說，行銷資料的分類方式有以下幾種：一、內部資料與外部資料；二、初級資料與次級資料；三、總體（宏觀）資料與個體（微觀）資料；四、研究資料。

以下先說明內部資料與外部資料進行說明，之後再陸續介紹其他類型資料。

一、內部資料

與行銷較相關的企業內部資料，包括：銷售資料、顧客交易資料、產品服務資料、銷售人員報告、廣告支出相關的統計數據、運輸成本和與會計資料（會計損益表和不同年度的資產負債表）等。內部來源的資訊取得容易，且收集時比較不會有財務負擔。然而，內部資料的搜集可能是個緩慢的過程（因為各單位的本位主義），但相對來說也比較準確和可靠。

在蒐集內部行銷資料時，業務人員是一個重要的來源，因為他們直接負責銷售與推廣產品，並參與了解消費者的需求、動機、偏好和購買習慣。他們還可以回饋對產品價格、設計、包裝和尺寸的建議，了解消費者或經銷商對公司產品的反應。行銷經理可以指導業務人員如何收集資訊並做定期報告，而行銷資料科學家也可以針對這些文字資料與數字資料進行分析。

搜集消費者的原始數據非常重要。企業可以選擇具有代表性的消費者樣本，進行產品價格、品質和使用經驗調查。這種收集數據的方法比較可靠，因為它建立了生產者與消費者之間的直接聯繫。

二、外部資料

與行銷較相關的企業外部資料包括：市場調查公司的研究報告、潛在顧客資料、政府資料…等。這些外部資料可透過自行蒐集，或是下載、購買次級資料的方式來進行。

在蒐集外部行銷資料時，經銷商與消費者是重要的來源。企業可以根據零售商對產品的需求收集寶貴的資訊，像是競爭對手的行銷策略…等。不過，有時因為經銷商未保留適當記錄導致資料不足，或者經銷商不願「交心」給了錯誤資料，就可能導致資料失效。

值得注意的是，在實務操作上，企業內部行銷資料經常會有「完整度不足」以及「使用度不足」的問題。「完整度不足」意指「不知道該增加哪些資料欄位」，以及「不容易蒐集到所需資料」。「使用度不足」則指「空有資料，但沒有分析」，或是「只做簡單的分析」；至於外部行銷資料則會有「沒有意識到應該要收集與分析」以及「外包」費用昂貴等問題。以上這些問題，都是企業在進行行銷資料科學專案時的瓶頸。

2.1.3 初級資料與次級資料

搜集行銷資料是一件很耗時費工的事，更重要的是，它還可能很「花錢」。在進一步介紹行銷資料科學之前，先來看一下「初級資料」與「次級資料」，它是資料的另一種分類方式。

一、初級資料

初級資料（primary data）是由研究者主動自己收集的資料（第一手），例如：自己所進行的市調。舉例來說，行銷研究中常會調查消費者的態度、認知、意圖、動機與行為。在傳統的行銷研究裡，常見的初級資料蒐集方法包括：面談法、問卷法、觀察法和實驗法等，如圖 2-3 所示。

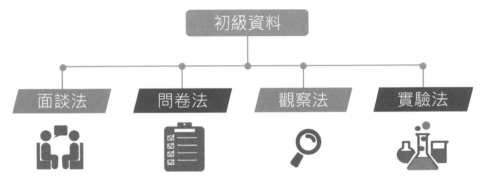

🔼 圖 2-3 初級資料的蒐集方法
繪圖者：周晏汝

而在行銷資料科學中，初級資料的蒐集方法還包括網路探勘（Web Mining）等，詳細的內容於往後再陸續介紹。

二、次級資料

次級資料（secondary data）是指間接取得別人所整理的資料（第二手），例如：引用政府開放資料。次級資料是相對於初級資料所命名，雖然次級資料在字面上看起來像是二手數據，但所謂的「二手」，並不像現實世界中的「二手車」，是已被他人使用過的那種意思。

次級資料一般分為「內部次級資料」與「外部次級資料」，如圖 2-4 所示。次級資料的蒐集成本通常較低並且有效率，但所獲得的資料卻未必適合企業自身所需。

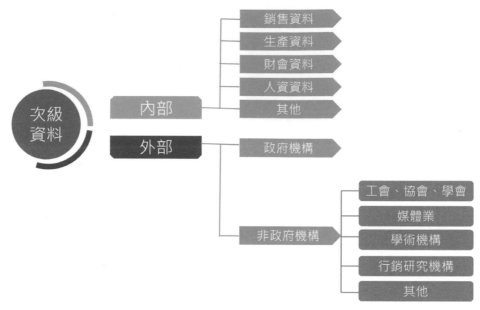

🔼 圖 2-4　次級資料的種類
繪圖者：周晏汝

1.　內部次級資料

內部資料成本低而且取得容易，同時符合企業所需，因此內部資料為次級資料的重要來源。內部次級資料包括：銷售資料、生產資料、財會資料和人資資料等。

2.　外部次級資料

資料本身並非為特定問題或研究而蒐集，可能是因其他的研究或報告而已被彙整成為檔案。例如政府或企業的出版品或報告。常見的外部次級資料包括：政府機構的統計資料、公會、協會、學會、媒體業、學術機構、行銷研究機構之產業報告、調查報告、研究報告⋯等。

「次級資料」通常有一定的限制。例如不同機構收集的資料可能無法比較。換句話說，資料收集不會採用統一的基礎，或者來源根本不完整，又或者收集的目的不是為行銷研究所專用。

次級資料常是研究者的基礎依據，舉例來說，內政部的人口統計資料，就是選舉民意調查的基礎。市場調查公司或者行銷研究者可以先透過人口統計資料，進一步設計抽樣計畫，知道應該在哪些地區以及抽取多少樣本數。因此，收集次級資料有利於大型研究計畫的施作，也可提升現有研究的效率。

3. 次級資料的優點

次級資料的優點是大部分的初步檢視工作已經完成，而部分資料也以電子格式加以建立與分類，並完成案例研究發布和審查。次級資料並可透過媒體的使用，通常很快地變成公共知識，例如媒體報導國民所得、家戶可支配收入等，由這些資料逐步構建出當地民眾的消費能力。由於公開曝光和受公共檢驗，次級資料的正當性（legitimacy）通常比初級資料更高，通常被拿來用作初級資料的驗證。以下是次級資料的優點：

● 節省時間、人力和費用。

● 有助於提升對研究問題的理解。

● 確認資料蒐集缺口，讓初級資料的蒐集計畫更加明確。

● 為初級資料的蒐集，提供比較的基礎。

4. 次級資料的缺點

次級資料也存有一些潛在的問題。例如：研究者很難獲得完全符合需求的次級資料。次級資料的缺點如下：

● 未必可以直接運用在行銷研究上。例如：研究者需要家庭可支配所得的資料，但拿到的卻可能是家庭總收入的資料，或是研究者所獲得的分類級距，與想要的分類級距不同。

● 準確性有待商榷。

● 資料可能已經過時。

次級資料的優缺點如圖 2-5 所示。

次級資料的優缺點

優點	缺點
▲ 節省時間、人力、費用	▲ 未必可以直接運用在行銷研究上
▲ 提升對研究問題的理解	▲ 準確性有待商榷
▲ 使初級資料的蒐集計畫更加明確	▲ 資料可能已經過時
▲ 為初級資料的蒐集，提供比較的基礎	

⊕ 圖 2-5　次級資料的優缺點

5.　評估次級資料

由於次級資料可能有缺點存在，因在評估次級資料時，必須滿足以下四項要求（如圖 2-6 所示）：

● 可用性：判斷所需要的資料是否可用。如果不行，必須考慮透過初級資料蒐集來補足。

● 相關性：應符合研究問題的要求。例如：計量單位應相同；使用的概念必須相同，也就是「資料貨幣（currency of data）」不應過時。（註：資料貨幣是把資料當成貨幣的概念，意即將資料賦予類似貨幣的價值，以確定其對組織的財務重要性，一旦確定了資料的貨幣價值，就可以用作交易中的交易單位，既可以單獨付款，也可以與貨幣結合使用）。

● 準確性：為了確認資料的準確性，必須考慮以下幾點：比較資料的規格、分類與級距；注意來源的可靠性；確認資料蒐集的方式；以及判斷資料的時效。

● 充足性：應有足量的數據。

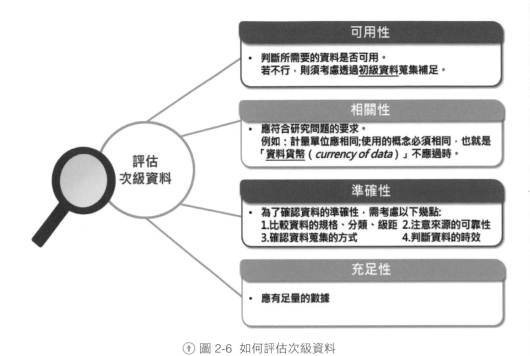

🔺 圖 2-6 如何評估次級資料

繪圖者：王彥琳

2.1.4 研究資料

當我們要對「資料」進行更進一步的「統計運算」時，就必須對資料「測量（measurement）」的類型先行了解。「測量」意指對所測概念（變數）給定一個數字或符號的過程，例如：溫度為攝氏 26 度、性別為男…等。

在研究方法裡，有關「測量（measurement）」的資料類型包括：名目資料（nominal）、順序資料（ordinal）、區間資料（interval）以及比例資料（ratio），如圖 2-7 所示。

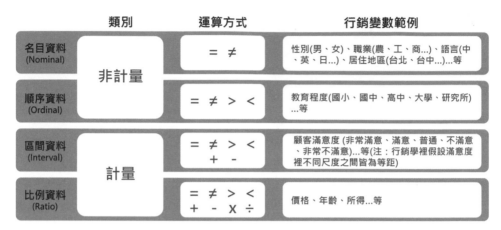

名目資料、順序資料、區間資料、與比例資料

類別	運算方式	行銷變數範例
名目資料 (Nominal)	非計量	= ≠	性別(男、女)、職業(農、工、商...)、語言(中、英、日...)、居住地區(台北、台中...)...等
順序資料 (Ordinal)		= ≠ > <	教育程度(國小、國中、高中、大學、研究所)...等
區間資料 (Interval)	計量	= ≠ > < + -	顧客滿意度 (非常滿意、滿意、普通、不滿意、非常不滿意)...等(注：行銷學裡假設滿意度裡不同尺度之間皆為等距)
比例資料 (Ratio)		= ≠ > < + - X ÷	價格、年齡、所得...等

⬆ 圖 2-7 名目資料、順序資料、區間資料、與比例資料

繪圖者：張庭瑄

一、名目資料（nominal）

名目資料能區分 同組別，例如：將「性別」區分成「男」、「女」。以下是名目資料的特性：

名目內容（如：「男」、「女」）本身具有意義，但編碼後 （如「男」為「1」、「女」為「0」）的 字大小，並不代表任何意義（如，不能說 1 大於 0）。

編碼後的數字 能排序，但在統計處理時，可以累加次數（頻率數，也就是符合的人數），例如男性 156 人、女性 182 人，或按次數多寡依序排列找出最高數值（最多人選擇的選項次數）。

二、順序資料（ordinal）

順序資料能區分等級或順序，例如：教育程度裡，從小到大依序為：國小、國中、高中、大學、研究所。以下是順序資料的特性：

- 編碼後的數字能夠排序，但無法進行加減。

- 可降階為名目資料（如：將教育程度區分成國小、國中、高中、大學、研究所，但不予排序）。

三、區間資料（interval）

區間資料能區分程度上的差異，例如：年份為 2001 年、2002 年、2003 年…。以下是區間資料的特性：

- 編碼後的數字為等距（如：「1 與 2 之間的距離」，與「2 與 3 之間的距離」相同）。

- 因為等距，所以能夠加減（如：年份 2005 年與 2000 年之間差了 5 年）。

- 因為不具絕對原點，所以不能乘除（如：年份 2000 年 /2 並不具意義）。

問卷調查最常採用的就是區間尺度。例如請從「非常滿意、很滿意、滿意、普通、不滿意、很不滿意、非常不滿意」等選項中圈選出符合的，這原本是順序尺度，在此則拿來做為區間尺度使用。區間尺度因為設定的組距都相等，所以可做為「非常滿意 7 分、…、非常不滿意 1 分」的處理方式，而最有名的則像是李克特七點量表或五點量表。

- 可降階為名目資料與順序資料。

四、比例資料（ratio）

比例資料能衡量數值之間實質的差距，例如：價格為 100 元、200 元、300 元…等。以下是比例資料的特性：

- 因為等距，所以能夠加減（如：價格 200 元與價格 100 元之間差 100 元）。

- 具絕對原點，所以能乘除（如：價格 200 元 /2= 價格 100 元）。

- 可降階為名目資料、順序資料與區間資料。

當我們在整理與分析資料時，無論是要對現有資料進行「降階」，或是選擇該採用哪一種適合的統計工具進行分析時，必須先釐清以上的資料類型，才能協助我們進行正確的整理與分析。

2.1.5 總體（宏觀）資料與個體（微觀）資料

在大數據時代，資料是企業的生財工具，先前已談過資料的許多類型，都是從資料的本質出發，但這一次我們從個別資料和累加資料的觀點著眼，又可產生出總體（宏觀）資料與個體（微觀）資料。

所謂總體資料（Macro Data）與個體資料（Micro Data）定義如下：

一、總體資料（Macro Data）

即使用者以「宏觀」的角度來看待的「大眾資料」。對總體資料進行分析稱為「總體分析」，是一種對「大眾集體行為」分析的方式。舉例來說，我們會統計居住在特定地理區域的「總人數」，再以年齡結構、性別和收入水準，算出各個級距的人數。它是一種由個別資料累加而成的概念。而如果以行銷來說，「區隔」行銷可以算是一種總體分析。

二、個體資料（Micro Data）

乃是採用「微觀」角度來看待「個人資料」。對個體資料進行分析稱為「個體分析」，是一種對「個人個別行為」進行分析的方式。以行銷領域來說，「一對一行銷」或「精準行銷」就屬於個體分析。

舉個例子，美國人口普查局的「摘要性磁帶檔案（Summary Tape Files）」中，即包含各類的彙總數據，包括特定地理區域中具有各種特定屬性的個人總數資料。從某種角度來看，它們是一種彙總表格，此即為總體資料。然而，同樣在該局的「公眾使用微數據樣本（Public Use Microdata Sample，PUMS）檔案裡頭，則包含有原始普查的個人數據（其中已刪除特定個資，以保護受被訪者的機密性），此即為個體資料。

以下是總體（宏觀）資料與個體（微觀）資料簡單的比較，如圖 2-8 所示。

Part 1
規劃篇

Part 2
大數據篇

Part 3
行銷篇

Part 4
策略篇

總體資料 Macro Data	個體資料 Micro Data
用宏觀角度 看待大眾資料	用微觀角度 看待個人資料
對總體資進行分析 稱為總體分析	對個體資料進行分析 稱為個體分析
對大眾集體行為 進行分析	對個人個別行為 進行分析
實例：品牌定位圖	實例：一對一行銷

⊕ 圖 2-8 總體（宏觀）資料與個體（微觀）資料的比較
繪圖者：張庭瑄

以往企業的行銷比較少注意到消費者的個體資料，只有在做「質性訪談」或者「焦點群體」訪談時，會聚焦到個別消費者。過去企業通常以總體資料為出發點，大量生產相同的產品，促銷給普羅大眾。後來因消費者個人主義興起，客製化行銷的概念出現，廠商開始號稱產品是為顧客「量身訂做」。

不過在這個階段，其實企業所做的只是「大量客製化」。舉例來說，國際車廠宣稱消費者可以在它的官網上自由選擇車型、款式、顏色，甚至是內裝的皮椅。儘管這樣的組合已達到所謂的一對一行銷，但從另一個角度看，即便廠商的選擇可以排列出十萬種組合，對於其一百萬的汽車客戶來說，也只是平均不同的十個人得到一模一樣的汽車，所以算不上是「完全客製化」。不過企業這樣做，起碼看起來比較有誠意。

大數據時代來臨後，讓一對一行銷的變得相對簡單，因為各類的行銷數據在交叉比對和運用之後，企業很容易抓到客戶的真實喜好，只要在生產端再加以變化，就可以精準地瞄準消費者的胃口來做生意了。

了解以上資料的類別，將有助於資料的收集。畢竟擁有越多正確且多元的資料，越有助於企業進行行銷資料科學的分析。

Part 1
概論篇

Part 2
大數據篇

Part 3
行銷篇

Part 4
策略篇

SECTION

2-2 資料類別排列組合

企業搜集資料要下許多功夫,而面對這些得來不易的資料,在運用上更是存乎一心。以往的行銷資料大部分都是單一使用,例如:將客戶的購買資料經過分析之後,可以判斷出哪些客戶是貴客、哪些是常客、哪些又是新客,依此得出單一維度的行銷數據。但是在理解「資料」與「行銷資料」的分類後,我們可以進一步透過資料類別的「排列組合」,來協助企業進行資料的收集與分析,進而擬定相關的行銷方案。

我們以某家百貨公司為例,先將「內部資料、外部資料」,以及「結構化、非結構化資料」進行排列組合,可得到四種資料類別,如下圖 2-9 所示:

內部資料   **外部資料**

	內部資料	外部資料
SQL	消費者基本資料 非費者購買資料...	外部網路結構化資料 政府開放資料...
NoSQL	消費者瀏覽賣場影像紀錄 消費者來電錄音紀錄...	網路文章 網路影音...

⊕ 圖 2-9 內、外部、結構化、非結構化排列矩陣
繪圖者:張庭瑄

1. 右上角第一象限的「外部結構化」資料:分析各縣市、鄉鎮的人口統計資料,發展各地展店評估方案。

2. 左上角第二象限的「內部結構化」資料:分析消費者個別資料,發展出新客、常客與貴客等不同顧客的關係管理方案,像是針對貴客舉辦「封館特賣之夜」,針對常客舉辦「消費一定金額」大優惠,或是針對新客舉辦「開卡送好禮」活動等。

如果結合第一、第二這兩個象限，則可進一步評估，開設分館的優先順序，哪些地區分館要先開，哪些地區的順位則可擺在稍後再處理。

3. 左下角第三象限的「內部非結構化」資料：可分析消費者瀏覽百貨公司動線的影像記錄資料、消費者在哪些櫃位停留最久，哪些商品曾經被消費者拿起來端詳之後，又被擺放回去。如此，百貨公司可發展產品擺設的優化方案，或者產品包裝的改換計畫。

4. 右下角第四象限的「外部非結構化」資料：可分析消費者在網路上對該百貨公司或特定商品的「口碑聲量」與「好感度」，進而發展網路口碑行銷方案。

在運用這些資料時，使用者要懂得運用想像力，來發揮資料分析背後的價值。例如：我們可以思考一下，結合第二與第三象限的數據後，還可以做些什麼？讀者可能會想到，在百貨公司入口的攝影機，透過人臉自動辨識系統，遠遠地看到貴客出現時，就可在系統上發出提醒訊息，讓值班的主管有機會與他們接觸。如此一來，將更能帶給顧客「賓至如歸」的氛圍。

透過以上的例子，可以讓讀者更了解學習「資料」與「行銷資料」的分類，不僅僅只是學習辨識資料的類別，更重要的是透過這些分類，以及對分類的排列組合，協助企業進行資料的收集與分析，進而擬定出有效的行銷方案。

Part 1
概論篇

Part 2
大數據篇

Part 3
行銷篇

Part 4
策略篇

SECTION 2-3　資料的來源

資料來源百百種，種類繁複，有些由人們所產生，有些則由機器所產生；有些資料存放在企業內部，極其珍貴；有些資料則屬於外部來源，讓資料科學家可以信手拈來。

資料是資料科學家的「衣食父母」，沒有它們，資料科學家只能原地踏步，但有了資料，資料科學家也需要有慧眼和工具，才能將寶石自礦山中挖掘、篩選和過濾出來。

以下簡單就中原大學資工所賀嘉生教授，所提出的企業資料、雲端資料、開放資料與物聯資料等四大資料來源進行說明。

一、企業資料

企業內部資料的來源，主要來自於資料庫（Data Base）或是資料倉儲（Data warehouse）。存放在資料庫裡的資料，源自於企業內各種資訊系統，包括：銷售系統、人力資源管理系統、進銷存系統、顧客關係管理系統（CRM）、企業資源規劃系統（ERP）、供應鏈管理系統（SCM）和企業網站。企業資料通常最難取得，因為這些資料攸關著企業的營業機密。

當企業在進行內部資料分析時，通常採取自製（自行分析）或是外包（委外分析）的方式進行。一旦採取外包時，常要求外包商簽署「保密協定（Non-disclosure agreement, NDA）」不得外洩，否則必須賠償。

二、雲端資料

雲端資料的種類很多，包括各類社群網站（Facebook、LinkedIn…等）所陳列的個人資料（Social network profiles）。還有許多人會在網路上分享文章、撰寫評論，甚至是按「讚」（Like）等。

這些資料都可透過網路探勘的方式,將使用者在網路平台上留下的紀錄(例如討論區中討論的內容)存取下來,再加以分析。

不過要注意的是,網路探勘會有違法之虞。根據刑法第三十六章「妨害電腦使用罪」[1] 第 358 條至 363 條,一般人不得無故入侵他人電腦主機、無故變更電磁記錄、干擾電腦系統及相關設備、製作專供電腦犯罪之程式等。所以,在網路爬文時需特別注意。

數位流行病學 —— 透過AI分析社群媒體數據預測疾病

有越來越多的學者和醫生,利用人工智慧(AI)技術,分析 Facebook、Twitter 等社群媒體的上數據,來確認人們的情緒。甚至,學者們已經能從個人的推文,來預測人們心臟病發病的機率,以及憂鬱症的傾向。

這種使用 AI 技術,並透過數位世界數據進行疾病預測的方法,稱為「數位流行病學」(digital epidemiology)。而數位流行病學的發展,可以追溯到 2008 年,當時 Google 的研究人員試圖透過搜索引擎中的關鍵字,來預測流感趨勢。

到了 2015 年,美國史丹佛大學心理學系教授約翰內斯・艾希施泰特(Johannes C. Eichstaedt)與團隊夥伴們[2],透過美國 1,300 多個鄉鎮的 1 億多條推文,發展出心臟病預測模型,該模型能根據表達憤怒或敵意的負面推文,有效地預測出特定地點的心髒病死亡率。

圖 2-10 即顯示了美國東北部地圖中,美國疾病控制和預防中心(CDC)的心臟病(atherosclerotic heart disease, AHD)死亡率報告(左圖),與透過 Twitter 推文的疾病預測模型結果(右圖),可以發現兩者非常接近。

1　中華民國刑法
　　https://law.moj.gov.tw/LawClass/LawParaDeatil.aspx?pcode=C0000001&bp=53。
2　Eichstaedt JC, Schwartz HA, Kern ML, Park G, Labarthe DR, Merchant RM, Jha S, Agrawal M, Dziurzynski LA, Sap M, Weeg C, Larson EE, Ungar LH, Seligman ME. Psychological language on Twitter predicts county-level heart disease mortality. Psychol Sci. 2015 Feb;26(2):159-69.

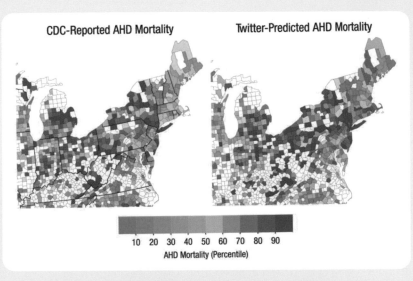

⊕ 圖 2-10 CDC 心臟病報告與 Twitter 推文預測模型之比較

★ 資料來源：Eichstaedt JC, Schwartz HA, Kern ML, Park G, Labarthe DR, Merchant RM, Jha S, Agrawal M, Dziurzynski LA, Sap M, Weeg C, Larson EE, Ungar LH, Seligman ME. Psychological language on Twitter predicts county-level heart disease mortality. Psychol Sci. 2015 Feb;26(2):159-69.

艾希施泰特教授進一步在 2021 年，透過 Facebook 社群媒體上的數據，訓練出有效的 AI 模型，能預測憂鬱症的傾向[3]。艾希施泰特指出，在美國，每年大約有 7% 到 26% 的人患有憂鬱症，但只有不到一半的人接受了治療。他認為，像 AI 預測的新方法，可以改善識別和治療憂鬱症患者的方式。

最後，早期發現早期治療，背後所產生的社會效益很高。但使用社群媒體數據進行心理健康的預測，這種做法存在著重大的法律、監管與道德問題。在使用上，要非常小心。

三、開放資料

開放資料（Open Data）的概念由來已久，過去幾百年，科學界已經將許多的研究資料公開給其他研究者進行後續的研究。開放資料真正蓬勃的發展，還是在網際網路出現之後。2001 年維基百科成立，截至 2017 年，已產生 550 萬個條目。此外，2004 年經濟合作與發展組織（Organisation for Economic Cooperation and Development, OECD）的各會員國，簽署了一份共同聲明，要求所有由公家機關出資所收集的資料，都必須被公開。之後許多政府機關、非營利組織都陸續在網路上公開各種資料。

要做好行銷資料分析，開放資料是很重要的資料來源之一。根據喬爾・古林（Joel Gurin）在《開放資料大商機》一書中的定義，「開放資料意指所有可取得的公開資料，同時民眾、企業、與組織可使用這些資料來創立新事業、進行資料分析、做出資料導向的決策。」其中，開放資料的特性包括：開放給任何人使用、資料授權給大眾可再利用，同時開放資料基本上是免費或是收費低廉，並且蘊含大量商機。

關於「開放資料」、「開放政府」與「大數據」彼此之間的定義有些模糊，古林對這三者之間的差異，做了以下的說明，如圖 2-11 所示。

2-3 資料的來源

Part 1
概論篇

Part 2
大數據篇

Part 3
行銷篇

Part 4
策略篇

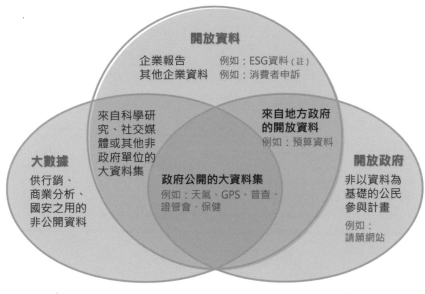

⊕ 圖 2-11　大數據、開放政府、開放資料之間的關係 [4]

繪圖者：余得如

★　資料來源：喬爾・古林（Joel Gurin），開放資料大商機：當大數據全部免費！創新、
創業、投資、行銷關鍵新趨勢（OPEN DATA NOW： The Secret to Hot Startups,
Smart Investing, Savvy Marketing, and Fast Innovation），李芳齡譯，時報出版，
2015/04/20。

從上圖中可發現，資料類別分為「開放資料」、「開放政府」與「大數據」。

「開放資料」的基本原則，是必須開放給任何人可取得且被授權可使用的。它
的來源包括來自政府單位或其他可取得公開資料的各種管道，這些資料的使用，
可供個人或公司作為不同的用途。例如：公共自行車租賃系統資料、企業的公
開說明書等皆是屬於開放資料。

至於「開放政府」顧名思義，就是由政府單位開放給大眾取得的資料。在諸多
的開放資料中，政府的開放資料占了重要角色，例如：每年的國家生產力、進
出口總額、國內生產毛額 GDP、人口健康資訊和環境評估等。

4　ESG 資料的全文為「環境、社會和治理（ESG, environmental, social, and governance）」
資料。

開放資料是個寶庫，端看我們是否懂得挖掘。以台灣的博連科技為例，該公司透過連結與整合民航局、台灣港務、關務署、中央銀行等單位資訊，建立iPort2.0系統，讓業者能快速取得最佳的海空聯運方案（包括：即時取得海空聯運運費及路徑分析、追蹤貨況…等）。圖2-12即為政府資料開放平台的內容。

⊕ 圖 2-12 政府資料開放平台

⊙ 政府資料開放平台

https://data.gov.tw/

由於「大數據」涉及處理非常大量的資料集，並找出資料集的型態及其中不同的關連性，取決於主觀判斷和分析的技術能力，但和開放資料又不相同，大數據是能記錄我們日常行為留下的足跡，例如：交易行為的記錄。舉例來說，企業可以利用開放資料來作為市場趨勢的分析及品牌定位，利用大數據來製訂個別行銷策略。

「開放資料」、「開放政府」與「大數據」這三者之間有著密切的關係，其交集又能定義出六類的資料型態。以下即對這六種資料類型進行說明：

Part 1
概論篇

Part 2
大數據篇

Part 3
行銷篇

Part 4
策略篇

1. 非開放資料的大數據

非開放資料的大數據涵蓋範圍甚廣，特別是企業所收集具高商業價值的大數據，例如：大型零售商的顧客購買行為資料、銀行信用卡持有人的資料與消費型態、網購平台的客戶交易資料等。而政府單位的機密資料亦屬於此類，例如：國安局對許多特定機密事件所蒐集的大量資料。

2. 開放政府活動之非開放資料

是指政府的公民參與活動或計劃所產生的資料，例如：公共政策網路參與平台所產生的資料。這類公民參與活動本身並不是為了發布資料為存在，而是為了更了解民眾的意見與想法，這些資料未必會對外開放。

3. 非政府單位的大型開放資料

在此指的是非政府部門的研究機構，所進行關於科學、社會、生物、醫學等大型的研究計畫，所產生大量有價值的研究資料。另外，各種網路平台，包括社群媒體、討論區…等，亦屬這個類別的資料。

4. 非大數據的開放政府資料

指的是除了中央政府單位之外，大至各地方政府，小至部門單位的資料都屬於此類資料。例如：地方政府的預算分配、地方的人口結構、年齡分布。此資料類型中，也許有些資料量並不多，稱不上是大數據，但若政府能適當的開放此類資料，也能產生不小的效益與影響。

5. 非大數據、非政府的開放資料

此大多指的是私人企業的公開資料，例如：企業供投資人參考的公司財務報表、環境、社會和治理（ESG, environmental, social, and governance）資料…等。

6. 開放政府的大數據資料

此類資料是三大類資料的交集。政府可以透過自身強大的力量與充裕的資金，搜集想要取得的龐大資料，並將這些資料公開，讓有需要的單位或人所取用，並經過進一步的分析，以產生更多的價值。例如：國家普查資料、國家氣象資料、國家公共衛生資料等。

SECTION 2-4｜物聯資料

台灣地區夏季午後的雷陣雨有個特性，它經常是東山飄雨西山晴，很可能台北市的東區大雨傾盆，西區卻是滴雨未下。如果中央氣象局要精準預測某一小區域的天氣，感測器的鋪設需要遍地開花。但請想像一下，如果位在東區街道的每部汽車的雨刷上都裝上了感測器，只要部分車主的雨刷一啟動，下雨的資訊馬上傳到政府與民眾手中，這樣就能讓要前往東區的人，採取避雨措施，或者做好要帶傘的心理準備。而這也正是「物聯網」資料的廣泛應用之一。

最近一兩年，物聯網話題非常熱門，所謂「物聯資料」即是透過物聯網（IoT，Internet of Things）所獲取的資料。雖然目前離萬物聯網還有很長的一大段距離，但卻已是指日可待。以下我們先就物聯網對各產業所產生的影響進行說明，之後再進一步就行銷領域物聯資料的蒐集進行介紹。

2.4.1 物聯網的產業範疇

物聯網的出現，影響了許多的產業。根據高盛（Goldman Sachs）公司的預估，物聯網將在 2020 年以前，有超過 280 億個「物（things）」會連上網，影響範疇從穿戴式裝置、連網汽車、連網家庭、連網城市、工業、運輸、能源、健康醫療⋯等，影響的範圍遍及眾多產業，如圖 2-13 所示。

物聯網對於企業所帶來的商機，最直接的就是協助發展新產品。無論是消費行銷市場裡各種穿戴式裝置的出現，例如：智慧手錶、智慧眼鏡、健康手環、運動攝影機等。或是汽車產業也開發出連網裝置，以提供車主視聽娛樂、安全、保養等功能。同時，物連網也促使連網家庭產品的發展，例如：智慧家電、居家安全監控、智慧恆溫空調、智慧健康照護⋯等，逐漸改變家庭生活的樣貌。

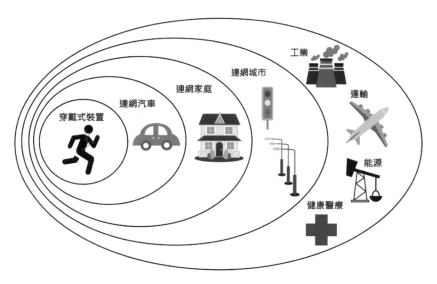

⊕ 圖 2-13 物聯網資料的收集

繪圖者：趙雪君、廖庭儀

★ 資料來源：高盛全球投資研究部門

至於在工業市場裡，物連網促使連網城市概念的興起，各種連網產品包括：智慧電表、智慧電網、智慧照明、智慧交通…等，不斷地被開發出來。而在工業、運輸、能源、健康醫療…等各種產業，也因為物聯網而產生了許多像是智慧建築、智慧製造、智慧能源的應用。

在技術上，物聯網共有三層架構：第一層即是所謂的「感知層（Sensors and Sensor networks）」，感知層主要聚焦在各種有線或無線的感測器 （例如可以偵測溫度、濕度、光度、物體移動的陀螺儀、三軸加速器，以及人體的心跳、血壓和脈搏等），甚至如何建構感測網路，並將收集到的資料傳送回來。更重要的是，感測器要做到數量大、體積小、成本低、低耗能，同時還可以長距無線傳輸。

至於第二層的網路層，則是如何利用現有的 4G 甚至是 5G 無線傳輸技術，有效地傳回蒐集的資料；至於第三層的應用層，則屬於前述消費性市場與工業性市場的各種應用領域，重點在使用大數據分析的結果，回饋並控制感測器或控制器，以做出相對因應的動作。

以上這些新產品的背後，將產生巨量的物聯資料，這些資料對企業來說，也是巨大的寶礦。

2.4.2 行銷領域物聯資料的蒐集

對於零售業來說，物聯網的應用正如火如荼地展開，從無線射頻辨識（Radio Frequency Identification, RFID）的應用，到無人商店的出現，讓消費者產生了全新的消費體驗。

這背後的物聯網技術，在於讓產品有了唯一編碼（透過 RFID、二維條碼…等），並且透過無線接收這唯一編碼，企業即可針對這些物聯資料進行分析。

以下簡述物聯資料對零售業所帶來的好處。

一、消費者

- 查詢產品資訊：讓消費者即時查詢產品資訊與生產歷程。
- 辨識產品真偽：讓消費者即時辨識產品的真偽，以避免買到假貨。

二、企業

- 瞭解銷售狀況：企業可透過物聯資料，即時分析銷售狀況。
- 進行動態定價：針對快過期的產品進行價格調價的動作，以刺激購買。
- 發展促銷活動：開發積點活動、執行交叉銷售、研擬折價優惠…等
- 追蹤產品現況：透過物聯資料，掌握產品的保鮮程度。
- 進行存貨管理：根據產品新鮮狀況、銷售狀況、供貨狀況，進行庫存管理。

物聯網的出現，讓企業可透過各種偵測裝置，記錄各式各樣的資料。無論是透過手機進行定位獲得 GPS 資料，或是透過影像偵測消費者購物的行為獲取影像資料，這些都屬於物聯資料的範疇。

美國經濟與社會理論學者傑瑞米‧里夫金（Jeremy Rifkin）在他所著的《物聯網革命：改寫市場經濟，顛覆產業運行，你我的生活即將面臨巨變》[5]一書中提到，物聯網將會演變成一個高度整合的全球網路，未來人、天然資源、機器、產品、物流、交易、甚至回收等，經濟與生活面向的人事物，都將與物聯網平台進行連接。無論是組織或個人，透過資料科學技術，對物聯網背後的大數據進行分析，將產生對經濟與生活有用的資訊，進而發展出更多的應用與價值。

當物聯網出現後，除了可以透過「物」來記錄「人」，還可以將記錄的範圍擴大到「物」。舉例來說，智慧家庭的出現，記錄了許多與人相關以及與物相關的資料。例如：透過攝影機記錄家庭裡每個人走路的動線，經常活動的區域，或是透過感測器，記錄室內的溫度、濕度、電力消耗…等。然後只要稍微加以分析，就可以改善電力或空調的使用。

資料取得方法的演進 —— 以個人身體狀態資料為例

在古代，醫生透過「望聞問切」來診斷病患的病情。到了近代，各式醫療測量工具的出現，例如：體溫計、血壓計、血糖計…等，讓民眾在家，也能自行測量身體的狀況。到了大數據時代，各種穿戴式裝置以及物聯網裝置的出現，能協助人們「即時」偵測各種身體狀態數據（包括：心跳、體溫、睡眠狀況…等），進而達到預防勝於治療的理想境界，如圖2-14 所示。

---

5 傑瑞米‧里夫金（Jeremy Rifkin），《物聯網革命：共享經濟與零邊際成本社會的崛起》，陳儀、陳琇玲譯，商周出版，2014/12/11。

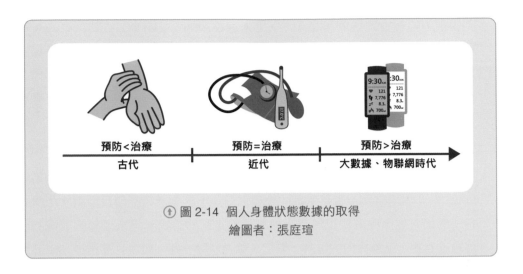

⊕ 圖 2-14　個人身體狀態數據的取得
繪圖者：張庭瑄

事實上，以上的資料有些看起來很有價值，有些則可能一無是處，但依據筆者的經驗，任何資料背後都有「模型」。而西諺有云「One man's meat is another man's poison（你的美食，可能是他的毒藥）」，反之亦然，因此沒有無用的資料，資料是否能夠產生價值，端賴各位的慧眼，以及是否採用正確的分析方法。

最後，上述四種資料的出現，連帶對於資料的處理速度以及資料的儲存，產生了新的需求。舉例來說：為了滿足許多電子商務公司即時蒐集與分析大量資料的需求，讓「分散式運算」以及「非結構化資料庫（NoSQL）」領域有了重大的技術突破。而 Hadoop 開放式分散式運算系統，以及 MongoDB、Cassandra 等非結構化資料庫的出現，也讓這些需求得以滿足。

SECTION
2-5　盡信資料，不如無資料

《孟子》第十四卷盡心篇下中有一句話：「盡信書，則不如無書」。大意是説，「完全相信《尚書》中所記載的事，還不如沒有《尚書》這本書」。這句話源自於孟子認為《尚書》裡所寫的部分內容過於誇張，史官下筆時可能有所偏差。類比到行銷資料科學，我們也可説：「盡信資料（Data），則不如沒有資料（Data）」。

2013 年 12 月，哈佛商業評論刊登一篇由湯瑪斯・雷曼（Thomas C. Redman）所寫的文章「盡信資料不如⋯（Data's Credibility Problem）」（中文版由侯秀琴翻譯），就在探討這個存在已久的議題。

在這篇文章裡指出，醫學中心的實驗資料錯誤，可能會害死病人；工廠裡的產品規格資料不清楚，可能會大幅增加成本；公司的財務報告資料不正確，可能會誤導投資大眾。以上的例子，都點出資料正確的重要性。

資訊界有句流傳逾半世紀的名言，叫做「垃圾進、垃圾出（Garbage in, Garbage out）」，如圖 2-15 所示。這句話背後的問題至今依舊存在，亦即企業內部可能充斥著許多的錯誤資料，而對於這些錯誤資料，許多人常誤認為是資訊系統的問題。事實上，資料錯誤的成因常常來自於資料的「輸入」，其與人、流程、制度有關；而非資料的「處理」，它反而與資訊系統有關。也由於資料的不可靠，管理者很難建立起以「資料導向（Data Driven）」來做決策，因而倒退回強調經驗的直覺決策方式。

在資料的存續期間，有兩個時機點很重要，一是「建立資料時」，其次則是「使用資料時」，因為資料品質在建立的當下就已決定，但常得等到使用時才會知道其品質高低。也因此，建立資料的人與使用資料的人應密切溝通，才能夠解決大部分資料正確性的問題。畢竟建立資料的人，通常不清楚其他人如何使用資料。這就如同設計或建造教室的人，不清楚老師如何使用教室一般。

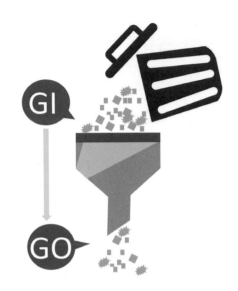

圖 2-15 垃圾進、垃圾出（Garbage in, garbage out）
繪圖者：周晏汝

有趣的是，建立資料的人（例如：現場業務或是後勤幕僚）與使用資料的人（例如：各部門主管），常常與資訊人員沒有直接關係。而對於資訊品質的責任，企業裡卻常常會推給資訊人員。事實上，最應負起資訊品質責任的，應該是各階層與各單位的主管（尤其是最高主管），因為資訊人員可以幫忙改正錯誤資料，卻無法改變資料採集的方式或是商業流程，而且資料的正確性對使用單位來說意義重大，對資訊部門卻可能不痛不癢。

如何讓全公司的資料保持「乾淨（clean）」，是一個需要持續努力的過程。大數據 4V 之一的「資料正確性（veracity）」遠比我們想像得還要重要。

Part 1
概論篇

Part 2
大數據篇

Part 3
行銷篇

Part 4
實務篇

SECTION 2-6

資料的整理

在進行行銷資料科學分析時，我們必須一再強調，即便分析工具再完善，一旦資料品質不佳，分析出來的結果將會變得缺乏價值，產生俗稱「垃圾進、垃圾出（Garbage In, Garbage Out, GIGO）」的現象。

以資料的來源來看，企業內部資料通常結構化程度較高，資料較完整也較正確，所以品質較好。外部資料（尤其是從網路社群上收集的資料）非結構化比例較高，同時，資料的雜亂程度也相對較高。

在進行資料整理時，常見的工作包括：重複資料的去除、遺漏值的填補、異端值的控制、資料單位的統一、連續資料的轉換、樣本結構的調整、質化資料的轉換、非結構化文字資料的處理…等，如圖 2-16 所示。

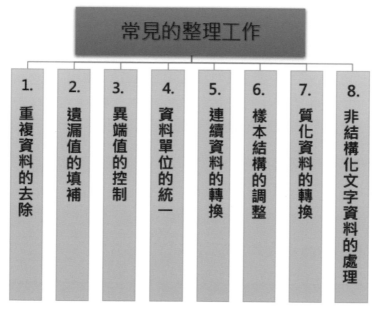

⊕ 圖 2-16　常見資料整理的工作
繪圖者：王彥琳

以下進行簡單的說明：

1. 重複資料的去除

   從不同來源所獲得的資料，可能會重複（即便從相同來源處，所獲得的資料也可能重複），在進行資料合併時，需要將這些重複的資料加以去除。

2. 遺漏值的填補

   通常採用該變數的平均數來進行填補。對於數值變數來說，實務上常使用的方法是以線性迴歸的方式來預測遺漏值，這種方法稱為「預測均值匹配（Predictive Mean Matching, PMM）」；對於二元變數來說，則是使用羅吉斯迴歸（logistic regression）進行預測；而超過二元以上的分類變數，則常使用貝氏多元迴歸（Bayesian polytomous regression）來處理。

3. 異端值的控制

   將異端值去除，以避免產生偏誤。

4. 資料單位的統一

   資料應在相同基礎上進行分析，例如：時間（以日、週、月、年為基礎）、金額單位（個、十、百、千、萬…等）、幣值（美元、新台幣…等）、重量（公斤、磅…等）。遇到不同單位的資料時，需要進行資料單位的轉換，以確保之後的分析，在一致性的基礎上進行。

5. 連續資料的轉換

   一些連續的資料（如年齡、溫度…等）可能需要轉換成較少的次序性資料（如老年、中年、青年、少年、幼童，高溫、中溫、低溫…等）。

6. 樣本結構的調整

   當所收集到的資料與母體結構差異較大時，需要對樣本結構進行調整。舉例來說，母體結構中，男女性別各佔一半。萬一所收集到的樣本結構，男女比例差距懸殊，此時就應該對樣本結構進行調整。

7. 質化資料的轉換

在進行分析時，有時候會需要將所收集到的質化資料（例如：從問卷或客服信箱中，所收集到的顧客滿意或抱怨的留言），轉換成量化資料（滿意與抱怨的程度）。

8. 非結構化文字資料的處理

先將非結構化的文字，轉換成「詞彙文件矩陣（term document matrix, TDM）」所呈現的結構化資料表，再進行預測分析、關鍵字篩選等工作。

在進行資料整理時，通常會花費許多的人力，雖然有些時候可以透過軟體來協助增加效率，但整體來說，資料整理目前還是屬於勞力密集的事情。而且，通常在執行行銷資料科學的專案時，資料整理常常會佔據 1/3 甚至是一半以上的時間。

資料整理是一項枯燥且乏味的工作，但你得時時想到「GIGO，垃圾進、垃圾出」，前端沒有處理，就會讓你後端的研究做白工，因此為了確保分析品質，還是得小心謹慎地進行。

運用想像力透視問題背後的真相

大數據究竟應該如何挖掘？又該如何從其間找到豐富的脈礦？其實，要在資料的礦山中淘寶，有時的確需要一些想像力，而大數據的有趣之處就像辛棄疾的《青玉案》一樣，頗有「眾裡尋他千百度，驀然回首，那人卻在燈火闌珊處」的意味。

以下兩個故事與大家分享：

一、運用想像力蒐集資料

第一個真實故事發生在對岸。一家大型賣場的經理希望調高合作零售商的攤位租金，因為這些攤商總是希望用較低的價錢，取得好位置，但礙於雙方有著多年的合作關係，經理遲遲開不了口，而這個攤商當然也就樂得能拖就拖。

後來賣場經理受不了總公司的業績壓力，終於向攤商要求調價，但對方則回應他攤位地點不佳不願調高價格，如果經理能夠證明他的攤位夠好，就同意調高租金。經理雖然擁有賣場內大量監視設備的錄影帶，但當時人臉辨識技術還未成熟與普及，縱使利用人工一一看過內容也無法具體證明。

現在請您思考，該如何獲得有用的資料以證明位置夠好，進而調漲租金呢？

該經理後來發揮想像力，既然無法辨識消費者，就退而求其次，於是將思考的重心由消費者改成購物車，在賣場的購物車下和牆上，分別裝上感應器，只要顧客推著購物車經過，就會在電腦上留下軌跡圖。

請大家想像一下，賣場內每天數百台的購物車推來推去，可以留下密密麻麻的軌跡大數據，所有購物車在哪些個櫃位前面停留時間最久，也被清清楚楚地記錄下來。最後攤商也因資料分析的結果，只能乖乖地多繳租金。

二、運用想像力分析資料

現年 41 歲的哈佛大學經濟系教授羅蘭‧佛萊爾（Roland Fryer）過去在研究為何美國黑人與白人平均壽命可以相差到 6 歲時，發現黑人罹患心臟病的機率遠高於白人。同屬非裔的佛萊爾研究了各種資料，包括：飲食、抽菸、貧窮⋯等，但這些資料都無法解釋整體的差距。在一次偶然的機會裡，佛萊爾看到了一本書的插圖，如圖 2-17 所示。

⊕ 圖 2-17 英格蘭奴隸商人親吻非洲人

✳ 圖片來源：The John Carter Brown Library at Brown University

在這張圖畫裡，一名英格蘭的奴隸商人正在西非親吻非洲人，但是佛萊爾進一步觀察到，這名商人其實是在舔著非洲人臉上的汗水。佛萊爾大膽猜想，這名人口販子其實是在利用這種方式檢查奴隸臉上的「鹹度」。

奴隸商之所以會這樣做，主要是從非洲到美國的遠洋航程其實十分漫長，而且慘無人道，因為有高達一成五的奴隸會在越洋的途中死亡，而死因主要則來自嚴重的脫水。一個具有高度能力讓鹽分滯留在體內的非洲人，體內能保留更多的水，進而增加他的生存機會。

在這種情況下，奴隸販子常常能挑出身上「非常鹹」的非洲人。後來，佛萊爾繼續蒐集相關資料，發現有辦法留住更多鹽分的這種體質，具有高度的遺傳性，因為無論是從奴隸制度，還是由自然界物競天擇，那些能在航程中僥倖存活下來的非洲人，形成了現代非洲裔美國人的基因庫，可能已不成比例地被「高血壓」所標記。最後，佛萊爾在他研究中推論，造成非裔美國人罹患心臟病比例較高的原因，其實是來自於奴隸貿易制度下背後的篩選機制。

美國健康經濟學家卡特勒（David Cutler）則認為，佛萊爾的想法起初「非常瘋狂」（雖然奴隸貿易與高血壓之間的聯繫在醫學文獻中有所提及，即使卡特勒也未意識到這一點）。然而一旦開始注意到這些資料，這個理論就開始顯得相當合理了。

而美國醫學界過去普遍認為，差距的很大一部分是來自單一因素所造成的，因為非洲裔美國人對鹽的敏感率比較高，在先天體質上就容導致心血管疾病。

當我們遇到問題時，首先會檢視現有資料以及蒐集新資料，接著再根據所擁有的資料進行分析與判讀。以上兩則故事，凸顯出在解決問題時，除了要理性地蒐集資料與分析資料外，實務上，也常常需要運用想像力，來協助我們透視問題背後的真相。

至於該如何培養想像力，則又是一個有趣的議題，在此僅先給予一個建議，那就是「對凡事都保有旺盛的好奇心」。

行銷資料
科學技術概念

☑ 資料蒐集

☑ 資料分析

☑ 資料呈現

本章要從資料蒐集、資料分析、資料呈現三種角度，來說明行銷資料科學技術的概念。其中，資料蒐集主要談網路探勘；資料分析主要談資料庫知識探索（KDD）、機器學習、監督式學習與非監督式學習、常見的機器學習演算法、決策樹、隨機森林、Apriori 演算法、類神經網路、支持向量機、資料探勘與文字探勘之比較；資料呈現則討論資料視覺化與視覺化分析學，以及圖表價值的判斷標準。

SECTION

3-1　資料蒐集

有關資料蒐集的技術，主要以網路探勘（Web Mining）為主。根據統計，目前全世界連結上網的網站，已高達十七億個，而可以算是各種知識來源之一的全球資訊網（WWW），一直是很多人想要開採的寶礦。因為全球各地的網路使用者，都會按照其所關切的主題，不斷產生各式各樣的內容。因此，如何從這麼豐富的資源中挖出有用的資訊，就得依賴網路探勘（Web Mining）技術。

網路探勘一詞，係由卡內基美儂大學博士畢業的歐仁·艾澤奧尼（Oren Etzioni）[1] 於 1996 年所提出。根據艾澤奧尼對網路探勘（Web Mining）的定義，「網路探勘是運用資料探勘技術，由網際網路上的文件及服務中，發現並獲得有用的資訊與模式 [2]」。

網路探勘的類別包括三種：網路內容探勘（web content mining）、網路結構探勘（web structure mining）、網路使用探勘（web usage mining），如圖 3-1 所示。

1　Etzioni, The world wide web：Quagmire or goldmine, Communications of the ACM, 39（i1）, pp. 65-68, 1996.

2　Web mining is the application of data mining techniques to discover and retrieve useful information and patterns from the world wide web documents and services.

Part 1
概論篇

Part 2
大數據篇

Part 3
行銷篇

Part 4
策略篇

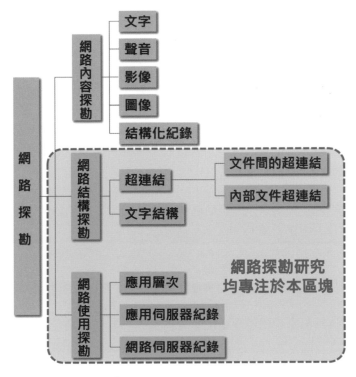

⊕ 圖 3-1 網路探勘的類別
繪圖者：余得如

★ 資料來源：Jaideep Srivastava, Prasanna Desikan, Vipin Kumar[3]

3.1.1 網路內容探勘（web content mining）

網路內容探勘是對網頁中的文字（text）、聲音（audio）、影像（video）、圖片
（images）、結構紀錄（structured record）等內容，進行資料探勘。

網路內容是三種探勘中最有彈性、最複雜、卻也擁有最豐富的資源，因此除了
文字文件（textual document）之外，更包含了各式各樣多媒體內容。像是從個
人網頁中，可以得知他的興趣、嗜好、學經歷等，並透過網頁內容加以分析。

3　Srivastava, Jaideep, Prasanna Desikan, and Vipin Kumar, "Web Mining – Concepts,
　Applications and Research Directions", Editors Chu, Wesley and Tsau Young Lin,
　"Foundations and Advances in Data Mining ", 2005, pp. 275-307.

而企業如果想知道其他競爭對手的現況，也可以分析公司網頁的內容，進一步了解它的主要產品、屬性、市場區隔，甚至評估市場佔有率等。

3.1.2 網路結構探勘（web structure mining）

網路結構探勘的目的，在架構出網站中的超鏈結模式，並透過圖形方式來呈現網站的內部結構，進而檢視網站的設計。大部分的網路結構探勘，在於讓網站運作更有效率。

以上的網路內容探勘以及網路結構探勘，一般可透過網路爬文技術，利用 R 或 Python 等語言來開發爬蟲工具並進行抓取。

3.1.3 網路使用探勘（web usage mining）

網路使用探勘則是企圖發現使用者的瀏覽特徵。透過分析使用者瀏覽網站時所留下的記錄（通常是 log 記錄檔），進而了解使用者的瀏覽模式。比方說，一家公司老闆希望了解員工在上班時間，都在上些什麼網站，是認真辦公，還是上網購物、看股票、看成人網站等偷偷摸摸從事與公務無關的行為，都能經由公司內部網路使用探勘分析得知詳情。

網路使用探勘資料收集的方式，通常是在網頁裡埋下由 JavaScript 所撰寫出的追蹤程式碼（如 Google Analytics）。另一種則是透過 Web Service 所產生的 Access Log 來進行分析，但通常要自行撰寫 Log 的規則才會比較精確。

3-2 資料分析

資料分析首先探討資料庫知識探索（簡稱 KDD），再就機器學習、監督式學習與非監督式學習、常見的機器學習演算法（如決策樹、Apriori 演算法等），以及資料探勘與文字探勘進行說明。

3.2.1 資料庫知識探索

「資料庫知識探索（Knowledge Discovery in Database, 簡稱 KDD）」顧名思義，是從資料庫中，探索出有用知識的程序。隨著大數據的出現，KDD 的概念廣泛應用於科學、行銷、投資、製造，甚至是詐欺犯罪調查等不同的領域。透過 KDD 的探索，我們可以從大量的原始數據中，找到有用的資訊。

根據學者法雅德（Fayyad）等人的觀點 [4]，KDD 與資料採礦（或稱資料探勘（Data Mining）有所不同。KDD 是指整個從數據中發現有用知識的程序。而資料探勘只是 KDD 程序中的一個特定步驟，如圖 3-2 所示。

法雅德（Fayyad）等人以另兩名學者布拉赫曼（Brachman）和阿南德（Anand）（1996）[5] 的概念為基礎，發展出 KDD 程序的基本步驟：

---

4 Fayyad, Usama, Gregory Piatetsky-Shapiro, and Padhraic Smyth（1996），"From Data Mining to Knowledge Discovery in Databases,"AI Magazine, Volume 17, Number 3. pp. 37-54.

5 Brachman, Ronald J. and Tej Anand（1996），"The process of knowledge discovery in databases," Advances in knowledge discovery and data mining, American Association for Artificial Intelligence Menlo Park, CA, USA ©1996, pp. 37-57.

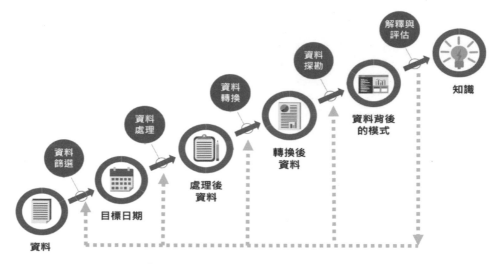

（↑）圖 3-2 資料庫知識探索（KDD）程序

繪圖者：廖庭儀、趙雪君

★ 資料來源：Fayyad, Usama, Gregory Piatetsky-Shapiro, and Padhraic Smyth（1996），
"From Data Mining to Knowledge Discovery in Databases," AI Magazine, Volume
17, Number 3. pp. 37-54.

步驟 1：訂定目標（identifying the goal）

從消費者觀點（the customer's viewpoint），確認此次資料探索的目標。蒐集資
料的範圍涵括各種相關的實務應用領域（application domain），以及所該具備
的技術知識。

步驟 2：建立目標資料集（creating a target data set）

選擇一個我們有興趣或想要深入探索的資料集來執行運算分析。

步驟 3：資料清理與前置處理（data cleaning and preprocessing）

對所選定的資料集進行資料清理（data cleaning）與前置處理（data
preprocessing）。刪除資料中的雜訊（noise），例如離群值（outliers）、重複記
錄、不正確的屬性值等，同時對資料不足的欄位進行填補（填補方法通常會以平
均值或高度類似的範例值進行替代）。資料越完整，對下一步的分析越有利。

步驟 4：**資料轉換（data transformation）**

資料轉換主要在進行資料減縮與投影（data reduction and projection），在操作上，使用降維（dimensionality reduction）技術，來減少所考慮變數的有效數量。

（以下步驟 5-7，皆為資料採礦（data mining）的程序。）

步驟 5：**選擇資料探勘方法（Choosing the data mining method）**

例如：分類（classification）、分群（clustering）、關聯（Association）等分析方法。

步驟 6：**選擇資料探勘演算法（Choosing the data mining algorithms）**

選擇一個或多個適當的資料探勘的演算法，例如：決策樹（Decision Tree）、單純貝氏（Naïve Bayes）、羅吉斯迴歸（Logistic Regression）、隨機森林（Random Forest）、支持向量機（SVM）、神經網路（Neural Network）、K平均（K-means）或 Apriori。在這些過程中，必須要決定哪些模型與參數的選用是適當的，同時也要確認選定的資料探勘方法與 KDD 整個過程的衡量指標是否一致（例如：相較於模型的預測能力，最終使用者可能對模型的建立更感興趣）。

步驟 7：**資料探勘（data mining）**

選定資料模式（patterns）呈現的形式，如：決策樹圖、迴歸分析圖、聚類分析圖等。讓最終使用者了解根據前面各程序步驟所獲得的資料探勘結果。

步驟 8：**解釋探勘模式（interpreting mined patterns）**

對最終選定的資料探勘模式進行解釋。過程中，可能需要返回步驟一至七中的任何一個步驟，並且重複執行。

步驟 9：鞏固發現的知識（acting on the discovered knowledge）

運用 KDD 最終發現的知識結果並採取行動。同時也要檢視該知識結果與過去的觀點是否一致。

最後，KDD 程序強調步驟之間的交互影響，並且不斷地反覆運行其中的步驟。

3.2.2 機器學習（Machine Learning）

過去，機器是透過人類撰寫程式來進行執行，「一個指令、一個動作」就是描述這種情境。但這句話，其實也隱含機器不會舉一反三，只能被動且制式地聽從人類命令的貶抑之意。但是現在機器學習（Machine Learning）的出現，可是將這種概念徹底打破。機器學習是給予電腦（或機器）眾多的範例，透過建立訓練模型，讓機器能自行判斷進而學習，而非由人類下指令。

機器學習是從人工智慧（AI）演變而來，屬於 AI 的一個分支。從人工智慧的研究歷史來看，AI 以「推理」為出發，到以「知識」為核心，再到以「學習」為重點，形成一條脈絡。而機器學習則是實現人工智慧的一條重要途徑，最終則希望以機器學習為手段，解決人工智慧中的問題。

維基百科指出，近三十多年來，機器學習已發展成為一門多領域的學科，但其中牽涉機率理論、統計學、逼近論、凸分析、計算複雜性理論等。機器學習理論主要是設計和分析一些讓電腦可以自動「學習」的演算法，並從資料中自動分析獲得規律、再利用規律對未知資料進行預測。

以「人類學習辨識貓」這件事來説，如圖 3-3 所示。媽媽指著貓的照片對小小孩説：「這是貓咪」。下次當一隻貓跑到孩子旁邊時，媽媽又指著貓説：「這是貓咪」。幾次之後，孩子看到感覺像貓的照片或動物時，就自然地説出：「這是貓咪」。回顧一下小朋友的歸納經驗的過程，就是人類學習的方式。

現在「機器學習辨識貓咪」也以上述類似人類學習的方式。首先，先將大量貓的照片給予電腦，由機器透過訓練模型的建立，最終能辨識出貓的照片。2012年，Google 就從 YouTube 影像中，隨機擷取了 1,000 萬張貓的影像照片，並透過機器學習，讓電腦終於能對貓咪進行辨識。

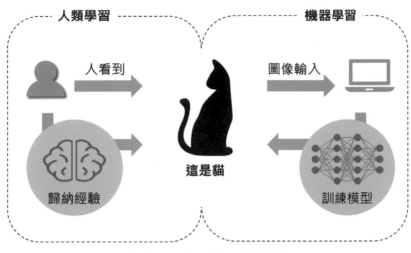

⊕ 圖 3-3 人類學習與機器學習

繪圖者：余得如

3.2.3 監督式學習與非監督式學習

我們先前提過「機器學習」是人工智慧的一環，而機器學習能透過資料與「經驗」自動改進電腦程式的效能。一般來說，最基礎的機器學習（Machine learning）分成兩種類型[6]：監督式學習（Supervised learning）與非監督式學習（Unsupervised learning）。以下，我們先簡單比較監督式學習與非監督式學習之差異。

每份資料背後都有模型（Model）。圖 3-4 為一系統模型圖，包括：輸入（Input）、模型（Model）、與輸出（Output）。

---

6 其他機器學習的類型還包括：半監督學習（Semi-supervised learning）、增強學習（Reinforcement learning）、深度學習（Deep learning）…等。

監督式學習（Supervised learning）包含了輸入（u）與輸出（y），而非監督式學習（Unsupervised learning）則只有輸入（u）。但這樣的說明，無法讓人清楚了解兩者的不同。回到上述機器辨識貓的案例。

所謂「監督式學習」，大致的作法是，先讓機器（電腦）看有「標記（俗稱標籤）」的資料。比方說，先看有標記狗和貓的照片各一萬張，然後再詢問電腦，新照片裡的動物，究竟是狗還是貓。這樣訓練機器的過程，很像是老師提供多種範本給學生，或是先告訴學生答案（哪種動物是狗還是貓），因此被稱為「監督式學習」。

至於「非監督式學習」，則是在機器訓練的過程中，不給標準答案（亦即不需要事先輸入標籤註明是狗還是貓），訓練時僅須對機器輸入範例，它會自動從範例中找出背後的規則。因此機器在學習時，並不知道其分群結果是否正確。

接著，我們再以監督式學習與非監督式學習裡，常見的資料探勘工具：分類（Classification）與分群（Clustering），並以銀行為例來說明。

一、分類（Classification）

銀行將現有的持卡人資料（亦即「輸入（u）」），轉換成每個人的「信用評等」，對現有持卡人進行區分，並建立「分類模型」，決定是否發卡（亦即「輸出（y）」）。如圖 3-5 所示。圖中的分類方式是透過「決策樹（Decision Tree）」來完成。從圖中可以發現，不同階層的決策準則代表著不同屬性（例如：年齡、所得、婚姻狀況…等），透過這些不同的屬性，我們可以將持卡人分成不同的類

別（例如：存款是否超過 20 萬、是否擁有信用卡）。最下面的內容即是銀行對於不同類別持卡人的發卡與否。當銀行建立了有效的預測模型之後，就可以依此做為未來是否發卡之依據。例如：哪一類人，銀行該「發卡」給他、哪一類人，銀行又「不該發卡」。

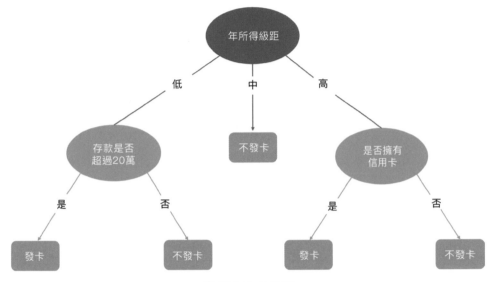

⊕ 圖 3-5　決策樹
繪圖者：鄭雅馨

二、分群（Clustering）」

銀行將現有的持卡人資料（亦即「輸入（u）」），根據持卡人的屬性，對現有持卡人進行區分，建立「分群模型」，不同階層的分群準則，代表著不同屬性（例如：年齡、所得、婚姻狀況、刷卡頻次、刷卡金額…等），透過這些不同的屬性，我們可以將持卡人分成不同的群別（如停滯型、穩定型、成長型、貢獻型、超級 VIP 型）。

當銀行建立了分群模型之後，就可以對不同的群體，發展不同的市場區隔策略。例如：對超級 VIP 型的卡友進行尊榮行銷活動。

從機器學習方式的角度來看,「分類(Classification)」屬於監督式學習(Supervised learning),透過目標變數訓練模型;而「分群(Clustering)」則屬於「非監督式學習(Unsupervised Learning)」,沒有要預測的對象。就上述銀行的例子來說,「分類」透過「發卡與否」(亦即「輸出(y)」)來進行「分類模型」的發展,而「分群」只是單純的對持卡人進行區分。如表 3-1 所示。

表 3-1 分類與分群(繪圖者:廖庭儀)

名詞	學習方式	說明	實際案例
分類 (Classification)	監督式學習	根據核卡與否對持卡人進行區分,建立分類模型,以做為未來核卡之依據。	哪一類人該核卡、哪一類人不該核卡
分群 (Clustering)	非監督式學習	對持卡人的屬性進行區分,建立分群模型,以做為發展市場區隔策略之依據。	可以對哪一群卡友進行何種行銷活動

最後,常見的監督式學習資料探勘工具,除了分類(Classification)外,還包括了預測。而非監督式學習資料探勘工具,除了分群(Clustering)外,還包括了關聯規則(Rule of Association)[7]。

3.2.4 常見的機器學習演算法

常見的機器學習演算法,以「監督式學習(Supervised Learning)」與「非監督式學習(Unsupervised Learning)」兩大類進行分類,內容如圖 3-6 所示。

在監督式學習(Supervised Learning)裡,通常要達成兩種目的:預測(Pedicting)與分類(Classification)。在預測方面,像是預測消費者購買行為,一般會透過線性迴歸(Linear Regression)、決策樹(Decision Tree)、隨機森林(Random Forest)、類神經網路(Neural Network)和梯度提升決策樹(Gradient Booting Tree)等演算法來進行。

---

7 兩個群體之間稱為關聯(Association),兩個以上稱為(Networking)。

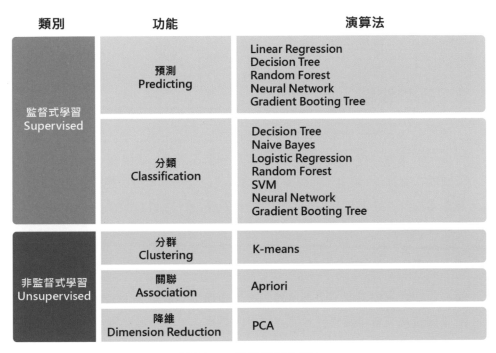

類別	功能	演算法
監督式學習 Supervised	預測 Predicting	Linear Regression Decision Tree Random Forest Neural Network Gradient Booting Tree
	分類 Classification	Decision Tree Naive Bayes Logistic Regression Random Forest SVM Neural Network Gradient Booting Tree
非監督式學習 Unsupervised	分群 Clustering	K-means
	關聯 Association	Apriori
	降維 Dimension Reduction	PCA

⊕ 圖 3-6　機器學習演算法
繪圖者：陳瑜倩

在分類方面，則是對消費者加以歸類，一般會利用決策樹（Decision Tree）、單純貝氏（Naïve Bayes）、羅吉斯迴歸（Logistic Regression）、隨機森林（Random Forest）、支持向量機（SVM）、神經網路（Neural Network）和梯度提升決策樹（Gradient Booting Tree）等。

至於在「非監督式學習（Unsupervised Learning）」的部分，常見的功能可分成：分群（Clustering）、關聯（Association）與降維（Dimension Reduction）。實務上，在進行分群時，如：進行市場區隔，一般常用的演算法為 K- 平均（K-means）。在發展推薦系統時，則會用到 Apriori 演算法。至於在降維，則常用主成分分析（Principal component analysis，PCA）。

由於演算法的類型頗多，以下簡單就決策樹與 Apriori 演算法、支持向量機、人工神經網路等進行介紹。

3.2.5 決策樹

人們在做決策時，通常會有許多的選擇方案。比方說，今天要從台北到台中，可以搭高鐵或台鐵，或者搭乘和欣客運或自己開車，由於每一種決策都有成本（時間、金錢）、風險（塞車或安全度）和成功的期望值，把這些可能的決策選擇都畫出來，它就會像是一棵倒立的樹狀系統，在資料科學中，這類的演算法就叫做決策樹。

以下我們以一家虛擬銀行核發信用卡的過程為例，來說明決策樹理論。

陳小姐剛從大學畢業，工作了幾個月，想要申請信用卡，她同時也提供了個人所得與資產等資料給銀行，而 A 銀行的信用卡部門，收到陳小姐的申請後，要從哪些資料來判斷是否應該發卡給她呢？

首先，銀行得先將陳小姐的資料，做變數轉換，如表 3-2 所示。

⊕ 表 3-2 陳小姐的資料（經過變數轉換後）

檔　名	用　途
1. 年所得級距（高、中、低）	低
2. 資產級距（高、中、低）	低
3. 過去是否擁有信用卡（是、否）	否
4. 存款是否超過 20 萬（是、否）	是

這裡我們同時假設 A 銀行過去發卡的紀錄如下，如表 3-3 所示：

⊕ 表 3-3 A 銀行過去發卡的紀錄[8]

編號	年所得級距	資產級距	是否擁有信用卡	存款是否超過 20 萬	是否發卡
1	低	中	是	否	否
2	中	低	否	是	否
3	高	高	是	否	是
4	高	高	是	是	是
5	中	高	是	否	是
6	低	低	否	否	否
7	高	低	否	否	否
8	低	低	否	是	是
9	高	中	是	否	是
10	低	中	否	否	否
11	高	中	否	是	否
12	中	中	是	是	否

接著，我們要建立規則，建立發卡規則為，選出「在最小錯誤下，做出最正確預測結果的變數」。所以我們需要從各變數中，找出背後的錯誤次數。

根據上表，年所得級距「高」的次數為 5 次，而依此發卡與不發卡的次數分別為 3 次與 2 次。所以，規則的建立就是當「年所得級距」為「高」時即「發卡」（在表中用「高 → 是」呈現），而錯誤次數為 2 次。以此類推，可以找出各變數下的規則與錯誤次數。如表 3-4 所示。

8　此表以 Witten, Frank, and Hall, 2010 年的資料為基礎，並將資料轉換成模擬銀行的情境。

備註

以數學方法來看，會以「熵」（亂度；Entropy）進行評估，簡言之，「亂度愈低」則代表該變數越能切分出「發卡與否」。

$$Entropy = -\sum_{i=1}^{n} p(x_i) \log p(x_i)$$

以數學表示，年所得級距「高」的亂度為 -[3/5 * log2（3/5）+ 2/5 * log2（2/5）] = 0.97；然而年所得級距「中」的亂度為 = -[3/3 * log2（3/3）] = 0，代表年所得級距「中」擁有絕對純淨的變數規則，所以它便是決策樹中根（root）的最佳選擇。

⊕ 表 3-4 各變數下的規則與錯誤次數

變數	規則	錯誤		總錯誤		亂度（熵）
		次數	錯誤	次數	錯誤	
年所得級距	高 → 是	5	2	12	3	0.97
	中 → 否	3	0			0.00
	低 → 否	4	1			0.81
資產級距	高 → 是	3	1	12	3	0.92
	中 → 否	5	1			0.72
	低 → 否	4	1			0.81
是否擁有信用卡	是 → 是	6	3	12	4	1.00
	否 → 否	6	1			0.65
存款是否超過 20 萬	是 → 否	5	2	12	4	0.97
	否 → 否	7	2			0.86

至於決策樹的建構流程，主要是從所有變數中，挑選被預測變數（是否發卡）最少錯誤的，當成優先節點，從表 3-4 中的總錯誤來看，「年所得級距」與「資產級距」的錯誤次數都是 3 次，所以選擇可再進一步從這兩個變數下的子條件來做選擇。

在「年所得級距」下，「中」的錯誤為 0，亦即完全沒有錯誤，而「資產級距」下還是有錯誤產生，因此「年所得級距」很適合作為決策樹第一個節點，也稱為根（root）。而且第一個節點下，「年所得級距」為「中」的規則即為「不發卡」。

截至目前為止，所產生的決策樹如圖 3-7 所示。

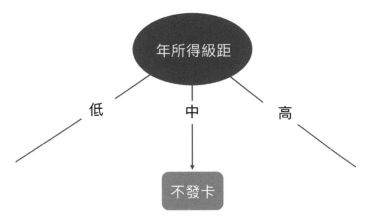

⊕ 圖 3-7 決策樹 - 第一個節點

繪圖者：鄭雅馨

接下來，我們再對原始資料表做篩選。首先，我們先篩選出「年所得級距」「高」的資料。如表 3-5 所示。

▼ 表 3-5 年所得級距「高」的情況下，該銀行過去發卡的紀錄

編號	年所得級距	資產級距	是否擁有信用卡	存款是否超過 20 萬	是否發卡
3	高	高	是	否	是
4	高	高	是	是	是
7	高	低	否	否	否
9	高	中	是	否	是
11	高	中	否	是	否

接著，我們再透過上述決策樹建立節點的方式，找出各變數下的規則與錯誤次數，並統計最後結果，如表 3-6 所示。

▼ 表 3-6 年所得級距「高」的情況下，各變數下的規則與錯誤次數

變數	規則	錯誤		總錯誤	
		次數	錯誤	次數	錯誤
資產級距	高 → 是	2	0	5	1
	中 → 否	2	1		
	低 → 否	1	0		
是否擁有信用卡	是 → 是	3	0	5	0
	否 → 否	2	0		
存款是否超過 20 萬	是 → 是	2	1	5	2
	否 → 是	3	1		

從表 3-6 中可以發現，在第一個節點「年所得級距」，路徑為「高」的情況下，「過去是否擁有信用卡」的總錯誤為 0，所以可做為下一個節點。規則為「是」即「發卡」；「否」即「不發卡」。

Part 1
概論篇

Part 2
大數據篇

Part 3
行銷篇

Part 4
策略篇

所以，決策樹變成以下狀況，如圖 3-8 所示：

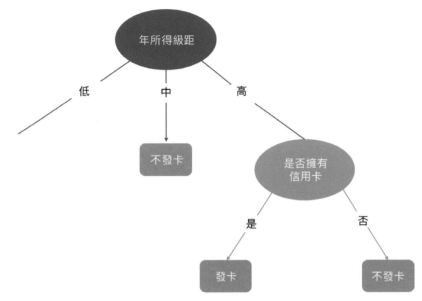

⊕ 圖 3-8 決策樹 - 第二個節點
繪圖者：鄭雅馨

以此類推，我們再篩選出「年所得級距」「低」的資料。如表 3-7 所示。

⊕ 表 3-7 年所得級距「低」的情況下，該銀行過去發卡的紀錄

編號	年所得級距	資產級距	是否擁有信用卡	存款是否超過 20 萬	是否發卡
1	低	中	是	否	否
6	低	低	否	否	否
8	低	低	否	是	是
10	低	中	否	否	否

並透過上述決策樹建立節點的方式，找出各變數下的規則與錯誤次數，並統計最後結果，如表 3-8 所示。

⬇ 表 3-8 年所得級距「低」的情況下，各變數下的規則與錯誤次數

屬性	規則	錯誤		錯誤合計	
		次數	錯誤	次數	錯誤
資產級距	中 → 否	2	0	4	1
	低 → 否	2	1		
是否擁有信用卡	是 → 否	1	0	4	1
	否 → 否	3	1		
存款是否超過 20 萬	是 → 是	1	0	4	0
	否 → 否	3	0		

從表 3-8 中可以發現，在第一個節點「年所得級距」，路徑為「低」的情況下，「存款是否超過 20 萬」的總錯誤為 0，所以可做為下一個節點。規則為「是」即「發卡」；「否」即「不發卡」。

所以，最終的決策樹即為圖 3-9 所示。

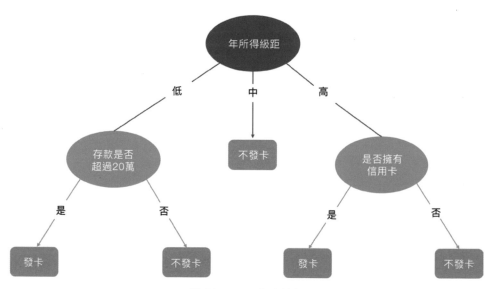

⬆ 圖 3-9 最終決策樹
繪圖者：鄭雅馨

最後，我們再來看一次陳小姐的資料，如表 3-9 所示。

⊕ 表 3-9 陳小姐的資料

檔名	用途
1. 年所得級距（高、中、低）	低
2. 資產級距（高、中、低）	低
3. 是否擁有信用卡（是、否）	否
4. 存款是否超過 20 萬（是、否）	是

最後，根據決策樹，發現儘管陳小姐的年所得級距為低，但存款超過 20 萬，所以 A 銀行還是可以發卡給陳小姐。

3.2.6 隨機森林（Random Forest）

電影《魔戒》裡，有一個讓人印象深刻的場景，會説話的樹人（Ent）向來因為固定在地面上，表面上看似軟弱無力，但是在法貢森林裡的樹人首領樹鬍，卻能率領樹人群一舉攻下了薩魯曼的半獸人要塞「艾辛格」，原來樹人是魔戒中強悍且唯一的植物兵種；有趣的是，在機器學習中，由多棵「決策樹」構成的「隨機森林」分類器，也和《魔戒》的樹人也有異曲同工之妙，集樹成林扮演眾志成城的強大演算角色。

「隨機森林」的目的在於結合「多個決策樹」，以創造出更佳的預測能力（如圖 3-10），也可以看成是進階版的決策樹。隨機森林的概念，最早是由學者布列門（Breiman）於 2001 年所提出，在理論與實證中，不僅發現它的效能、預測力都很強，亦可觀察每個變數的特徵重要程度。

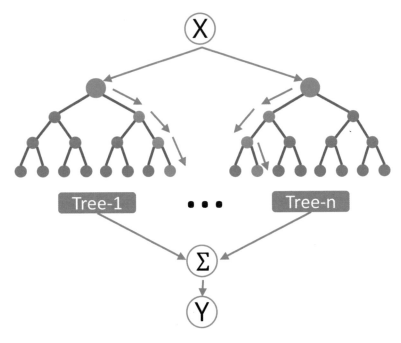

(↑) 圖 3-10　隨機森林示意圖

要談隨機森林，必須再提一次決策樹，相信大家都聽過這麼一個故事：有一天，兩個製做鞋子的商人，搭乘同一班飛機到了非洲，他們都是準備到非洲來開創新事業。出了機場之後，兩人迫不及待的出去看看非洲現階段流行些什麼款式的鞋子，以便切入市場，結果一出了機場卻嚇然發現，非洲幾乎所有的人都不穿鞋。

第一個鞋商心想：「完蛋了，非洲的人都不穿鞋的。」

第二個鞋商心想：「太好了，這裡的人都沒有鞋穿。」

同樣一個場景，卻形成天南地北完全不同的看法，當然如果鞋商想要再談投資非洲，也會形成不同決策。樂觀的鞋商認為前景大好，二話不說馬上就砸錢裝潢開起了鞋店，他認為：「反正這裡的人都沒有鞋穿，只要店門一開，大家就會上門，反正我賣什麼，大家就買什麼。」反之，悲觀的鞋商，則一再考慮，究竟是根本放棄還是要從最小的店面開始經營，從最便宜的藍白拖開始賣起。

這個故事的重點，不在於後來到底是哪一個鞋商能賺到錢，而是一個環境往往會形成兩個完全不同的決策，從「做或不做」一路分枝下去，會帶來完全不同的風險，而集合多個決策樹的好處是，試圖降低一般的機器學習模型可能造成的變異與偏誤。

舉例來說，一個線性模型對於預測貓的形態非常在行，但如果貓的身上多了一個黑色的斑點，那在判斷上就可能會失。而這樣的瑕疵，對單一模型其實是很難避免，所以隨機森林的好處，就在於讓各個決策樹相互「截長補短」，避免偏誤的產生。回到上述貓的案例，或許一個決策樹無法辨別黑色斑點的貓，但是其他的決策樹則可透過訓練，讓模型知道擁有黑色斑點且長得很像貓的圖片，它還是「貓」。

如果以更技術層面的角度來談隨機森林，其中心思想是「裝袋算法（Bagging）」，它將自身的決策樹獨立出來，並進行重複抽樣的方法，讓每一顆樹都在不同的樣本基底下獨立訓練，或者使用不同變數進行訓練，讓每一個決策樹專精生長在不同的特殊環境，達到決策樹相互之間能夠截長補短之效果，最後綜合其預測結果，以有效降低以往單一模型可能造成的誤差。

其實這就像是戰場上各有專精的的將軍們，各自發揮陸、海、空的優勢，彼此互補與配合，如此更能成功的攻打下一座城池一樣。

3.2.7 Apriori 演算法

Apriori 演算法是「關聯規則學習」或是「關聯分析（Associative Analysis）」的經典演算法之一，目的是在一個資料集當中，找出不同項與項之間可能存在的關係。在行銷資料科學領域，它有個很特別的名字，被稱為「購物籃分析（Market Basket analysis）」，也跟行銷領域中很有名的「啤酒與尿布」的故事有關。

關聯分析的概念是由 Agrawal et. al.（1993）所提出，隨後，Agrawal & Srikant（1994）進一步提出 Apriori 演算法，以做為關聯法則之工具。關聯分析主要透過「支持度（Support）」與「信賴度（Confidence）」來對商品項目之間的關聯性，進行篩選。其中，支持度（Support）意指即某項目集在資料庫中出現的

次數比例。例如：某資料庫中有 100 筆交易紀錄，其中有 20 筆交易有購買啤酒，則啤酒的支持度為 20%。信賴度（Confidence）意指兩個項目集之間的條件機率，也就是在 A 出現的情況下，B 出現的機率值。

在進行關聯分析時，我們通常會先設定最小支持度（Min Support）與最小信賴度（Min Confidence）[9]。如果所設定的最小支持度與最小信賴度太低，則關聯出來的結果會產生太多規則，則會造成決策上的干擾。反之，太高的最小支持度與最小信賴度則可能會面臨規則太少，難以判斷的窘境。

以下我們以一個採購資料庫的範例來進行說明，如表 3-10 所示。編號 1 的顧客購買了啤酒、尿布、水果、奶粉產品，編號 2 的顧客購買了啤酒、水果、奶粉的產品，以此類推。

為了計算方便，我們將啤酒設定為 A、尿布設定為 B、水果設定為 C、餅乾設定為 D，奶粉設定為 E，如表 3-11 所示。

⊕ 表 3-10 採購資料庫

編號	採購商品項目
1	啤酒、尿布、水果、餅乾
2	尿布、水果、奶粉
3	啤酒、尿布、水果、奶粉
4	尿布

⊕ 表 3-11 採購資料庫

編號	採購商品項目
1	A、B、C、D
2	B、C、E
3	A、B、C、E
4	B

接著，我們可以從採購資料集中整理出每個產品的出現次數與支持度，如表 3-12 所示。

支持度為某項目集在資料庫中出現的次數比例，以此案例中的 D 為例，總交易筆數 4 筆，D 出現 1 次，所以支持度為 25%，以此類推。

9　另外還會考量第三項「提升度」（lift）。lift（X→Y）= P（Y|X）/ P（Y）= conf（X→Y）/ P（Y），lift 越大（>1）：表示 X 對 Y 的提升作用越大。在此不做詳細的說明。

同時，我們假設建議此關聯模式的最低支持度（Min Support）為 50%，因為採購比數有 4 筆，所以 4*50%＝2，2 筆以上的項目就稱為高頻項目集（Large itemset），應該予以保留。反之，表中的 D，支持度不到 50%，未達最低支持度的要求，因此予以捨棄。

⊕ 表 3-12 每個產品項目的出現次數　　⊕ 表 3-13 每兩個產品項目的出現次數

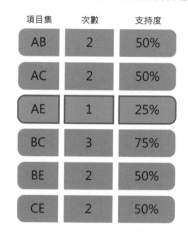

繪圖者：張庭瑄、張珮盈

接著，開始進行第二次的掃瞄。整理出扣除 D 產品項目後，其他產品兩兩出現的次數，如表 3-13 所示。

同時，根據最低支持度的要求，捨棄次數未達 2 次的兩兩出現的產品項目 AE。接著，再進行第三次的掃瞄。經過掃描後發現，只有 BCE 三種商品還同時出現，而且次數為 2 次，如表 3-14 所示。

⊕ 表 3-14 三種產品項目的出現次數

項目集	次數	支持度
BCE	2	50%

最後，再將以上三個表作彙整，找出支持度超過 50% 的項目集。並將其子集合刪除（如 {B,C,E} 的子集合為 {B,C}、{B,E}、{C,E}），所以縱使子集合超過最低支持度的要求，一樣可以捨棄。所以，最終的高頻項目集（Large itemset）如表 3-15 所示，此即為關聯分析的結果。

表 3-15 三種產品項目的出現次數

項目集	次數	支持度
A(啤酒)、B(尿布)	2	50%
A(啤酒)、C(水果)	2	50%
B(尿布)、C(水果)、E(奶粉)	2	50%

從上表中可以發現，A（啤酒）與 B（尿布）之間存在著關聯規則。

此外，如果我們從項目集的機率值來看。AB、AC 與 BCE 的機率值如表 3-16 所示。

表 3-16 項目集關聯機率值

項目集	關聯	機率	機率值	信賴度
AB	A→B	P(B｜A)=P(A∩B)/P(A)	0.5/0.5=100%	70%
	B→A	P(A｜B)=P(B∩A)/P(B)	0.5/1=50%	70%
AC	A→C	P(C｜A)=P(A∩C)/P(A)	0.5/0.5=100%	70%
	C→A	P(A｜C)=P(C∩A)/P(C)	0.5/0.75=67%	70%
BCE	B→CE	P(CE｜B)=P(B∩CE)/P(B)	0.5/1=50%	70%
	C→BE	P(BE｜C)=P(C∩BE)/P(C)	0.5/0.75=67%	70%
	E→BC	P(BC｜E)=P(E∩BC)/P(E)	0.5/0.5=100%	70%
	BC→E	P(E｜BC)=P(BC∩E)/P(BC)	0.5/0.75=67%	70%
	BE→C	P(C｜BE)=P(BE∩C)/P(BE)	0.5/0.5=100%	70%
	CE→B	P(B｜CE)=P(CE∩B)/P(CE)	0.5/0.5=100%	70%

Part 1
概論篇

Part 2
大數據篇

Part 3
行銷篇

Part 4
策略篇

表 3-16 的 A → B 指的是，在 A 出現的情況下，B 出現的機率。

公式為 P（B｜A）＝P（A∩B）/P（A）。

從表 3-17 的採購資料庫中可發現：

P（A∩B）為 2/4＝0.5（總交易次數為 4 次，同時出現 A 與 B 的次數為 2 次）

P（A）為 2/4＝0.5（總交易次數為 4 次，A 出現的次數為 2 次）

所以 P（B｜A）＝P（A∩B）/P（A）＝0.5/0.5＝100%。

而 B → A 是指，在 B 出現的情況下，A 出現的機率。從表 3-11～16 中可發現，B 共出現 4 次（P（B）＝4/4＝1），而 B 與 A 同時出現為 2 次（P（B∩A）＝2/4＝0.5），所以機率值為 P（A｜B）＝P（B∩A）/P（B）＝0.5/1＝50%。

⊕ 表 3-17 採購資料庫

編號	採購商品項目
1	ABCD
2	BCE
3	ABCE
4	B

假設信賴度為 70%，從表 3-16 中可以發現，AB 中的 A → B，AC 中的 A → C，與 BCE 中的 E → BC、BE → C 與 CE → B，機率值全都是 100%，遠超過信賴度 70%，表示三項規則都滿足所設定的條件。

好了，現在你應該知道「購物籃分析」很貼切的表達，適用這項演算法情景中的一個子集。

3.2.8 類神經網路（Artificial Neural Network，ANN）

在大數據風起雲湧的浪潮下，「類神經網路（Artificial Neural Network，ANN）」是現今廣泛被稱為「人工智慧」或者「深度學習」的主角之一。簡單來說，類神經網路是模仿大腦運作的機器學習方式。人類大腦內的神經網路，主要是由神經元與突觸所組成。其中，神經元具有階層性，階層之間的神經元有著不同強度的鍵結，而類神經網路，就是仿照這樣的概念發展而成。

類神經網路是以電腦（軟體或硬體）來模擬大腦神經的人工智慧系統，並將此應用於辨識、決策、控制、預測等工作。在神經網路的階層上，一般包括輸入層、隱藏層與輸出層，而中間的隱藏層可以有一層以上。其中，兩層（含）以上隱藏層的神經網路，通常會被泛稱為深度神經網路（Deep Neural Network，DNN），如圖 3-11 所示。

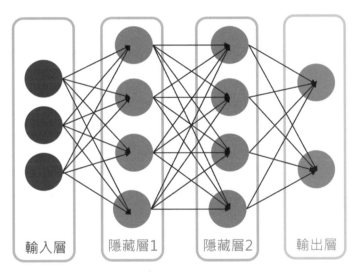

⊕ 圖 3-11 神經網路的結構

繪圖者：周晏汝

如果要談類神經網路的細部原理，類神經網路所模擬人類神經元中，常會設定一個個的激發函數（activation function），也就是圖 3-11 中的各個隱藏層裡面的節點，轉換成數學式，就是我們時常看到的迴歸模型（見公式 1）。

$$f_{w,b}(x) = \sigma\left(\sum_i w_i x_i + b\right) \qquad \text{公式 1}$$

當我們對神經元進行輸入（x_i）後，經過激發函數與內部迴歸模型對輸入的權重（w_i）加乘，再加入偏誤（b）後，便完成了該節點的輸出。該輸出會再傳給下一個神經元，作為該神經元的輸入值，如此一層層傳遞下去，直到最後一層的輸出層，產生預測結果。在學術上，這就是著名的「前向傳播法（Forward-Propagation）」。

此外，類神經網路會由預測結果和真實結果之間的差距，對整個神經網路進行更新。由於這是一種由後面神經元至前層神經元的更新，學術上又稱為「反向傳播法（Backward-Propagation）」。

透過訓練類神經網路的這幾個基本步驟，達到如人類神經元一般的活動進行學習，逐步讓預測結果愈來愈準確。同時，過程中隨著隱藏層的加深，也讓預測能力更好，意味賦予類神經網路更多的神經元進行訓練，這也是類神經網路，為何常被稱為「人工智慧」與「深度學習」的原因。

如今類神經網路對各大產業已經產生了深遠的影響與應用，從瑕疵檢測、醫學影像辨識、信用卡詐欺偵測、精準校務就學穩定率預測、離職預測到精準行銷等，幾乎全都奠基在類神經網路模型的架構與技術上發展。

至於在行銷資料科學的領域中，有類神經的類似案例嗎？以實際執行的行銷資料科學專案為例，透過類神經網路搭配其他數學方法，已經可以幫助我們做出產品銷量預測與產品調整的指示性建議。

在銷量預測部分，管理者只要將每一家分店所搜集的相關數值作為類神經網路模型的「輸入（input）」，經過類神經網路開始進行預測，進而產出分店內不同產品的銷售量。藉由機器輔助方式，讓管理者可預先知道銷售量預測數值，進而作為調整商店現場的參考依據。

在圖 3-12 中，假設下週的 A 產品預測銷售量為 50、B 產品預測銷售量為 75…，身為有經驗的管理者即可預估下週店員的派駐數量、現場產品陳設方案等，但更重要的是，管理者便知道 A 產品要進行「到貨準備」，如此，不但大大減少庫存壓力，同時降低存貨評估人員的人工成本，達到一舉兩得之效！

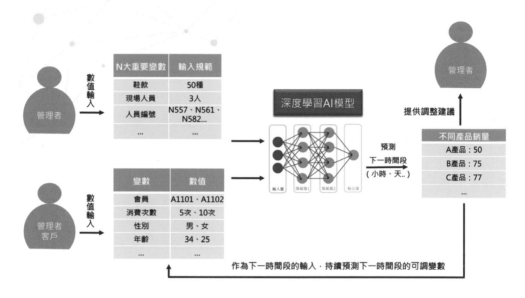

圖 3-12　產品銷量預測性分析
繪圖者：何晨怡

其次，在產品調整的指示性建議部分，類神經網路可比銷量預測更進一步，做到自動調整的建議。也就是說，管理者此時僅需將過去搜集到的數據，同時給定目標銷售量、轉換率或者任何想要達成且可量化的目標，並放入類神經網路模型。經過模型與其他數學函數的轉換，模型就會建議管理者，調整達到目標所需的管理變數，做為在現場調整的參考方案。

舉例來說，假設管理者要求商品要有 10% 的轉換率（即 100 名入店的消費者，有 10 個人進行消費），這時候模型馬上會給予管理者在特定時間點的銷售建議，像是現場銷售人員數量的配置，以及調整上架商品的售價等，讓管理者能夠節省決策時間，快速搶進商機，如圖 3-13 所示。

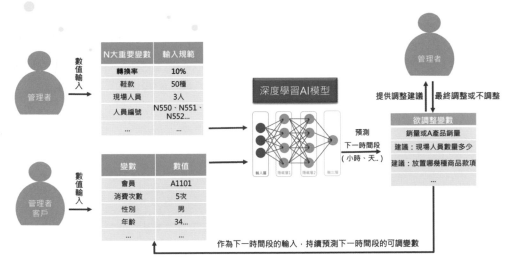

⊕ 圖 3-13 產品銷量預測性分析

3.2.9 支持向量機（Support Vector Machine, SVM）

在現實生活中，每個人或多或少都有切過蛋糕的經驗，假設有一個糊塗蛋糕師傅，在填入蛋糕內餡時，完全沒有攪拌，例如先下了葡萄乾，接著再下核桃，你這一刀切下去，最極端的情況，就是產生兩種內餡口味完全不同的蛋糕。而這裡要談的「支持向量機」的技術，平心而論，就有點像是切蛋糕的方法，因為切法不同，效果也有差異。

支持向量機（SVM）原始的概念，最早是由俄羅斯籍數學家佛拉基米爾‧萬普尼克（Vladimir Naumovich Vapnik）等人於 1963 年所提出。支持向量機（SVM）是一種監督式學習的演算法，主要用於「分類」。

支持向量機的作用，就是在大量且不明的情況，盡量將相同的資料切分在一起，以下先簡單對「線性可分支持向量機」與「非線性可分支持向量機」加以說明。

一、線性可分支持向量機

圖 3-14 中有兩個類別。

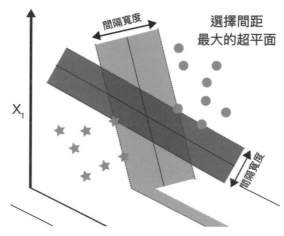

⊕ 圖 3-14 線性可分支持向量機
繪圖者：張庭瑄、張珮盈

線性可分支持向量機的概念，就是在以上的二維圖形中，找出一條線，讓這條線與兩個類別之間的間隔寬度距離最大。這條線（1 維），在二維平面中，就稱為「間隔超平面（margin hyperplane）」。如果是在三維（度）空間中，這時「間隔超平面（margin hyperplane）」就不再是一條線，而是一個平面，如圖 3-15 所示。而與「間隔超平面」距離最近的點，就稱為「支持向量」（support vector）。

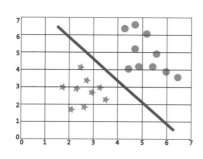

超平面(hyperplane)

在2維平面中是一條線

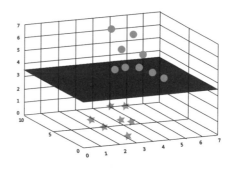

超平面(hyperplane)

在3維空間中是一個面

⊕ 圖 3-15 間隔超平面（margin hyperplane）
繪圖者：張庭瑄、張珮盈

現在，你可以先把它想像成，那些藍色的星點和圓點是佈置在蛋糕上的草莓和水蜜桃丁，從蛋糕上方俯瞰，手拙的蛋糕師傅碰巧將草莓和水蜜桃大致都排在一起，最直觀和簡單的切法，就是這一切下去，就變成兩種不同口味的蛋糕；接著再想像一下，蛋糕切開後，豎直的蛋糕縱剖面內部現在夾藏有葡萄乾和核桃，一刀橫切過來，又如何將它平均分成不同的兩種蛋糕（當然，現實生活中這蛋糕師傅肯定被罵到臭頭，因為內藏的兩種餡料並沒有充分混合）。

二、非線性可分支持向量機

實務上，許多數據屬於非線性的。面對非線性數據，我們可以透過核函數（Kernel Function），利用增加維度的方式，將輸入空間（Input Space）對應到特徵空間（Feature Space），再藉由尋找最大「間隔超平面」的方式來進行分類，如圖 3-16 所示。此時的間隔超平面就有點像「庖丁解牛」，刀刃的平面在三度空間的關節處遊走的概念。

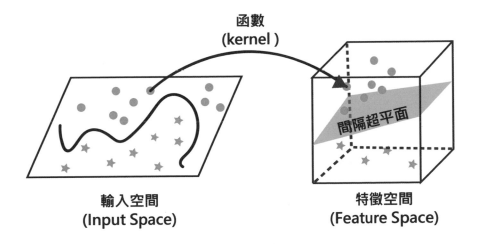

核技巧

⊕ 圖 3-16 核技巧
繪圖者：張庭瑄、張珮盈

最後，與支持向量機（SVM）相關的，還有一個名詞稱為支持向量迴歸（Support Vector Regression, SVR）。支持向量迴歸（SVR）與支持向量機（SVM）只有些許的不同，支持向量迴歸（SVR）是支持向量機（SVM）的延伸。前面談到的支持向量機（SVM）是用來將資料進行分類，而支持向量迴歸（SVR）則能用來進行預測。

相關與因果

在行銷資料科學裡，有兩個概念非常重要且容易混淆，那就是「相關」與「因果」，而行銷人卻一定得把它弄清楚，否則不僅會讓你白白浪費許多時間，並且嚴重影響你的資料處理結果。

做行銷研究，無非在找出 X 變項與 Y 變項之間的關係，因為在確認兩者之間的關係後，你就可以控制 X，來得到你要的 Y。而不同兩項變數之間，常有「相關」與「因果」的關係存在。

所謂「相關」，意指兩項變數之間，存在著某一種關係。統計學中使用「相關係數」來解釋變數之間關係的密切程度；至於「因果」則指兩項變數之間，存在著一種必然的相互依存關係。

要確定一個因果關係，其實並不是很容易的，因為現實環境與我們所處的世界太過複雜，同時往往都有干擾因素（Confounding factors）存在。

舉個行銷界有名的例子來說，某個市場專家意外觀察到，超市雪糕的銷售量越高那一年，在著名的海灘上，溺水的人數也越多。說的明白一點，他看到雪糕銷售量與遇溺人數成正比。但如此一來，這個市場專家可以推論出雪糕讓溺水人數大幅增加嗎？當然不是。

表面上，這兩者看似有關係，但其實是因為氣溫越高，造成越多人到超市買雪糕，同時高溫也驅動更多人去游泳，連帶也讓溺水的人也增多。而這中間，其實還存在一個「偽相關」，它則是由高溫這個「干擾因素」所引發的。

因此在進行數據分析時，我們必須要注意以下的問題：

1. 偽相關（spurious correlation）

在 tylervigen.com 的網站上 [10]，介紹了一些有趣的偽相關個案。

- 自 1999 年到 2009 年之間，美國全國投注在科學、太空研究與科技發展上的經費（見下圖 3-17，紅線部分），和美國自縊窒息死亡的人數（見圖 3-17，藍線部分）呈現正相關，而且相關係數高達 99.79%。（如果因此推論出政府投入科技經費越高，民眾自殺人數越高，肯定鬧出大烏龍）

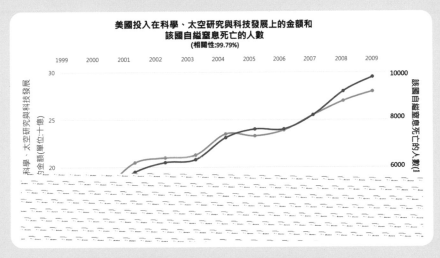

圖 3-17 美國投入在科學、太空研究與科技發展上的金額和該國自縊窒息死亡的人數

繪圖者：王彥琳

---

10 資料來源：http://tylervigen.com/spurious-correlations、The Link Between Chocolate and the Nobel Prize （Messerli, F. The New England Journal of Medicine, published online Oct. 10, 2012）

- 2000 年到 2009 年間，美國緬因州的離婚率（見圖 3-18，藍線部分），與該州州民的人造奶油平均消費量（見圖 3-18，紅線部分），呈正相關，且相關係數高達 99.26%。（同樣地，如果推論出離婚後的男女，特別愛吃人造奶油，也肯定會鬧笑話）

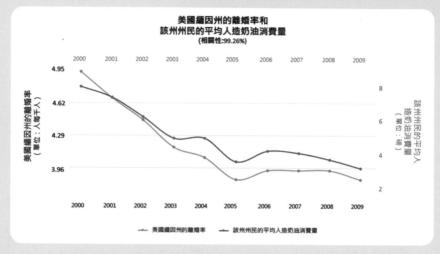

⊕ 圖 3-18　美國緬因州的離婚率與該州州民的平均人造奶油消費量
繪圖者：王舒憶

- 1999 年到 2010 年間，肯塔基州州民的結婚率，與美國從漁船上跌落而死的人數，成正相關，且高達 95.24%。（這……）

2. 相關不等於因果

兩項變數之間如果有因果關係，背後一定「相關」。但當兩項變數之間有顯著的相關時，未必表示兩者之間一定有因果關係。

當然，多數行銷人都對數字、圖表錙銖必較，但偶爾難免會有出錯的時候，也希望這種錯誤不會落在我們的讀者身上。

3.2.10 資料探勘與文字探勘之比較

資料探勘（Data mining）的目的，在於使用自動或半自動的方式，從大量的資料中，發掘出隱藏在背後的有用資訊。企業透過資料探勘技術，能找出一些模式或規則，以協助進行商業決策，帶來更大的商業利益，而文字探勘（Text mining）則是資料探勘（Data mining）的延伸，要進一步從非結構化的文字資料（textual data）中，提取出有意義的資訊。

傳統資料探勘所處理的資料大多都是數字，比較精確（可以算到小數點後面好幾位）並以「結構式」資料為主。就像是一個固定結構的表格，每個欄位有其明確的定義及數值。資料探勘以這些結構性的資料為輸入，並經過極端值和遺漏值的處理，再透過演算法進行計算，就可得到一些預測模型。

相對於資料探勘，文字探勘（Text Mining）可就複雜多了，原因在於它的原始輸入資料屬於文字的型態，大多是由人類語言所構成，許多都沒有特定的結構。這些文字資料的來源，反映在日常生活當中，像是新聞、或是人們在Facebook、LINE、Twitter和微博上所發表的近況、以及部落格文章…等。儘管它們看似雜亂，沒有一定的結構，但這些由自然語言構成的文字型資料中，一樣蘊藏著許多有價值的資訊。表 3-18 是資料探勘與文字探勘的比較表。

⊕ 表 3-18 資料探勘與文字探勘之比較（繪圖者：周晏汝）

	資料探勘	文字探勘
資料「類型」	結構式資料	非結構式資料
資料「範例」	數字	文字
資料「明確」	數字精確	文字意義可能模糊、文字與背後情緒牴觸等
資料「品質」	遺漏值、異端值等	拼字錯誤、翻譯品質等
資料「分析」	統計分析、預測模型等	情緒探勘、意見探勘等

由於企業裡、外大部分的資料，以文字資料為大宗，因此，文字探勘也非常重要。文字探勘的重點在於從非結構文字資料中找到有用的議題或情緒。文字探勘能有系統地識別、擷取、管理、整合與應用文字資料背後所隱藏的知識。

儘管文意可能模糊，文意與背後隱藏的情緒可能完全相反或牴觸，加上有拼字寫法錯誤，或者翻譯品質不佳等問題，但現在拜文字探勘技術的進步與搜尋引擎的崛起，還是能在文字探勘中，找出文章的情緒與探勘意見。

有趣的是，中文文字本身的奧妙與隱藏的情緒，有時候也會讓人傷透腦筋，更遑論要電腦判讀出來。舉例來說：請判斷以下這篇短文中，美女究竟是同意還是不同意？

一名男士向一位認識的美女發了一段簡訊：「今晚滾床單嗎？」

美女回覆：「滾！」

接著又發：「那是去我家，還是去你家？」

美女回「去你的！」

..... 真是開心！！

3-2 資料分析

Part 1
概論篇

Part 2
大數據篇

Part 3
行銷篇

Part 4
策略篇

 ## 數據分析循環

一家公司剛組建數據分析團隊時，應該如何進行相關業務的規劃？

首先，建議先盤點公司的現有資料，畢竟要進行數據分析之前，必須先有數據。其次，根據需求與目標，進行數據分析。接著，再根據數據分析的結果，產生洞見（Insight），協助做好決策。之後，持續增加公司內外部的資料蒐集，然後再次根據需求與目標，進行數據分析，產生洞見，協助做好決策。如此反覆循環。如圖 3-19 所示。

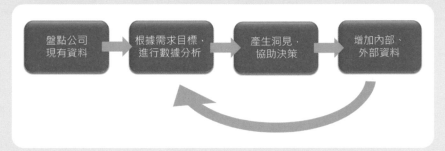

⊕ 圖 3-19　數據分析循環

以上的架構雖然簡單，但每個步驟在執行時都不容易。

首先，第一步要先進行資料盤點，這部分許多公司就沒有做。通常會組建數據分析團隊的公司，規模都不小。資料的來源、種類，背後複雜度較高。甚至數據分析團隊，還無法拿到想要分析的資料。其原因可能是受限於公司的內稽內控，也可能是政治行為。甚至可能會因為能提供資料的某部門窗口，很討人厭，於是數據分析團隊乾脆就不執行該部門的專案。

此外，在盤點完公司的資料後，也可能因為種種原因，發現許多應該要蒐集的資料並沒有蒐集；或是在蒐集資料的過程中便宜行事，導致資料的不完整。這樣的結果，都對之後的數據分析，會產生巨大的影響。

其次，要釐清數據分析背後的需求與目標，必須要對數據分析有概念，知道數據分析能做到什麼？以及不能做到什麼？偏偏沒概念的可能不只是部屬，甚至是擁有決策權的主管。在這樣的情況下，數據分析團隊光是確認需求與目標，就已經遭遇到很大的困難，更遑論之後的數據分析，還要能以嚴謹的方式來進行。

其三，當執行完數據分析，產生分析結果之後，需要產生洞見，以協助決策的進行。而要能正確解讀數據、產生洞見並不簡單。除了在專業上，要有與數據相關的研究方法知識，以及統計思維、運算思維、模型思維等概念。還要有數據分析案的企業機能知識，例如：從事行銷數據分析，要有行銷管理相關知識；從事生產與作業數據分析，要有生產與作業管理相關知識；從事人力資源數據分析，要有人力資源管理相關知識等。

此外，數據分析人員還要對該產業的知識（Domain Knowledge）有所了解，才更有機會產生洞見。（如果數據分析人員只專注於某項專業，可以透過團隊的方式來進行溝通，進行補強。這也凸顯了一位優秀的數據分析人員是多麼不容易培養）。

最後，數據分析團隊在確認需求目標，並且透過數據分析，產生洞見。協助決策後，公司要持續有系統、有計劃地蒐集與累積內外部的資料。而這部分又牽涉到各部門的運作與執行。背後能否落實，又回到第一步資料盤點所可能面臨的問題。

總之，數據分析團隊的組建並不簡單。要能成功的運作，高階主管的支持非常重要。背後會遇到的困難與阻礙很多，而且成效通常不容易顯現。數據分析團隊的夥伴也要有以上的認知，並且持續學習專業知識與產業知識，同時多參與專案的執行。當自己擁有越多的數據分析知識與專案經驗，將會成為炙手可熱的人才。

SECTION
3-3 資料呈現

資料呈現部分先談資料視覺化與視覺化分析學，再就圖表價值的判斷標準進行介紹。

3.3.1 資料視覺化與視覺化分析學

「視覺感知」是人類感官知覺中最主要的項目之一，在人類的五感當中，對外界資訊的取得，視覺感知就佔了 70% 以上。無論是發佈複雜的資訊，或是要對資訊進行來回的溝通與修正，傳播者將所要傳播的資訊加以「視覺化」，對資訊傳播的成功與否，會有很大的助益。

視覺化（Visualization）是指將繁雜的「資料」（包括結構化資料與非結構化資料資料）轉換成圖片、影像，希望透過圖像化的呈現方式，幫助使用者更容易了解其意涵的方法。美國國家科學基金會（NSF）在 1987 年，開始探討將視覺化的方法應用在科學資料分析領域。之後，視覺化的領域應用則進一步細分為科學視覺化、資訊視覺化、以及視覺化分析學，以下進行簡單說明。

一、科學視覺化（scientific visualization）

科學是人類長久以來投入最多，也是歷史最悠久的領域，其涵蓋的範圍包括：醫學、生物學、物理化學、氣象學、航太研究…等。這些學科經常需要對資料進行分析，目的是在發現其中不同的模型、特點、關聯及差異，並對其內容作進一步的解釋與分析。科學視覺化的類型包括：醫學電腦斷層掃描、人口種族分佈、橋樑設計模型、海洋大氣建模、微分幾何、物理光學、環境工程、流體動力…等。

二、資訊視覺化（information visualization）

資訊視覺化處理的多為抽象的資料，且為非結構化的資料集，例如：文字、地圖…等。早期傳統的資訊視覺化源自於統計學。與科學視覺化相較，資訊視覺化的資料通常屬於高維度資料，然而其呈現方式通常是在二維空間裡，因此必須在有限框架內傳遞大量的訊息。此外，資訊視覺化的方法與所處理的資料資類型有關，包括：

- 時空資料視覺化，如：各種感測器裝置，呈現時間與地理空間的關係。

- 網絡資料視覺化，如：不同公司的組織結構圖及交通網絡分佈圖。

- 文字資料視覺化，如：從社群媒體資料分析而得的文字雲圖。

- 多維資料可視化，如：利用視覺化分析，找出電子商平台消費者的購買行為模式。

三、視覺化分析學（visual analytics）

視覺化分析學被定義成是一種使用者透過交互視覺化的界面，對資料進行分析的科學，其涉及資料的收集與分析計算的過程，最終影響知識發現與決策。視覺化分析學是一種綜合性的學科，它的研究與應用範疇涵蓋甚廣，包括：地理空間分析、資訊分析、科學方法分析、統計分析、知識發現等，在視覺化分析學中還特別考量人為因素，如：互動，認知與傳播等，如圖 3-20 所示。

3.3.2 一圖抵千言 ── 圖表價值的判斷標準

有句話說，「一圖抵千言」，在介紹過資料視覺化之後，一定得來說說圖表的製作與其好壞的判斷標準。知名的資料視覺化權威艾德華·塔夫特（Edward Tuffte）曾經指出，優美的圖表設計，往往見諸於最複雜的資料與最簡明的設計之間。

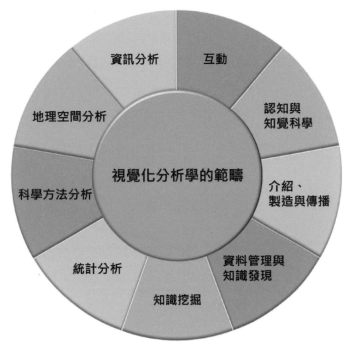

⊕ 圖 3-20 視覺化分析學的範疇

繪圖者：余得如、李宛樺

∗ 資 料 來 源：Keim, Daniel A., Florian Mansmann, Jorn Schneidewind, Jim Thomas, and Hartmut Ziegler,（2008）, "Visual Analytics：Scope and Challenges," Editors Simoff, Simeon J., Michael H. Böhlen, Arturas Mazeika., "Visual Data Mining：Theory, Techniques and Tools for Visual Analytics", pp. 76-90.

塔夫特最喜歡使用下列這一張拿破崙軍隊進攻莫斯科的圖表，來顯示圖表的好壞價值。1812 年，法國皇帝拿破崙決定入侵俄國，帶領 61 萬的大軍直指莫斯科。戰爭開始時，俄國只有兵力 24 萬人，由於防守薄弱，難以抵抗在歐洲勢如破竹的拿破崙大軍。後來俄將巴克萊‧得托利（Barklay de Tolli）接任指揮官後，採取撤退策略，實行堅壁清野的焦土政策，將法軍途經之處燒得一乾二淨。這一招不但摧毀拿破崙原來想速戰速決的策略，也令拿破崙邊作戰邊搶奪補給的計劃泡湯。拿破崙不得不深入俄境，期望佔領第一大城市莫斯科，然後讓俄國投降。然而等到法軍攻入克里姆林宮時，莫斯科已成空城。

不巧，此時寒冬降臨，法軍過分深入，補給線又太長。拿破崙只好下令西撤。等到法軍開始撤退後，俄軍又採用游擊隊埋伏騷擾，並一路砲擊法軍，等到了 11 月底，法軍撤退到華沙後，60 多萬的大軍已經剩下不到 6 萬人（如圖 3-21 所示）。

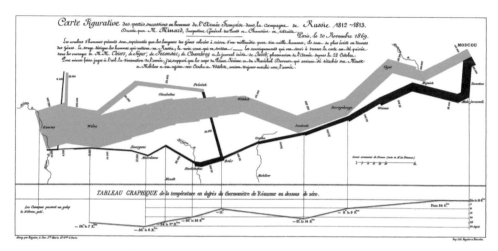

⊕ 圖 3-21　1812 年法俄戰爭的法軍進攻撤退圖
http://www.edwardtufte.com/tufte/posters

而這一張圖，呈現的正是拿破崙的軍隊進攻莫斯科（棕色部分），以及退回法國的路線（黑色部分）。線的粗細代表法軍人數的多寡，底下的溫度代表法軍撤退時，那個冬天有多麼寒冷。這一張撤退圖非常清楚地顯示，法軍這一路長征與潰敗的進程和過程中所遭遇的氣溫、人數和路程的變化。

至於，要如何發展出一張有價值的圖表？艾德華・塔夫特（Edward Tuffte）提出四項標準：

1.　圖表的顯示，必須將思考方向導引到本質，而非形式。

2.　可以鼓勵研究者，對不同資料進行比較。

3.　研究者應從不同層次，顯示資料。

4.　避免扭曲。

此外，艾德華•塔夫特（Edward Tuffte）的學生黃慧敏在所著《最簡單的圖形與最複雜的訊息：如何有效建立你的視覺思維》一書中指出，一張有價值的圖表，要做到與資料相匹配，而一張能匹配資料的圖，能忠實地呈現、解釋或記錄事實。匹配的好，就足以說明這張圖表的重要性。而擁有詳細的註釋、可信、量化、情境化、清楚的比例…等，都是能增加匹配程度的方式。

由於行銷資料科學要做的好，最終還有「資料視覺化」的課題，因此下次在繪製圖形時，請務必記得，圖表重要的不只是呈現形式，還有背後的本質。至於如何學習繪製好的圖形，不妨從閱讀艾德華•塔夫特（Edward Tuffte）的書著手。

 換個「資料科學」（Data Science）腦袋

中國企業家馬雲在他所著的《未來已來》一本書中曾經提到，「人類正在從資訊科技（IT, Information Technology）時代，走向資料科技（DT, Data Technology）時代。」而其中的「資料科技」則是以「資料科學」（DS, Data Science）為軸心，搭配隱身其後的人工智慧 AI，發展出來的新科技。

有人不免要問，那「資料科學（DS）」能夠做些什麼？如果以中學生準備微積分考試為例，在時間有限下，如何只做 100 題的題目，會讓學習效果比做 500 題題目還來的好？答案就在「資料科學」（背後的 AI 人工智慧）。

想像一下，如果有一個線上測驗的考試平台。它能夠在同學一邊在做題目時，平台能對一邊對同學作答的時間、計算過程、答題結果…等，進行即時性的分析來了解同學的程度，並「判斷」出同學不會的地方。之後，繼續給予同學「量身訂製」的「下一題」，協助他徹底了解不懂之處，或是讓同學能依照系統的個人化推薦，循序漸進且有效地學習完所有範圍的理論。更特別的是，在這套系統下，對應著不同背景、不同程度的同學，雖然有人只要做 100 題，有人則可能要做 200 題、300 題…，但無論做幾題，都能達到練習 500 題應有的成效。如圖 3-22 所示。

就**作答的時間、計算過程、答題結果**…等，進行即時性的分析，來了解學生程度

AI線上測驗的考試平台

學生在做題目時

判斷學生不會的地方

給予學生量身訂製的下一題

⊕ 圖 3-22 AI 線上測驗的考試平台

繪圖者：謝瑜倩

其實，以目前的科技發展，要完成以上的平台，概念上並不難。以前的問題在於技術，但自 2010 年後，深度學習（Deep Learning）相關技術有了重大突破，現在只要擁有一套完整的「學科學習地圖」，並擁有大量有效的題庫，再配合大量的樣本對平台進行測試，就有機會建置出以上的幾近理想的「微積分學習測驗平台」。

只是，有了「資料科學（DS）」的概念還不夠。真正在「企業經營管理」的實務上，一旦要落實這樣的概念，目前還有許多瓶頸需要克服。我們以「資料科學」這四個字為例。將「資料科學」拆開，企業會面臨「資料」的瓶頸與「科學」的瓶頸。

在「資料」的瓶頸方面，對於多數的企業來說，其實並沒有多少「資料」可以進行分析。對於擁有「少數資料」的企業來說，所需要用到的「科學」，可能不用很複雜（有些用 Excel 就足夠處理），所以無需做到「資料科學」；而對於一些擁有「大量資料」的企業，也可能會因為主管們沒有概念，不清楚自己的「資料」多有價值。

至於在「科學」方面的瓶頸，對於大多數企業來說，沒有足夠、適合的資料科學家來協助分析問題何在，則是最大的問題。

也因為以上的瓶頸，「資料科學」要真正普及到商業界，還有一段長路要走。但無論如何，至少我們可以先讓自己，從換個「資料科學」（DS）腦袋開始著手。

整合行銷資料科學
與行銷研究

行銷研究與
行銷資料科學的歷史發展

行銷是一塊相當具有魅力的領域，因為它是企業生產管理、行銷管理、人力資源管、研究發展管理和財務管理五大管理中，最直接與消費者接觸，同時也是最富有人性的領域，而在走過行銷研究一百多年後，現在讓我們再回頭過來看看行銷研究與行銷資料科學的歷史和重要里程碑。

行銷研究與行銷資料科學的發展歷史，距今大約 100 多年。本章簡述這個過程中的重要事件。

1910 年，美國波士頓柯帝斯出版社（Curtis Publishing Company）的負責人查爾斯‧柯立芝‧帕林（Charles Coolidge Parlin）透過收集市場資訊，提供企業進行廣告與商業決策，他並力促幾家美國大型公司，成立自己的市場研究部門。

1910 年代，行銷研究技術主要以銷售分析、成本分析為主。

1923 年，丹尼爾‧史塔區（Daniel Starch）提出 AIDA（Attention, Interest, Desire, Action）模式。同年，行銷研究公司尼爾森（A.C. Nielsen）成立，它是首波成立的行銷研究公司之一。

1920 年代，問卷設計、調查技術開始興起。

1931 年，行銷研究公司伯克（Burke）成立，並與寶僑（P&G）進行產品測試研究。

1935 年，市場調查公司蓋洛普（Gallup）成立，至今仍在市場上赫赫有名。

1930 年代，商店稽核（Store Auditing）技術出現。

1940 年代，企業開始使用「縱、橫斷面資料」（panel data）記錄消費者的購買行為。

1950 年代，行銷研究開始善用機率抽樣、迴歸分析、高等統計推論、實驗設計和態度衡量工具等。

1961 年，喬治‧卡利南（George Cullinan）提出 RFM（Recency, Frequency, Monetary）指標的概念。

1960 年代，因素分析（Factor Analysis）、區別分析（Discriminant Analysis）、貝氏統計和決策理論等技術，應用於行銷研究。

1968 年，SPSS 首次發行。

1972 年，俗稱 POS 的銷售時點系統（Point of Sale）在市面上出現，由銷售員在客戶結帳時，一併鍵入客戶資料，成為零售市場大量搜集消費者資料的濫觴。

1974 年，丹麥學彼得‧諾爾（Peter Naur）首次提出資料科學（Data Science）一詞；1981 年，IBM 推出個人電腦，推升內部客戶數據的分析。

1976 年，SAS 公司成立。

1970 年代，多元尺度法（Multidimensional Scaling）、計量經濟模式（Econometric Model）、整合行銷傳播（Integrated marketing communications, IMC）等技術應用於行銷研究。

1987 年，羅伯特‧凱斯騰鮑姆（Robert Kestnbaum）、凱特‧凱斯騰鮑姆（Kate Kestnbaum）和羅伯特‧蕭（Robert Shaw）等三人開啟「資料庫行銷」的先河。

1980 年代，聯合分析（Cojoint Analysis）、因果分析（Causal Analysis）應用於行銷研究。

1990 年，顧客關係管理（CRM）軟體開始出現。

1991 年，Python 程式面市。

1993 年，R 程式面市。

1995 年，全球資訊網（World Wide Web, WWW）出現，也為大數據（Big Data）的出現埋下了伏筆。

1998 年，搜尋引擎 Google 成立。

2001 年，普渡大學（Purdue University）統計教授威廉·克利夫蘭（William S. Cleveland）發表〈Data Science: An Action Plan for Expanding the Technical Areas of the Field of Statistics〉一文，將資料科學視為一門單獨的學科。

2004 年，臉書（Facebook）社群網站出現；2004 年，Google 發表 MapReduce 架構。

2005 年，YouTube 的出現，巨量視頻資料跟著產生。

2006 年，大數據分散式計算與儲存軟體 Hadoop，從 Nutch 獨立出來，變成一套獨立軟體。Hadoop 這個詞則是取自道格·切特（Doug Cutting）兒子的玩具絨毛象的名字。

同年，有深度學習之父之稱的加拿大多倫多大學傑佛瑞·辛頓（Geoffrey Hinton）教授，提出深度信念網路（Deep Belief Network, DBN）與深度玻爾茲曼機（Deep Boltzmann Machines）。

2007 年，Apple 推出 iPhone，智慧型手機裡的全球定位系統（GPS）功能，揭示消費者位置與行動的數據。

2009 年，馬泰扎·哈里亞（Matei Zaharia）在加州大學柏克萊分校 AMPLab 開創出 Spark。

2010 年，資料分析競賽平台 Kaggle 成立。

2011 年，LinkedIn 的迪·帕蒂爾（D.J. Patil）發表〈打造資料科學團隊（Building Data Science Teams）〉一文。

2012 年，湯瑪斯·戴文波特（Thomas H. Davenport）與迪·帕蒂爾（D. J. Patil）在哈佛商業評論（Harvard Business Review）上發表〈資料科學家：21 世紀最性感的工作（Data Scientist: The Sexiest Job of the 21st Century）〉一文，宣告「資料科學家」深具發展潛力。

同年，Google 科學家 Quoc V. Le 等人，發表〈Building High-level Features Using Large Scale Unsupervised Learning〉論文，成功地從 YouTube 的影片裡，辨識出「貓咪」。

2013 年，Google 的托馬斯•米科洛夫（Tomas Mikolov）等人提出自然語言處理中的重要模型 Word2vec。

2015 年，FAIR（Facebook Artificial Intelligence Research）總監楊立昆等（Yann Le Cun et al.）於頂級科學期刊 Nature 上發表深度學習（Deep Learning）概念文獻。同年，Google 發布 TensorFlow。

2016 年，AlphaGo 戰勝韓國職業九段棋士李世石。

2018 年，OpenAI 提出 GPT（Generative Pre-training，生成式預先訓練）。

2019 年，自動化機器學習（AutoML）蓬勃發展，開啟資料科學自動化的時代。

2020 年，OpenAI 推出 GPT-3。

2022 年 11 月，OpenAI 推出 AI 聊天機器人 ChatGPT，在兩個月內，成為史上用戶數最快達到 1 億的應用程式。

從以上的重要事件的發生與出現，可以觀察到行銷資料科學、網路和 AI 技術發展以及電子商務的興起，三者有著緊密的關係。此外，網路技術的發展與電子商務的興起，促使企業所需分析的資料屬性，從少量遽增到大量、從內部擴大到外部、從結構化增加到非結構化。同時，AI 技術的出現，讓行銷資料科學的層次，從數據分析擴大到 AI 系統的發展。在傳統行銷研究工具，已無法滿足企業的需求下，行銷資料科學也因此應運而生。

SECTION
4-2

行銷研究與行銷資料科學

以往執行一項行銷研究，受限於技術，時間和成本都很高。更重要的是，在執行行銷研究前，還有統計抽樣的問題要克服。如何有效地接觸到能充分代表母體的樣本，是行銷研究的難題之一。而隨著行銷資料科學的出現，解決行銷問題的時間與成本有望降低。同時，蒐集資料的來源，雖然未必等於母體，但已經比行銷研究的範圍擴大許多。

「行銷研究」主要將資料分成「初級資料」與「次級資料」。初級資料的蒐集方式，又可分成：「調查法（survey research）」、「實驗法（experimentation）」、「觀察法（observation）」與「深度訪談法（depth interview）」等。在蒐集資料的過程裡，「問卷」扮演非常重要的角色。透過問卷蒐集資料，再透過統計分析資料，最後透過圖表呈現資料，這就是行銷研究的基本概念。

深入來看，「行銷研究（Marketing Research）」可以針對某一行銷議題，有系統地蒐集、分析與呈現相關資料，並闡明研究發現。而這些議題像是台東縣政府引進熱汽球觀光的 SWOT 分析（機會、威脅、優勢、劣勢），或是 Airbnb 在台灣發展 STP 程序（市場區隔、目標市場選擇、定位），也可以是宏達電穿戴式虛擬實境設備的 4P（產品、價格、通路、推廣）行銷組合問題。

至於「行銷資料科學」與「行銷研究」之間的差異，主要在於資料的蒐集、分析與呈現的方法上的不同（如圖 4-1 所示）。「行銷資料科學」在方法上，寬度更寬、廣度更廣，而且所蒐集的資料也更加「客觀」。因為問卷是由受試者主觀填答，容易產生偏誤。舉例來說：當一個人心情好與心情不好時，填答同一份問卷的差異可能有如天壤之別。

Part 1
概論篇

Par 2
大數據篇

Part 3
行銷篇

Part 4
策略篇

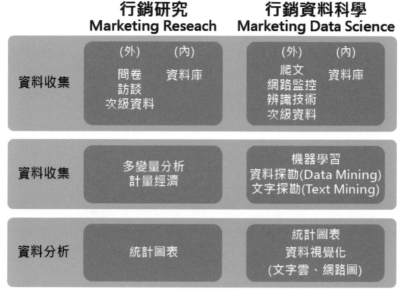

⊕ 圖 4-1　行銷資料科學與行銷研究之比較
繪圖者：張庭瑄

從資料蒐集的角度來看，過去「行銷研究」透過問卷、訪談蒐集初級資料或是透過政府、公協會等蒐集次級資料。現在「行銷資料科學」透過「網路爬蟲（Web Crawler）」技術，從社群媒體（Social media）、部落格（Blog）、論壇（Forum）、應用程式介面（Application Programming Interface，簡稱：API）等，擷取消費者的上網行為（主要是「數字」與「文字」），也可以透過網站監控軟體，記錄消費者瀏覽網站的路徑。「行銷資料科學」還可透過影像辨識技術，搜集消費者在賣場中的真實消費過程（例如：在哪個時間、哪個位置、看了哪件衣服、看了多久…等），而這一部分還可延伸至「物聯網」的各種應用，或是透過次級資料來源，像是「政府資料開放平台」等，蒐集巨量的外部資料。

而在分析資料的過程中，過去「行銷研究」透過「統計分析」、「多變量分析（Multivariate Statistical Analysis）」等工具，協助找到問題的解答。「行銷資料科學」則還可透過「機器學習（Machine Laerning）」和「文字探勘（Text Mining）」等工具，給予資料更多的解釋並創造更高的價值，進而發展出高準確度的預測模型。

在資料呈現的部分，以往「行銷研究」透過簡單的圖表，來呈現資料分析過後的統計結果。「行銷資料科學」則可透過「資料視覺化（Data Visualization）」工具，來呈現資料分析的成效，像是文字雲（Wordcloud）和網路圖（Network Graph）等。

最後，在涵蓋範圍上，行銷資料科學（Marketing Data Science）是行銷研究（Marketing Research）的延伸，對於從事行銷相關業務的業界人士而言，在實務應用上，兩者可以相輔相成。

即時經驗追蹤

以往進行行銷研究時，經常會使用量化與質性兩大類研究工具，其中量化研究主要是透過消費者行為調查、滿意度調查、品牌形象調查方式；質性研究則通常會透過焦點團體、深度訪談來完成。然而，這兩種研究有其缺失，主要的原因在於蒐集資料的方式，來自於「消費者的記憶」，而偏偏「記憶」未必精準，結果就常常導致所蒐集到的資料未必正確。

為了解決這消費者「自陳式報告」的不精準問題，過去的行銷人員借鏡人類學的研究方法，採取另一種民族誌研究（ethnographic research），由行銷研究者跟隨消費者，觀察他們的行為，以完整記錄消費者的經驗。只是，這樣的做法不但成本很高，而且在樣本不多的情況下，無法判斷所觀察到的是消費者的普遍行為，還是其個人的特殊行為。同時，消費者還可能產生「霍桑效應（Hawthorne effect）」，也就是一旦消費者知道自己成為被觀察對象時，就會產生改變行為的狀況，結果就是解決了一個問題，又衍生出另外的問題。

學者艾瑪•麥唐納（Emma K. Macdonald）、休•威爾森（Hugh N. Wilson）與烏穆特•柯納斯（Umut Konus）於 2012 年 9 月號的哈佛商業評論中，發表了一篇文章「零時差了解顧客（Better Customer Insight—in Real Time）」，同時提出一種稱為「即時經驗追蹤（real-time experience tracking, RET）」的新研究工具，希望協助行銷人能夠在消費者記憶尚未消失或是出現偏差之前，就可獲得相關的資料。

艾瑪•麥唐納等人與不少世界知名的企業合作，像是聯合利華（Unilever）、百事可樂（PepsiCo）、微軟（Microsoft）、惠普（hp）等，利用 RET 協助這些企業做好行銷決策，並且提升具體的行銷績效。

以下，簡單說明 RET 的執行方式，如圖 4-2 所示。為了做到「即時經驗追蹤」，行銷研究人員要想辦法「跟著」消費者，最好的方式，就是透過智慧型手機。同時，想要讓消費者回饋的「資料」有千百種，但這會造成記錄上的不便，因此，艾瑪•麥唐納（Emma K. Macdonald）等人將這些資料精簡成四點：1. 相關品牌（ABCD…分別代表不同品牌）、2. 接觸點（ABCD…分別代表：網路廣告、口碑、造訪商店等不同接觸點）、3. 正面感受程度（1 分到 5 分）、4. 說服力（下次再選擇該品牌的機率，從 1 分到 5 分）。

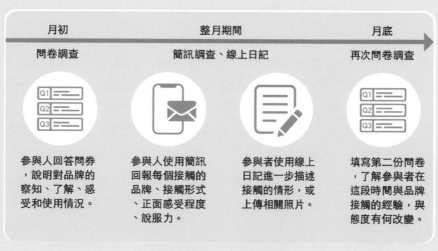

月初	整月期間		月底
問卷調查	簡訊調查、線上日記		再次問卷調查
參與人回答問券，說明對品牌的察知、了解、感受和使用情況。	參與人使用簡訊回報每個接觸的品牌、接觸形式、正面感受程度、說服力。	參與者使用線上日記進一步描述接觸的情形，或上傳相關照片。	填寫第二份問卷，了解參與者在這段時間與品牌接觸的經驗，與態度有何改變。

⊕ 圖 4-2 即時經驗追蹤

繪圖者：張珮盈

* 資料來源：艾瑪•麥唐納（Emma K. Macdonald）、休•威爾森（Hugh N. Wilson）、烏穆特•柯納斯（Umut Konus），「零時差了解顧客（Better Customer Insight—in Real Time）」，哈佛商業評論，2012 年 9 月號。

RET 是一種透過簡訊所進行的微型調查,讓消費者在每次接觸某家品牌時（包括看到廣告、聽到口碑、進行交易時…等,都能即時透過手機,回覆四個字母的簡訊）。

其中,RET 的執行步驟有四個階段:

1. 填寫事前問卷:調查消費者對特定企業與主要競爭者品牌的認知與產品的使用經驗,但消費者不知道是為哪一家公司進行研究。

2. 遭遇接觸點時發出簡訊:消費者每一次遇到其中一種品牌的接觸點時,就發出四個字母的簡訊。

3. 寫網路日誌:消費者可以寫網路日誌,說明與品牌接觸的過程。

4. 填寫事後問卷:計畫結束後,再次填寫修改後的事前問卷,比較研究前後的差異。

透過 RET,行銷研究人員可以了解各種接觸點與消費者行為之間的關係。舉例來說,在朋友家裡看到某項商品,進而購買的機率,是沒有類似經驗的人的三倍。同時,透過 RET,也可以了解與競爭者之間的對比（因為消費者不知道是為哪一家公司進行研究）。例如:必較各品牌在不同接觸點,對採購機率的差異,如圖 4-3 所示。

例如圖 4-3 中,品牌 A 的報紙廣告很棒,但對採購的影響有限,因為品牌 A 的口碑不佳。反之,品牌 B 的口碑較少,但口碑卻很正面。所以,根據 RET 的研究結果,品牌 A 應該先解決產品與服務的問題,避免負面口碑,而非砸大錢做廣告。

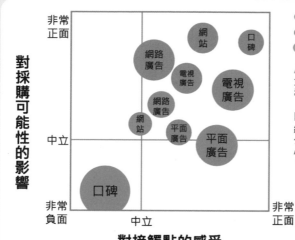

⊕ 圖 4-3 不同品牌不同接觸點的比較
繪圖者：王舒憶

* 資料來源：愛瑪‧麥唐納（Emma K. Macdonald）、休‧威爾森（Hugh N. Wilson）、烏穆特‧柯納斯（Umut Konus），「零時差了解顧客（Better Customer Insight—in Real Time）」，哈佛商業評論，2012 年 9 月號。

以往進行行銷研究時，經常會使用量化與質性兩大類研究工具，但這些工具有其限制，現在有了「即時經驗追蹤（real-time experience tracking, RET）」就能提供行銷研究人員另一種選擇。

SECTION 4-3 行銷研究、資料庫行銷與 行銷資料科學之比較

由於消費者的心是善變的，自從行銷獨立成一門學科後，行銷人和行銷學者無時無刻不在想方設法使用各種工具，苦思理解消費者的心。

從一般的「行銷研究（Marketing Research）」出發，一直以來，行銷工作依賴大量的「量化研究」與「質化研究」，來協助解決行銷問題。而這些研究工具，構成行銷學界和實務界初步理解消費者的「傳統工具」。後來，善加對消費者資料進行分析的「資料庫行銷（Data Base Marketing）」出現，再發展到最新的「行銷資料科學（Marketing Data Science）」，預料這三者的結合將構成新一代精準剖析消費者心理的尖端武器。

以下，我們就資料的蒐集與分析，對行銷研究、資料庫行銷和行銷資料科學三者之間的差異，簡單說明，如圖 4-4 所示：

⊕ 圖 4-4 行銷研究、資料庫行銷與行銷資料科學之比較

繪圖者：張庭瑄

＊　附註：目前資料分析在商業上的應用，已從數字分析與文字分析，發展到聲音分析與影像分析。這裡的說明，僅先以數字分析與文字分析為主。

在行銷管理領域，對於「初級資料」的蒐集，主要利用三大類工具協助進行：

一、問卷

透過調查法（survey research）、觀察法（observation）、實驗設計法（experimentation）或是深度訪談法（depth interview）…等收集而來的資料，描繪出消費者的人口統計變數和心理變化（態度、行為）的大致輪廓。

透過「問卷」進行調查，將收集到的量化與質化的資料，藉由統計分析，呈現研究結果，這些主要屬於「行銷研究」的範疇。例如某車商委託市場調查公司，透過電話訪談車主，調查顧客滿意度。

二、資料庫

由交易前、中、後所產生的記錄，像是透過客戶購買產品的資料（姓名、地址和過去交易內容）、銷售時點情報系統（POS 機）和網站等所收集。

將「交易過程所產生的記錄」（一般以量化資料為主）存在資料庫裡，並透過資料探勘（Data Mining）技術，對資料庫進行分析，找出新產品的可能買主，則屬於「資料庫行銷」的內容。

例如：車商透過過去買車客戶或潛在客戶資料庫分析，將不同的消費者分群，發展出針對不同車款、不同類型消費者的行銷方案。

三、網路爬蟲（Web Crawler）技術

例如用 Python、R 語言從網路上抓取網友口碑查詢、交談情報等資料。

透過「網路爬蟲」技術，擷取網路上的各種量化與質化的資料，再藉由資料探勘、文字探勘技術進行分析，甚至建立模型，則屬於「行銷資料科學」的範疇。

例如：車商委託網路口碑行銷公司，透過爬蟲技術了解消費者在網路論壇上，討論各家車廠品牌的狀況。

Part 1
商業篇

Par 2
大數據篇

Part 3
行銷篇

Part 4
策略篇

以上是行銷研究、資料庫行銷與行銷資料科學之差異，對於行銷人與行銷學者來說，這三項武器，都有其價值與適用性。

企業在做行銷研究時經常碰到一種狀況，好不容易向高層爭取到一筆經費來進行市場調查，然而開始實施後，卻總得擔心所抽到的樣本代表性不足。因為統計學一再告訴我們，抽樣時務必要讓樣本長得很像母體，也就是樣本這個小孩最好長得跟母體媽媽一模一樣，才能讓調查做的準確。現在拜資料處理技術進步之賜，從「行銷研究」到「資料庫行銷」，再進展到「行銷資料科學」，我們的確可以透過多種方式，來讓所處理的樣本，越來越接近母體，甚至是直接對母體進行普查。而這三者的差異，則如圖 4-5 所示：

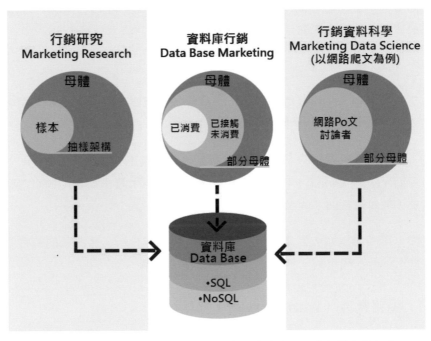

⊕ 圖 4-5　行銷研究、資料庫行銷與行銷資料科學—母體與樣本的角度
繪圖者：張庭瑄

從母體與樣本的角度來看,「行銷研究」一般會透過抽樣技術,來對母體中的樣本進行調查,而一個簡單、可接受的行銷研究,為了確保它的有效性(95%信賴水準下、正負 3% 的誤差區間),一般都有最低樣本需求量(1,067 個)。也就是說,一個有數百萬、數千萬人口的城市或國家,在時間與成本的考量下,行銷研究單位通常會以這樣的樣本數,來推論母體的模樣。而研究要成功則端賴「抽樣」是否抽的好,當然,這裡的好也就是所謂的與母體「不偏」,你可以想像 1,067 人的樣本,要讓它很像擁有 270 萬人口台北市的母體,難度會有多高。

再看到「資料庫行銷」,假設母體為企業所欲服務的消費者,企業資料庫裡的內容就好像母體中的小部分母體,包括:已經消費但尚未成為會員者所產生的資料(例如:POS 系統裡的交易紀錄),或是已經成為會員者所產生的資料(例如:完整的個資加上交易紀錄)。企業可就這些小母體裡面的資料進行分析,無論是否需要進行抽樣,但是在多數中小企業甚或是大型企業裡,行銷部門在進行資料庫行銷時,要先將這些散落在各處的資料調集回來,像是要跟會計部門索取以往的行銷費用資料,要向資訊部門調借顧客名單資料,甚至得向財務部門拿到產品銷售數量的資料,才能分析出有價值的資訊。說難很難,但值得慶幸的是,行銷部門起碼已經知道這些樣本的基本樣態了。

至於到了「行銷資料科學」,由於蒐集資料的管道變多,無論是透過網路爬文、影像辨識、物聯網自動取得…等方式,企業接觸母體的範疇變得更大且更加多元。一樣假設母體為企業所欲服務的消費者,企業可透過網路爬文技術,針對會上網發表文章與討論的消費者(部分母體)進行資料收集,而這背後的人數,已遠遠大於企業所蒐集到的顧客名單。

簡單瞭解了以上三種工具的差異,企業可以再將這三者所蒐集到的資料,送進資料庫中篩選、過濾、沈澱、分析、比對,說不定又會產生新的行銷想法,做出更好的行銷決策。以上我們簡單釐清「行銷研究」、「資料庫行銷」與「行銷資料科學」三者之間的差異。平心而論,目前能善用這些行銷工具的企業(比例)並不多,企業若能妥善運用,將有助於企業的生存與發展。

SECTION 4-4 行銷的量化研究、質化研究與神經研究

神經行銷學（Neuromarketing）這門學問的出現，主要是有學者認為，傳統量化或質化的研究方法，並無法真正解決消費者行為「不一致」的問題。近年，隨著核磁共振造影（MRI）等技術的出現，讓人們有機會能掃描個人的大腦，採用自然科學的工具與方法，協助研究者找出問題真正的解答。

在《買我！從大腦科學看花錢購物的真相與假象》一書中，提到一個反菸研究的例子。研究發現，菸盒上的反菸標語，反而會讓人更渴望吸煙。研究者先針對受測者進行問卷的填答，例如：題目問到「菸盒上的警示語，會影響你嗎？」受試者幾乎都會填「是」。

如果進一步追問，「你會因此減少抽菸嗎？」，受試者大多也都會填「是」。不過，真的是這樣嗎？受試者的大腦，是否也真的是這樣想？那可不一定喔！

透過核磁共振造影，研究者發現，菸盒上的警語，反而會刺激吸菸者大腦中的「依核」（nucleus accumbens），當身體渴望某種東西時，這個區域的特殊神經元組織，會逐漸興奮，並開始產生需求，直到這個需求被滿足為止。

這項研究凸顯了傳統研究方法上的一個大問題，當受試者填答時，可能會根據自己的「認知」，而非「事實」來進行填答。

舉例來說：吸菸者面對「菸盒上的警示語是否會影響自己」時，填答者可能會填寫研究人員想看到的答案，或者認為自己「應該會」而填「會」，而不是以實際真正的情況來回答。「應該會」填答「會」的原因，可能是自己覺得抽菸不好，或是自己認為自己會是如此，但事實卻未必如此。就有點像是日文中所說的「口嫌體正直」，嘴巴說不要，身體卻很想要，而這正是消費者嘴巴和行為「不一致」的問題所在。

事實上，在全世界可口可樂和百事可樂爭奪飲料業霸主數十年的過程中，百事可樂曾經砸下巨資舉辦各項活動，取得很好的廣告效果，但卻也發現了一個特殊的現象。儘管在盲測時，多數人都感覺百事可樂的口味好，但他們在實際購買時還是選擇可口可樂，而有時又正好相反。這也是兩家可樂公司互相挑戰過程中，證明「品牌效應」的一個經典案例。

而神經行銷的另一個重點是，如何在廣告中加入圖像或影像的刺激，例如在廣告中塑造歡樂氣息，促使大腦將它儲存到潛意中，如此，品牌資訊就可以快速被提起。君不見，可口可樂一直把過年過節聚餐時，一定要搭配可口可樂，才是真正歡樂的廣告塞進消費者腦袋裡面。

雖然這個學派強調，神經行銷並不在控制消費者購買行為，而是根據消費者的大腦分析，讓企業的行銷活動更具精準性。研究人員將消費者的大腦活動拍攝下來，以了解他們如何對待其他廠牌的廣告或產品。讓企業能夠「知己知彼」而「百戰百勝」。

正如該書作者馬汀・林斯壯（Martin Lindstrom）在書中提到，行銷管理的未來取決於量化研究、質化研究與神經研究的發展（如圖 4-6 所示）。

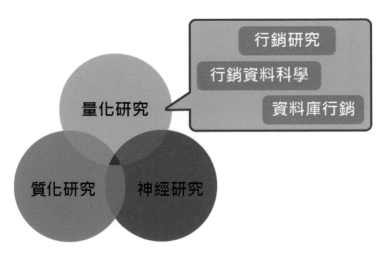

⊕ 圖 4-6 行銷的量化研究、質化研究與神經研究
繪圖者：張庭瑄

SECTION 4-5　整合行銷研究與行銷資料科學

由於消費者的心是多樣與善變的，一直以來，企業就不斷想藉由行銷研究來設法弄懂消費者的心。因此，行銷研究在方法與技術上也不斷推陳出新。進入大數據時代之後，企業更必須整合行銷研究與行銷資料科學，才有機會做到「精準行銷」。

現在，再來複習一下行銷研究與行銷資料科學的步驟與內容：

圖 4-7 中，左邊是資料處理程序，我們把它簡化成資料、資料蒐集、資料儲存、資料分析與最終的資料呈現。

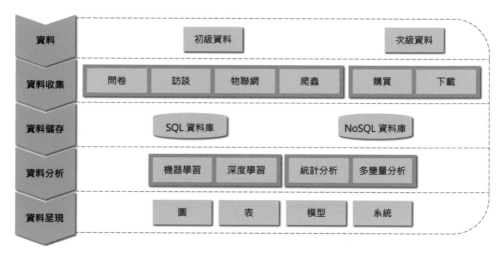

⊕ 圖 4-7　整合行銷研究與行銷資料科學
繪圖者：余得如

先從資料部分來看，資料分成初級資料與次級資料，而在蒐集方法上，過去行銷研究主要透過問卷、訪談來蒐集初級資料；現在行銷資料科學則透過物聯網或是網路爬蟲等方式，來記錄與抓取初級資料。至於次級資料的部分，企業則可透過購買次級資料或是下載開放資料的方式來取得。

蒐集完所需的資料後，將資料儲存在 SQL 資料庫與 NoSQL 資料庫。再透過統計分析、多變量分析、機器學習、深度學習等工具，進行資料分析。最後，透過圖表、模型、系統等方式，呈現出資料分析的結果。

這裡必須一再提醒的是，行銷資料科學家有時候難免會對分析技術產生狂熱，一頭栽進去之後，就忘了最重要的事，畢竟企業做最終決策和分配預算的，經常是大老板，而非執行的行銷主管。因此在「資料呈現」上務必要讓老板看得懂，因為他懂了，才會有拿到預算的機會。所以如何把資料做的簡單、明瞭，才是資料處理的重點。

以下我們再以某家出版社準備出版「大學交換學生」相關書籍為例，說明如何整合行銷研究與行銷資料科學。

首先，出版社的行銷企畫部門可透過政府開放資料平台，下載與交換學生相關的統計資料並進行分析，以瞭解各校系學生進行交換的現況。例如：每年各校系出國交換人數、熱門交換國家排序等，進而進行市場分析。

另一方面，行銷人員可透過網路爬蟲技術，抓取網路論壇上，關於大學生討論交換學生議題的相關文章，並進行分析，以進一步瞭解學生進行交換的問題與需求，例如：出國前的準備項目、出國時的注意事項、出國後的整理分享。很快地捕捉到交換學生所關切的重點，以作為研擬書籍章節架構的依據。

當然，為了更貼近有意出國當交換生的想法，出版社還可以再透過行銷研究，進一步做實體與網路問卷調查，同時透過深度訪談相關利害關係人，讓這本書更能滿足這群目標讀者的需求，如圖 4-8 所示。這種出書方式，就不是透過主觀認知，而是透過較客觀的科學化分析方式進行出書。

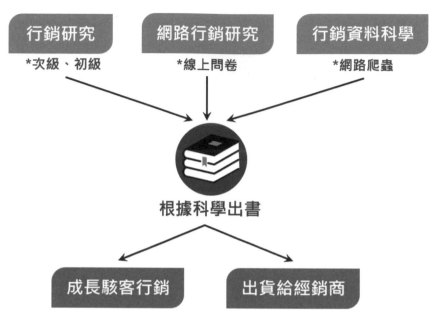

圖 4-8 整合行銷資料科學與行銷研究─以交換學生書籍出版為例

繪圖者：周晏汝

以上的案例，雖然規模不大，但提供了整合行銷研究與行銷資料科學的具體作法。

Part 1
概論篇

Par 2
大數據篇

Part 3
行銷篇

Part 4
策略篇

SECTION

4-6　大數據研究方法的重要特徵

現在大數據越來越夯，也吸引不少年輕學子奮力投入，連帶地造成社會科學研究方法的大幅改變。加州大學教授馬丁‧希爾伯特（Martin Hilbert）歸結出五項大數據研究方法的重要特徵 ，舉例來說，由於大數據已是全數據，未來可能就會取代統計學中很重要的「隨機抽樣」。

希爾伯特列舉的五項特徵如下，如圖 4-9 所示：

⊕ 圖 4-9　大數據研究方法的重要特徵

繪圖者：李宛樺

一、大數據並非專為特定目的而產生

為了預測流感，美國疾病管制局（CDC）要求醫生，只要碰到新型流感病例，就必須馬上通報。這種調查背後的資料有其特定目的，但 Google 透過大數據分析，對 5,000 萬個使用者常用的搜尋字串以及 2003 年到 2008 年間季節性流感的傳播資料進行比對，進而發展出預測流感的模型，但這些搜尋字串本身並不是為了特定目的所記錄的資料。有趣的是，Google 透過大數據所進行的分析效益，遠勝於公部門透過專屬資料所獲得的預測結果。

過去我們往往為了單一的研究目的，設計各種取得數據資料來源的方法（例如：透過各種調查）。在大數據時代，利用網路上的各種資料，透過數據分析技術，得到預測結果並創造潛在商機。

二、大數據取代隨機抽樣

在進行市場調查時，因為成本時效的限制，無法對母體進行普查，所以會透過抽樣來進行各種統計分析（如：收視率調查、滿意度調查、民意調查…等），但其預測結果，也會因受限於抽樣而產生誤差。

有一句話説，「大數據就是全數據」，因為透過大數據所獲得的資料，大部分就是母體資料，因此不需要再進行抽樣。舉例來説，手機、電腦在許多國家的普及率已經超過了 90%，透過手機、電腦裡的記錄，並利用大數據分析，所得到的結果，效益也常常高於傳統的市場調查。

三、大數據的取得通常是即時資料

網路上有許多即時資料，包括電商平台上的交易行為、社交平台上的各種討論。每分每秒都有成千上萬筆的交易與互動，在電商平台與社交平台上進行。

以電商平台企業為例，這些企業可以即時取得交易的資訊，並且即時做出銷售策略上的調整，例如：網路即時競價。

四、大數據整合了各個不同來源的資料

大數據整合了各種網路平台、電信、雲端、物聯網…等資料,這些資料經常是雜亂且不完整的。面對這些大量的結構化與非結構化資料,我們可以利用數據融合(Data Fusion)的技術來處理。並將各種單一面向的雜亂資料,融合發展成多面向、多維度的數據模型,進而找出背後的行為模式。

舉例來說:湯森路透新聞社每日分析 300 多萬篇新聞文章,以及 400 萬個社交媒體網站,提供全球 119 個國家超過 18,000 種指數(統稱為 MarketPsych 指數,簡稱 TRMI),包括不同國家的幸福指數、快樂指數、樂觀指數、緊張指數等。該指數能每天甚至每分鐘進行更新。

五、大數據的全稱是「大數據分析」

毛羅(Mauro)等學者認為,「大數據分析是以大量、即時、多樣的資料為基礎,透過特定的技術與分析方法,將資料轉化成價值。」大數據分析與傳統統計分析的不同,在於數據量會影響分析模型的發展。

機器學習演算法能讓機器不斷地從數據中進行學習,並應用於各種人工智慧的開發。所以大數據分析概念比起傳統統計分析來的更宏觀,大數據分析不僅僅是指日益增多的資料量,它更強調能將這些資料,透過分析工具建立模型,以轉化為能協助進行智慧決策的知識。

例如,之前提到 Google 對流感趨勢的預測,就建立了 4.5 億個不同的數學模型,最終確定了 45 項搜索條件,比過去傳統的模型,更能提早且精準地預測流感爆發的時間。

希爾伯特強調,無論是學術界或實務界,發展大數據分析所面臨的最主要障礙就是缺乏對如何使用數據、建模分析,以及能夠增進各種智慧決策的各階層專業人才。

「消費者行為研究」已落伍？現在「AI 採購者行為研究」，談的是如何賣東西給 AI 助理

以往中小企業為了打進大型量販店成為它們供應鏈的一環，無不拼命提高品質和降低售價，以滿足消費者的需求。然而，隨著 Siri 和 Alexa 等 AI（人工智慧）助理的出現，購買商品的「人」，可能已經不是「消費者」，而是這些「AI 助理」（如圖 4-10）。現在就已有學者觀察到，往後企業行銷的對象可能不再只是一般的消費者，反而會轉到協助消費者購物的 AI 助理身上。

消費者採購

AI助理採購

⊕ 圖 4-10 AI 採購者行為研究

繪圖者：張珮盈

學者這樣的擔心並不是沒有道理。2017 年初，美國德州一名六歲的小女孩布魯克（Brooke），在家中對著亞馬遜的 AI 助理 Alexa 說話時，意外開啟了網路購物功能，然後跟 Alexa 討了一盒餅乾和一組娃娃屋來玩。沒想到 Alexa 竟然主動在網路下單，幫她訂購了 162 美元的娃娃屋與餅乾到家裡來。

雖然當下布魯克的媽媽已經按下取消鈕，但訂單已處理完畢，所以只好接受。事後，布魯克的媽媽向亞馬遜查證，Alexa 無法辨識客戶是孩童，因此把布魯的童言稚語視為正式指令，就直接在網路上搜尋相關產品後下單購買。

儘管資訊界人士稱 2018 年為 AI 元年，人工智慧才正式要起飛，但縱使以上的技術雖未臻完美，卻已揭櫫了人類透過 AI 助理，協助進行消費的時代已經來臨。

然而，在這樣的發展趨勢下，一個很有趣的現象也跟著出現。過去商品的購買者是「人類」，在 AI 時代卻搖身一變成「機器人」。如此一來，更讓傳統「消費者行為研究」顯得有所不足，隨之而起的是「AI 採購者行為研究」。因為往後主宰市場的不再是一般人，而是 AI 助理。他們替消費者採買日常生活用品、訂購機位、車票等，往後企業要做生意，可能得先打通 AI 助理這一關。

傳統上，企業透過行銷研究調查消費者行為，做出相關行銷決策的模式，現在可能已經需要改變。企業必須回頭思考，人類是如何透過 AI 助理進行消費，以及 AI 助理的採買決策又是什麼。「機器人的消費者行為」背後的研究與做法目前還是一片空白，有待實務界與學界努力探索。

2018 年 6 月，哈佛商業評論中文版更刊出一篇名為「如何賣東西給 AI 數位助理」的文章，裡面有提到一些做法。

作者尼拉杰‧達瓦（Niraj Dawar）認為，企業應積極了解 AI 助理平台背後，做出推薦與挑選商品的演算法，了解這些 AI 助理平台如何權衡產品品牌與產品類別之間的關係（例如消費者對牙膏品牌可能很重視，但對牙刷可能沒有那麼在意）。

同時，對於品牌企業來說，在 AI 助理平台之外的地方，強化品牌的宣傳，增加消費者對品牌的忠誠度，還是有其必要性。畢竟消費者除了會要求 AI 助理購買自己所偏好的品牌外，目前實體購物佔全球零售的銷售額，還是高達 90%。

誰也沒想到，AI 助理的出現竟然改變了消費者的購物行為，同時也擴展了行銷資料科學的研究範疇。

行銷資料科學與大數據

- ☑ 科技發展促使大數據浪潮的出現
- ☑ 大數據（Big Data）的發展
- ☑ 行銷資料科學（MDS）與大數據（Big Data）
- ☑ 大數據有多大？
- ☑ 從大數據（Big Data）到全數據（Whole Data）
- ☑ 大數據的五大管理挑戰
- ☑ 有效運用「小資料」比導入「大數據」更重要
- ☑ 大數據分析是工業 4.0 與服務 4.0 的重心

資訊科技發展越來越快，每一次電腦的進步都改變人類的文明，從「資訊載具」演變的觀點切入，大致可以分成四個波段：第一波大型電腦主機（Mainframe Computer）、第二波的個人電腦（Personal Computer）、第三波的網際網路（Internet），都為行銷資料科學奠定基礎，而到了第四波由行動載具（mobile device）才真正是掀起「大數據」資訊浪潮的關鍵所在。

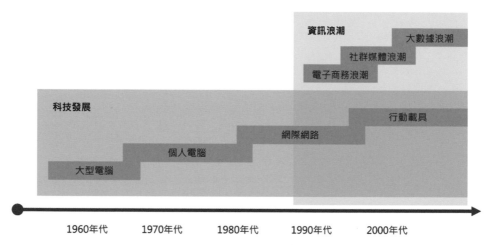

⊕ 圖 5-1　科技發展促使大數據浪潮的出現

繪圖者：余得如

大型電腦的誕生，開啟了第一波資訊科技的發展，如圖 5-1 所示。個人電腦的發明，讓電腦由研究機構普及到個人。當第三波網際網路出現後，電子商務（Electronic Commence, EC）與社群媒體（Social Media）的浪潮陸續成形。到了第四波行動載具的世代，則擴大且加速了電子商務與社群媒體的發展，同時，也促使大數據浪潮的出現。

SECTION 5-1

科技發展促使大數據浪潮的出現

紐約時報 2012 年有一篇專欄「大數據紀元（The Age of Big Data）」開宗明義地指出，「大數據時代」已然來臨，無論在商業、經濟或者其他領域，未來決策的制訂將逐漸奠基於資料與分析，而非基於企業負責人的經驗與直覺。

當時，美國前總統歐巴馬（2012）也曾經打了個比方，大數據將會是未來的石油；馬雲（2015）也提出，未來最大的能源不是石油，而是大數據。這個比喻除了凸顯大數據的價值像石油一樣珍貴之外，也隱含著石油與大數據的構成，有些許相似之處。

多數的地質學家認為，石油是由古代海洋動物與藻類的屍體被掩埋在地底下所形成。這些看似不起眼的殘留物質，成為了現今巨大的能源。到了大數據時代，數據主要來自於人類在生活上所留下的點點滴滴。這些各式各樣看似沒有什麼價值的零碎資料，就散落在人們生活的各個地方。而這些深埋在各處的零碎資料要成為人類最強大的資源，就有賴行銷資料科學家，將它們一一開採出來。然而整個開採過程，除了要有專家、有設備、有技術，還要有創意與想法。

舉個例子來說，2018 年三月國內某家銀行在它舉辦的年度「大數據資料科學家競賽」，就首度將比賽分為「模型挑戰組」與「商業洞察組」，邀請對模型與演算法分析充滿創意和想法，以及有商業敏感度、充滿熱忱的大學生來比賽。表面上看來，比賽是希望達到結合理論與實務的目的來開發金融新業務，但深一層來看，其實挖掘大數據石油的過程其實還是充滿挑戰，因為連金融業界本身都對大數不是很清楚，還得依賴年輕學子的大膽嘗試。

大數據浪潮已經來臨，背後同時挾帶著巨大的機會與威脅。面對大數據浪潮，經理人必須做好決策，以確保企業能站在浪頭上，而非被浪潮所淹沒。

5-2　大數據（Big Data）的發展

在美國加州大學戴維斯分校任教的馬丁・希爾伯特（Martin Hilbert）教授，回顧約 180 篇關於大數據分析的期刊論文，並於 2016 年發表了一篇文章[1]「Big Data for Development：A Review of Promises and Challenges」，其中談到大數據分析的前景與挑戰。

 馬丁・希爾伯特（Martin Hilbert）教授演講大數據的發展
https://www.youtube.com/watch?v=XRVIh1h47sA

他歸結出今日大數據的產生，可由資訊流通、資訊儲存和資訊處理三項資訊發展來說明，如圖 5-2 所示。

一、資訊流通（Information Flow）

廣義的資訊流通，指的是人們利用各種方式來做資訊交流，從每天面對面的直接交談，到使用行動電話、電子郵件或是 Line 等各種現代化的傳播媒體都算是資訊流通。而如果再往深處探究，則又可分成資訊的傳遞、蒐集、貯存、檢索和分析的管道與過程。

至於狹義的資訊流通，則是從現代資訊技術研究、發展、應用的立場來看，指的是資訊處理過程中，資訊在電腦系統和通信網路中的流動。

1　Hilbert, Martin （2016）, "Big Data for Development：A Review of Promises and Challenges," Development Policy Review, Volume 34, Issue 1, January 2016, Pages 135–174.

Part 1
概論篇

Part 2
大數據篇

Part 3
行銷篇

Part 4
策略篇

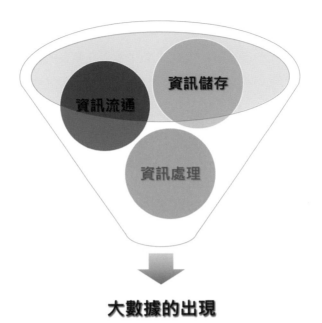

（↑）圖 5-2 大數據（Big Data）的發展
繪圖者：張庭瑄、王彥琳

希爾伯特指出，從 1986 至 2007 年之間，全球資訊交流的數量提升了近 220 倍，其中這些資訊數位化的程度自 1986 年的 20%，成長至 2007 年的 99.9%。而這中間的過程，人們把傳統的膠捲相機換成數位相機，將自己的影像資料貢獻出來，對於資訊流通有著莫大的幫助。

資訊流通在 2007 年之後，成長量更是驚人，因為智慧型手機、平板電腦的出現，配合內建 GPS 功能，大量記錄下各類資訊，未來還有物聯網（IoT）的加入，各種感測器亦加入記錄資訊的行列，更讓資訊流通量如洪水滾滾而來。

此外，資訊本身也會自我成長，在人工智慧中，機器學習是很重要的一支，意思是開發電腦程式，讓數據能在電腦系統中，自動變成資訊或知識。舉例來說，在自動駕駛車輛的電腦輸入所有交通規則，讓電腦自動學習，車子一上路之後，它就知道碰到十字路口要停等紅燈，碰到行人、幼童要避讓，原來的規則，經過電腦的自我處理變成駕駛知識，等於資訊也自我成長。

二、資訊儲存（Information Stock）

以往大家會把學校作業或者辦公室的文件儲存在電腦的硬碟，但現在大家已開始習慣將檔案丟到 Google 的雲端硬碟，或者丟到 Dropbox 裡來相互加工修改，資訊的儲存已透過網路來完成。

希爾伯特指出，資訊儲存的空間大約每三年會成長一倍。資訊儲存的數位化程度，由 1986 年的 1% 增加到 2007 年的 94%。

三、資訊處理（Information Computation）

為了處理巨量的資料，世界大廠發展出分散式資料處理方式。例如：Google 的 GFS、MapReduce 與 Bigtable，即是因應這樣的發展趨勢而誕生。而民間或者個人也不必擔心巨量資料無法處理，現在也有許多開放軟體讓個人可以處理大數據，像是 Hadoop 等。

今日的大數據，就隨著資訊流通、資訊儲存、資訊處理的發展而生。

 災後大數據分析計畫

2011 年 3 月 11 日，日本東北發生了芮式規模 9.0 的強烈地震，30 分鐘後，巨大的海嘯淹沒了日本東北的許多區域，受災地區主要集中在東北、北海道、關東地區，尤其距離震央最近的福島、岩手、宮城等三個縣，沿海地區遭到巨大的海嘯襲擊，離海岸數公里的地區遭海嘯淹沒，沿海城市遭到大浪無情摧毀，死亡及失蹤人數更是難以估計，這場災難後續還帶來核電廠損壞的重大損失。

事後，儘管天災無法避免，但日本政府為了亡羊補牢，利用各種科技設備希望來降低下次面臨災害時的可能損失。而其中一個備受矚目的，就是「災後大數據分析」計畫。這項畫藉由分析地震之後一週內的一億八千萬條推特推文、事發當天該地區 140 萬輛汽車的導航紀錄，以及災民手機定位等行動資料，企圖得到有用的資訊，進而協助相關單位做出未來災難發生時的預防性決策。

研究單位從所收集到的龐大數據，分析出許多的驚人真相。首先，從受難者手機 GPS 定位所顯示的位置，調查卻發現許多受難者聚集在政府所指定的疏散點。大批民眾到達這些疏散點後，很多驚慌逃難的民眾以為自己安全了，結果卻沒有算到浪高超過預期，也因此讓更多人死在自以為安全的地方。如果當時這些受難者能把握時間，逃到較高的地方，也許就會有更多的人因而獲救。

其次，大數據分析同時也發現，發生地震時，在即將淹沒的地區大約有 21,000 人，但到了海嘯來臨後，這些區域的人數不但沒有減少，反而還逆向增加。研究人員當初還無法理解，為何這些民眾明明知道即將會有海嘯的威脅，但還是進入即將淹沒的地方。在研究人員抽絲剝繭的追查下，對汽車導航數據所進行的分析，才證實許多人在地震發生後，都開車立即掉頭趕回家，希望去接家人。但最後卻卡在車陣裡，直到無情的海嘯湧來。

經由大數據分析後，日本政府後來召集防災、醫療等單位，以及自衛隊、企業等相關的機構組織，共同研討如何利用大數據分析的結果，建立未來防災的新系統體系。從 311 大地震的案例來看，大數據分析不但能協助找到問題的真相，也有助於未來有效決策的制定。

Part 1
概論篇

Part 2
大數據篇

Part 3
行銷篇

Part 4
策略篇

5-3 行銷資料科學（MDS）與大數據（Big Data）

大數據剛出現時，一度被稱為巨量資料或是海量資料，因此也讓許多人誤認為，在研究行銷資料科學時，背後的資料量要非常龐大，最好是又多、又大的「大數據（Big Data）」等級。正因如此，許多人覺得，行銷資料科學與大數據之間有著必然的關係。事實上，行銷資料科學與大數據並沒有絕對的關係。其實，縱使是小資料，也能透過分析並獲取有用資訊，進而做出相關的行銷決策。

不過，對於擁有大數據且能對加以分析的企業來說，更有機會擁有「分析優勢（Analytics-advantage）」。因此，對於推行行銷資料科學的企業而言，了解大數據有其必要性。

根據維基百科的定義，大數據意指「傳統資料處理應用軟體，不足以處理其大或複雜的資料集的稱謂」。在這個定義裡，指的是「資料量龐大到資料庫系統無法在合理時間內，進行儲存、運算、處理，分析成能解讀的資訊時，就稱為大數據」。

至於大數據的來源則包羅萬象，包括：網際網路文本和文件、社群網路資料、網路日誌、POS 系統數據、RFID 紀錄、或是人臉辨識、眼球追蹤、GPS、客服電話錄音、傳感器數據，以及天文學、大氣科學、醫療記錄，甚至是基因組學…等。

大數據的特質可用 4V 來解釋，如圖 5-3 所示：

Part 1
概論篇

Part 2
大數據篇

Part 3
行銷篇

Part 4
策略篇

⊕ 圖 5-3 大數據的 4V 特質
繪圖者：周晏汝

一、資料量大（volume：amount of data）

從位元組的次方單位來看，有所謂的 KB（10^3）、MB（10^6）、GB（10^9）、TB（10^{12}）、PB（10^{15}）、EB（10^{18}）、ZB（10^{21}）、YB（10^{24}）…等。目前所謂的大數據，資料量大概介於 PB（10^{15}），而根據統計，一家大型的電信公司，每天大概會產出數個 PB 左右的資料量。

二、速度快（velocity：speed of data in and out）

許多大數據資料是即時產生的，例如：消費者在移動過程中，所產生的「位置」資料。許多時候大數據分析的結果，也必須能即時化為行動，例如：即時根據消費者的位置給予相對應的服務，像是不久前很流行的 AR「寶可夢」抓寶遊戲。

三、性質多元（variety：range of data types and sources）

大數據的資料型態非常多元，包括結構化資料（structured data）、半結構資料（semi-structured data）和電子郵件、網頁、社群媒體、圖片、視訊和聲音等非結構資料（unstructured data）等，資料的多元性會讓儲存、挖掘和分析的難度大幅提高。

四、資料正確性（veracity：uncertainty of data）

「垃圾進，垃圾出」（Garbage in, Garbage out，GIGO）是資訊科技領域常聽到的一句話，意指將錯誤、無意義的資料輸入電腦後，不管分析工具再強大，輸出的還是錯誤、無意義的結果。

以上 4V 即是常見的大數據特質，但對於學習行銷資料科學的我們來說，擁有大數據是一件可喜的事情，但縱使只有小資料，也能透過行銷資料科學的分析，獲取有用的資訊，進而做出相關的行銷決策。

大數據的挑戰（BD challenges）

薩瓦拉賈（Sivarajah）等人於 2017 年的商業研究期刊（Journal of Business Research）中，提出了一篇分析 227 篇與大數據相關的論文，並提出大數據的挑戰與分析方法。薩瓦拉賈（Sivarajah）等人認為，大數據的挑戰可從三個層面來分析：資料挑戰（Data Challenges）、程序挑戰（Process Challeges）與管理挑戰（Management Challeges），如圖 5-4 所示。以下簡單就資料挑戰（Data Challeges）進行說明。

⊕ 圖 5-4 大數據的挑戰 BD challenges
繪圖者：張珮盈

5-3 行銷資料科學（MDS）與大數據（Big Data）

Part 1
概論篇

Part 2
大數據篇

Part 3
行銷篇

Part 4
策略篇

1. 容量（Volume）

資料量的規模，已由 TB（Terabyte）發展到 PB（Petabyte）甚至是更大的單位。而對巨量資料進行確認、處理、分析、計算、檢索等，就是一項巨大的挑戰。無論是 Facebook 每天產生超過 500TB 的數據，或是沃爾瑪每小時從其客戶交易中蒐集超過 2.5PB 的數據，這些巨量資料的產生，為大數據分析帶來新的挑戰。

2. 速度（Velocity）

大數據的資料量除了巨大，還有處理的時效問題。例如：沃爾瑪每小時即處理超過一百萬筆的交易紀錄。而為了做到即時個人化的服務，例如：在櫃檯結帳時提供個人化的折價券，速度就變成為一項重大的挑戰。再配合自行動裝置與 APP 的使用，企業可獲取更完整的顧客資料，例如地理位置、購買行為等，進而即時分析這些資料，為客戶創造價值。

3. 多樣（Variety）

資料具有多樣性，無論是結構化或是非結構化的資料，包括：文字、圖像、照片、聲音、影像、傳感器數據等。資料多樣性的背後，存在著多種不同的來源與格式，這些不同格式的資料，在蒐集、整合、分析、理解上，對企業組織形成巨大的挑戰。

4. 易變（Variability）

資料的易變性意指資料會不斷地變化。例如，Google 或 Facebook 每一秒產生與儲存著許多不同類型的數據，這些數據持續且快速地改變。此外，在執行情緒分析時，也與易變性有關。舉例來說，在同一個推文中，同一個詞可能具有完全不同的解釋。為了進行適切的情感分析，演算法必須能夠理解上下文，以及該單詞的確切含義。

5. 真實（Veracity）

使用者於社交媒體網絡上所發表的訊息，是大數據分析裡一項重要的資料來源，但因為匿名因素、捏造動機…等原因，導致這些資料未必真確。因此，在進行大數據分析時，處理不真實或是模糊的資料，是一項艱鉅的任務。

6. 可視（Visualization）

可視化意指資料的呈現方式，讓資料變的更加容易閱讀。如何讓使用者更直觀地了解資料搜尋的結果、即時監控顧客的回應，或是進行情緒分析等，可視性扮演著重要的角色。

7. 價值（Value）

價值性意指資料寶山中，存在著大量的寶藏。儘管大多數的數據，單獨來看可能微不足道，但這也考驗著分析人員是否有能力洞察出簡單數據背後所存在的巨大價值。同時，將許多單獨的數據整合之後，也可能會產生巨大的加乘效果。

SECTION
5-4 大數據有多大？

你的手機裡有 Instagram、Facebook、Line 的 App 嗎？如果你每天都有上傳照片、心情感想到這些社群網站去的習慣。基本上，你也是大數據創造者的一員。根據統計，人們每天上傳到這些網站或雲端的文件數量高達十億份、照片則有一億張，而其他的影音和金融、電信資料更不在話下了。

美國資訊專家提姆·喬西（Tim Joyce）於 2014 年，寫了一篇分析資訊儲存成本的文章，內文中提到，造成資訊大量爆發的原因，其實是資訊儲存成本的大幅降低，因為消費者的行為產生出來之後，如果無處儲存，產生出來的資料也無以分析。舉例來說，現在 1TB 的硬碟製造成本不到 100 美元，而在 1984 年，IBM 一台大型主機的四台儲存設備串連運作，每個容量只有 2.52GB，也大約只有 10G 左右的容量，而要讓這些儲存設備能夠運作，造價可是高達 5.5 千萬美元。30 多年前處理資訊的成本，與現在處理大數據，根本是天差地遠。

讓我們簡單回顧一下電腦基本容量的概念。一個 Byte（位元組），指的是資料常用的基本單位，可以表示一個數字或英文字母。而一個中文字全形字，則由 2 個 Byte 所組成。所以數字 123 等於 3 個 Byte，其中每個數字佔 1Byte。至於像是「大數據」則等於 6 個 Byte，1 個中文字占 2 個 Byte。

常見的電腦容量單位如圖 5-5 所示。

儲存單位			縮寫		數值
Byte	1B				
Kilobyte	1KB	= 1024B	K	=	10^3
Megabyte	1MB	= 1024KB	M	=	10^6
Gigabyte	1GB	= 1024MB	G	=	10^9
Terabyte	1TB	= 1024GB	T	=	10^{12}
Petabyte	1PB	= 1024TB	P	=	10^{15}
Exabyte	1EB	= 1024PB	E	=	10^{18}
Zettabyte	1ZB	= 1024EB	Z	=	10^{21}
Yottabyte	1YB	= 1024ZB	Y	=	10^{24}

⊕ 圖 5-5 常見的電腦容量單位

繪圖者：余得如

至於大數據到底有多大？有人說要達到 Terabyte（TB）等級，有人說要到 Petabyte（PB）等級才算。舉例來說，一家大型的電信公司每天則處理數個 PB 的資料量。而根據 2017 年的報導，Google 大神每天要處理超過 20 PB 的資料，換個方式來說，其每天的資料處理量是美國國家圖書館所有紙質出版物所含資料量的千倍、萬倍了。

以單位來看，一般認為能稱的上「大數據」大約介於 10 的 12 次方（TB）到 10 的 18 次方（EB）之間。事實上，目前一般企業處理的數據，能達到 GB 左右已經算是很可觀。然而，大數據最重要的不是想辦法擁有更多的數據，而要思考的是，如何在現有的數據寶山之中挖出寶石，這才是行銷資料科學真正的目的。

Part 1
概論篇

Part 2
大數據篇

Part 3
行銷篇

Part 4
策略篇

SECTION 5-5 從大數據（Big Data）到全數據（Whole Data）

被譽為資訊界的傳奇人物、也曾獲得資訊科學領域中最高榮譽圖靈獎（Turing Award）的美國資訊工程學家吉姆·格雷（Jim Gray）曾提出「科學典範（Science Paradigm）」的概念，他認為科學研究的演進，有以下四種典範[2]，如圖 5-6 所示：

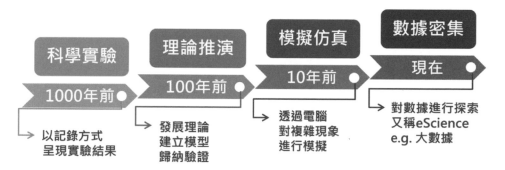

⊕ 圖 5-6 科學研究演進四典範（圖形中的時間為 2009 年前的時間）

繪圖者：周晏汝

✳ 資料來源：修改自 The Fourth Paradigm：Data-intensive Scientific Discovery（T. Hey, S. Tansley, and K. Tolle, 2009）

- 第一典範「科學實驗」：以記錄方式，呈現實驗結果，描述自然現象。

- 第二典範「理論推演」：發展理論，建立模型，歸納驗證。

- 第三典範「模擬仿真」：透過電腦，對複雜現象進行模擬。

- 第四典範「數據密集」：對數據進行探索（Data exploration），又稱 eScience。

大數據，就是屬於上述科學研究的第四典範（Paradigm）。

---

2 The Fourth Paradigm：Data-intensive Scientific Discovery（T. Hey, S. Tansley, and K. Tolle, 2009）

值得一提的是，第一典範其實是世界文明進步的開始，已存在約一千年，主要是人類以記錄方式，描述自然現象、呈現實驗結果，而這也是人類知識得以累積的重要基礎；至於第二典範，則有一百年以上的歷史，大約是工業革命之後，人類大量投入基礎研究，科學研究為藉由發展理論、建立模型的歸納驗證方式。

第三典範「模擬仿真」與第四典範「數據密集」都是利用電腦來對數據進行處理。兩者之間的差異，在於第三典範「模擬仿真」會先釐清問題並確認假設，再利用數據進行分析與驗證。至於第四典範「數據密集」，則是先有大數據，然後再透過分析，發現未知的理論。因此，第四典範的作法，不強調推論「因果（cause and effect）」，而是強調發現「相關（correlation）」。這種思維則徹底顛覆了傳統的科學研究做法。

由於現有的行銷資料常被集中在各個企業或機構的「資料倉庫」內。這些資料可能有各種來源，各種不同格式，像是各種因為不同任務需要所蒐集而來的數據、統計報告和趨勢調查等。而資料探索（Data exploration）則是由資料科學家根據各方收集而來的資料，形成真實分析的一種資訊探索方式。

舉例來說，目前各式各樣混亂、毫無結構的人類各種活動的痕跡，正由各種工具如 Facebook、Instagram 和 Youtube 記錄下來，而藉由探索性資料分析（Exploratory Data Analysis, EDA）這種視覺化和統計分析工具，找出其中的關連，正是大數據分析或行銷資料科學的基本精神所在。

此外，第四典範「數據密集」的研究概念，更強調以完整的數據來進行分析，只要數據是真實的，我們就能透過分析工具，了解資料背後的可能存在的各種行為，進而找出其行為模式。唯其中包涵兩個層次，一是資料蒐集時，不僅是「大」，而是「全」（意即真實且完整）。其次，由於現行分析工具越來越強大，以前企業可能無法顧及末端的消費者（交易次數少、金額低），而只聚焦前端的顧客，現在拜大數據之賜，可以掌握「全部」的個別消費者的交易數據，企業甚至可以觀察到個別消費者的動態。如果某一消費者的交易突然靜止好一段時間，企業就可以盡快推出一對一行銷，將此顧客設法保留在會員名單內，而非坐令其流失。這也是從大數據（Big Data）到全數據（Whole Data）的基本概念。

Part 1
概論篇

Part 2
大數據篇

Part 3
行銷篇

Part 4
策略篇

SECTION 5-6 ：大數據的五大管理挑戰

在麻省理工學院執教的安德魯‧麥克菲（Andrew McAfee）與艾立克‧布林約爾松（Erik Brynjolfsson），於 2012 年 10 月份的《哈佛商業評論》裡，發表了一篇文章「大數據：管理的資訊革命（Big Data：The Management Revolution）」，文中直指大數據世代面臨五大管理挑戰：

挑戰 1：領導

事實上，到目前為止，大部分的管理者在做決策時，還是依賴經驗與直覺。然而在大數據世代下，企業要能結合資料分析結果，做出理性的決策。亦即從「最高層決策的個人意見導向決策（Highest Paid Person's opinion Driven Decision-Marking，簡稱 HiPPO）」轉向「資料導向決策（Data Driven Decision-Making，簡稱 DDD）」（如圖 5-7 所示）。由於 HiPPO 的縮寫，有河馬英文之意，因此過去常常被戲謔為「河馬決策導向」。

↑ 圖 5-7 從 HiPPO 轉向 DDD

繪圖者：張庭瑄

挑戰 2：人才管理

大數據世代下的資料科學家（Data Scientist），需要具備統計、電腦科學、產業知識，甚至要有行銷涵養（Marketing Data Scientist，行銷資料科學家）。這類的人才難尋，也難以培養。而湯馬斯・戴文波特（Thomas H. Davenport）與帕蒂爾（D.J. Patil）曾在《哈佛商業評論》裡發表過「資料科學家：21 世紀最誘人的職缺（Data Scientist：The Sexiest Job of the 21st Century）」來描述這類人才的稀有與前瞻。

挑戰 3：技術

先前曾提到大數據的 4V 特性：資料量大（volume：amount of data）、速度快（velocity：speed of data in and out）、性質多元（variety：range of data types and sources），以及資料正確性（veracity：uncertainty of data），這些特性導致在進行大數據分析時，需要擁有許多的技術。這些技術很新，但大多數都可透過網路自學而得。相關的從業人員需要有強烈的學習心，以及足夠的能力進行自學。

挑戰 4：決策

在大數據的環境下，企業在發現問題與決解問題的過程中，以及獲得資料、分析資料與呈現資料的程序裡，牽涉到許多不同的部門。為了能做好決策，企業應創造出一種具開放性、有彈性的組織。該組織並能有效打破企業裡的「本位主義」，並促使各部門展開跨職能的合作。

挑戰 5：企業文化

大數據世代下，企業必須先改變自身的文化。過去的決策方式，是以最高主管的指示為原則，然後尋找支持該項決策的相關資料，做為輔證。現行決策方式，應改以資料為原動力，擺脫依直覺與經驗行事的慣性。

值得注意的是，諸多證據顯示，根據資料所作的決定，通常是比較好的決定。管理者若不接受資料所呈現出的「事實」，遲早將會被接受事實的人所取代。

在大數據世代，懂得結合產業知識與資料科學的公司，一定會脫穎而出！

Part 1
概論篇

Part 2
大數據篇

Part 3
行銷篇

Part 4
策略篇

SECTION 5-7 有效運用「小資料」 比導入「大數據」更重要

大數據風起雲湧，讓許多公司也開始大手筆投資「大數據」，像是增聘人員、買設備、買軟體，但效果可能不如預期。這樣的結果，來自於大多數的公司還是依賴以經驗直覺做決策，未善用內部已有的資訊。同時，也未養成「資料導向（Data Driven）」的決策文化。

為了解決這個問題，企業應先體認到，很多決策無關乎「大數據」，反而與「小資料」有關，而且對於大多數的企業來說，其實並未擁有真正的「大數據」資料。企業應授權基層員工，善用內部已有的資料來進行決策。

珍‧羅斯（Jeanne W. Ross）、辛西雅‧比思（Cynthia M. Beath）和安‧闊格拉斯（Anne Quaadgras）在 2013 年 12 月的哈佛商業評論（HBR）上，發表了一篇文章「誰需要巨量資料？」，文中以日本的 7-Eleven 為例，提到執行長鈴木敏文（Toshifumi Suzuki）認為，存貨週轉率是 7-Eleven 獲利的關鍵。因此，他將下訂單這個重要的決策，交由店裡的 20 萬名店員來執行，而這些人多數竟然還是工讀生。鈴木敏文認為，這些現場的員工才是真正了解消費者的人。7-Eleven 將每日銷售報表與天氣預測的資料，提供給這些第一線的員工，讓他（她）們做好進貨的決定，例如預報下午可能會下雷陣雨，店員就可以在下雨前，就先把雨衣、雨傘擺出來，以提高顧客買走的機會。而這樣的做法，也是 7-Eleven 獲利良好的原因之一，如圖 5-8 所示。

上述故事，在凸顯授權基層員工，並善用內部資料來進行決策的重要性，而這樣的做法，除了優化日常營運決策，也促使企業不斷地創新。一樣以日本 7-Eleven 為例，每年上架的新產品，有七成源自於第一線員工能回饋顧客的偏好而設計出來的。

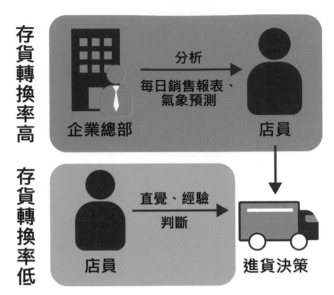

圖 5-8 7-Eleven 進貨決策範例
繪圖者：張庭瑄

為了讓員工能有效運用「小資料」，企業應對現有的「資料管理制度」加以盤點與設計。舉例來說，安泰保險（Aetna）就曾發生過，公司年虧損三億美元，但各單位的報表卻都呈現獲利的狀況。如果做好資料管理，這種情形應不致於發生。

同時，在資料使用方面，企業應建立明確的流程與制度，並將流程納入資訊系統，讓員工能透過資料做好決策。例如：優化客戶抱怨之處理流程，並透過資訊系統，提供員工即時資訊，協助員工做好抱怨補救決策；在績效管理方面，企業可建立明確的績效衡量標準，每日提供績效指標資料給每一個員工，讓每個人即時瞭解自己的績效狀況，以及團隊的績效狀況；在教育訓練方面，企業應定期提供「資料管理」相關的教育訓練，讓大家從強調經驗的直覺決策，改為資料導向的決策方式，如圖 5-9 所示。

Part 1
概論篇

Part 2
大數據篇

Part 3
行銷篇

Part 4
策略篇

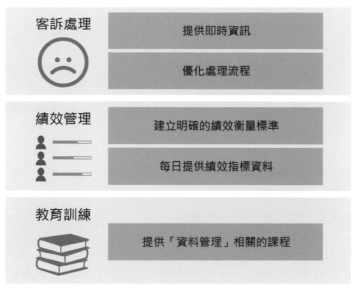

圖 5-9 有效運用「小資料」
繪圖者：余得如

要建立起「資料導向（Data Driven）」的決策文化，須一步步做起，讓員工先有效運用「小資料」，比起盲目導入「大數據」更形重要。

大數據分析是工業 4.0 與服務 4.0 的重心

商業競爭在大數據時代來臨後，未來競爭更加激烈，特別是服務業也將進入「服務 4.0」時代。

「服務 4.0」這個概念乃是由「工業 4.0」類比而來。工業 4.0 強調「智慧化」生產，讓企業透過「感知器（物聯網）」，收集「大數據」，並進行分析，進而改善生產流程，發展新產品與新服務。

至於服務 4.0，根據台灣科技大學資管系盧希鵬教授的說法，服務 4.0 強調「個人化（非客製化）」。他認為，個人化是參與出來的。他以智慧型手機為例，剛買的手機是「標準化」的，但使用了一段時間後，就變成「個人化」。時間一久，你絕對不會想把手機借人家，因為裡面有太多自己的資訊。所以，服務 4.0 強調，透過掌握個人化的資料，來提供個人化的服務，而這些資料的彙集就是「大數據」。所以，大數據分析是工業 4.0 與服務 4.0 的重心。

然而，對企業經營者來說，以上的概念，有什麼管理意涵？

先來看一個案例，消費者搭飛機準備長程飛行時，剛開始都會把座椅按鈕調來調去，因為總覺得左躺不舒服、右躺也不對勁，要過了一段時間才會感覺比較舒坦。此時，座位下如果有個感測器，將最舒服的角度偵測並記錄下來，凡是消費者起身後再回座，或者下次再訂位時，電腦系統都能自動依訂位紀錄，一上機後就由系統主動調控出座椅的最佳角度，相信消費者一定會對這家航空公司的服務刮目相看。

另外，美國國家科學基金會智慧維護系統（IMS）研究中心主任李傑，在他所著的《工業大數據》這本書中也指出，在工業 4.0 的概念下，一家「床墊公司」透過「重新定位」自己，搖身一變成為「睡眠管理公司」。因為透過物聯網，感測顧客的睡眠狀態，並配合大數據分析，提出專業的睡眠改善建議。

而這家床墊公司重新定位自己之後，還可以與工業研究單位、感測器供應商、數據分析商、資訊服務商、睡眠醫學中心、醫院和顧客等相關利害關係人合作，建立起自己的睡眠管理「商業生態系」，往後可以再往週邊產業發展，相關商機的大門一下子全部大開。公司就不會只為消費者買了一張床墊後，往往要再隔數年才會再上門光顧而大傷腦筋了。

同樣地，對服務業者來說，以文教產業為例，企業也可以重新定位自己，成為「學習管理公司」。再透過產品服務創新，累積大數據，並與相關利害關係人，例如學校、老師、教材設計商、教具製造商和通路商合作，發展出自己的「商業生態系」。這就是透過大數據分析所進行的企業轉型與價值創新。

MEMO ...

大數據行銷分析工具

- ☑ 一覽工具箱全貌 — 行銷分析工具簡介
- ☑ 投注廣告前，先學廣告分析（Advertising Analytics）
- ☑ 顧客關係管理分析再檢視（CRM Analytics）
- ☑ 零售分析（Retail Analytics）
- ☑ A/B 測試（A/B Testing）
- ☑ 行銷組合（Marketing Mix）
- ☑ 個人化（Personalization）
- ☑ 線上評論分析（Online Review Analytics）
- ☑ 市場區隔（Segmentation）
- ☑ 再行銷（Retargeting）
- ☑ 行為側寫與行為定向（Behavioral Profiling and Targeting）
- ☑ 推薦系統
- ☑ 關鍵字搜尋分析（Keyword Search Analytics）
- ☑ 全球定位系統與行動設備分析（GPS and Mobile Analytics）
- ☑ 成交路徑（Path to Purchase）
- ☑ 網站分析（Web Analytics）
- ☑ 社群分析（Social Analytics）
- ☑ 歸因分析（Attribution Analytics）
- ☑ 競爭智慧（Competitive Intelligence）
- ☑ 趨勢分析（Trend Analytics）
- ☑ 情感分析（Sentiment Analytics）

一覽工具箱全貌 —— 行銷分析工具簡介

所謂「工欲善其事，必須利其器」。要分析大數據，需要有一定的工具。我們先前介紹過資料不同的類別屬性，從內部（Internal）資料到外部（External）；從結構性（Structured）到非結構性（Unstructured）等。學者威德爾（Wedel）與康納（Kannan）（2016）則依據資料屬性的差異（包括「內部」與「結構性」的資料來源，以及「外部」與「非結構性」的資料來源），將常見的行銷分析工具，描繪出以下的圖形，如圖 6-1 所示。

⊕ 圖 6-1　大數據行銷分析工具
繪圖者：王舒憶

＊ 資料來源：Wedel, Michel and P.K. Kannan（2016），"Marketing Analytics for Data-Rich Environments," Journal of Marketing, 80（November），97–121.

從圖中可以發現，行銷分析工具分布的背後，從左邊偏向「內部（Internal）」與「結構性（Structured）」的資料來源，擴散到右邊偏向「外部（External）」與「非結構性（Unstructured）」的資料來源。

舉例來說，最右邊、下方的「廣告分析（Advertising Analytics）」，資料來源即以「內部資料（Internal）」與「結構性資料（Structured）」為主，而最左上角的「情感分析（Sentiment Analytics）」，資料來源即以「外部（External）」與「非結構性（Unstructured）」為主。

這樣的圖解對於企業界來說，有很大的幫助。首先，根據資料的屬性，用行銷分析工具進行整理，背後意指企業必須先擁有「資料」，才能進行「分析」。然而，在實務上，許多企業不管是對「內部資料」或是「外部資料」，還是「結構化資料」與「非結構化資料」，事實上，都未能有計畫地進行資料的儲存和管理。

其次，在做行銷分析時，許多企業並不清楚可以運用哪些工具協助進行分析，這張圖無疑提供了一個清楚的方向，讓企業可以依此找到好工具。

至於想要學習行銷資料科學的讀者來說，提供了具體的學習項目。學會使用這些工具後，也代表在行銷資料科學上，擁有了一定的專業。

我們接著將資料、演算法、功能、分析工具之階層關係，整理成圖 6-2 所示。首先，最底層為資料層，這些資料包括內部資料、外部資料、結構性資料、非結構性資料等。接著是演算法層，包括決策樹（Decision Tree）、Apriori 演算法、K- 平均（K-means）、單純貝氏（Naïve Bayes）、支持向量機（SVM）等。再上一層，則為功能層，內容主要在談分類、聚類、關聯、網路、預測等。

最上層則為行銷分析工具層，常見的行銷分析工具如下，如圖 6-2 所示。

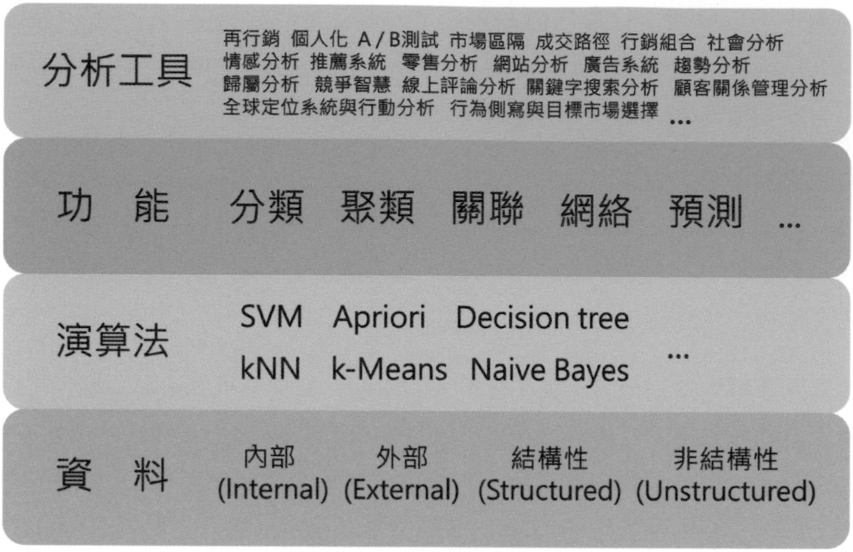

圖 6-2 行銷分析階層
繪圖者：王舒憶和趙雪君

1. 廣告分析
   （Advertising Analytics）

2. 顧客關係管理分析
   （CRM Analytics）

3. 零售分析（Retail Analytics）

4. A/B 測試（A/B Testing）

5. 行銷組合（Marketing Mix）

6. 個人化（Personalization）

7. 線上評論分析
   （Online Review Analytics）

8. 市場區隔（Segmentation）

9. 再行銷（Retargeting）

10. 行為側寫與目標市場選擇
    （Behavioral Profiling and
    Targeting）

11. 推薦系統（Recommendations）

12. 關鍵字搜尋分析
    （Keyword Search Analytics）

13. 全球定位系統與行動分析
    （GPS and Mobile Analytics）

14. 成交路徑（Path to Purchase）

15. 網站分析（Web Analytics）

16. 社會分析（Social Analytics）

17. 歸因分析
    （Attribution Analytics）

18. 競爭智慧
    （Competitive Intelligence）

19. 趨勢分析（Trend Analytics）

20. 情感分析
    （Sentiment Analytics）

圖 6-2 的概念，說明這些行銷分析工具與功能、演算法，以及資料之間的關係。以「推薦系統（Recommendations）」為例。推薦系統能根據消費者過去的購買行為，或是在網站上的瀏覽行為，向消費者推薦其可能會感興趣的商品資訊。它最常使用到的功能為「關聯分析（Associative Analysis）」，關聯分析能協助我們從資料庫中，找出某些產品之間所存在的關聯性，而關聯分析背後最常用到演算法為「Apriori 演算法」。最終，透過演法算分析過去消費者個人或是他人的購買資料，即可向消費者推薦他可能會感興趣的商品資訊。

Part 1
概論篇

Part 2
大數據篇

Part 3
行銷篇

Part 4
策思篇

投注廣告前，先學廣告分析（Advertising Analytics）

企業過去對廣告常常是又愛又恨，因為好的廣告會讓企業財源廣進，但隨著媒體越來越多元，常常投下大筆廣告費後，卻沒有相對帶來營業收入，美國廣告顧問韋斯‧尼可斯（Wes Nichols）在 2013 年 3 月的哈佛商業評論（HBR）中，發表了一篇文章「廣告分析學 2.0（Advertising Analytics 2.0[1]」，談到如何透過廣告分析，具體提升廣告的效益。

他說，大家可以先試想一個情境，一位消費者在手機上看到一則某款汽車的廣告，之後他透過 Google，搜尋該款汽車的評鑑。後來，他在開車時，偶然看到路邊 T 霸上該款汽車代理商的廣告。又過了幾天，他在家裡點選 YouTube，查看該款汽車的廣告影片。之後沒有多久，剛好該款汽車公司在電視上推出限時優惠的廣告。於是他便上網查詢附近的汽車代理商，並且進行試車，最後購車。

這樣的故事，其實透露出各種廣告之間彼此間交互影響。過去，企業很難衡量這些廣告交互影響的程度。現在，透過廣告分析則有機會釐清彼此的關係，進而協助企業，在有限的廣告預算下，達成銷售最大化的目的。

尼可斯（Nichols）在文章中，就以一家公司為例來說明廣告分析的效益。該公司透過廣告分析技術，發現某項新產品的廣告預算中，電視廣告高達 85%，而 YouTube 廣告預算雖然只佔 6%，但卻可促使消費者進行網路搜尋並且進行購買，其效用更是電視廣告的一倍。分析後同時發現，在整體廣告預算中，搜尋引擎廣告只占 4%，卻能為公司帶來 25% 的銷售業績。同時，如果重新分配廣告預算，在不增加廣告預算的前提下，讓營業額增加了 9%，如圖 6-3 所示。

1   Nichols, Wes （2013）, "Advertising Analytics 2.0," HBR, 2013.3 黃秀媛譯,「廣告分析學 2.0」，哈佛商業評論全球繁體中文版，2013 年 3 月。

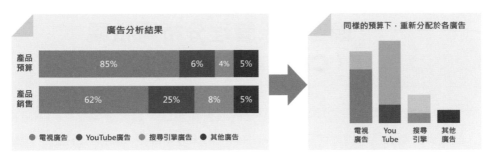

Part 1
概論篇

Part 2
大數據篇

Part 3
行銷篇

Part 4
策略篇

⊕ 圖 6-3 廣告之間的互動對營業額的影響

★ 資料來源：Nichols, Wes（2013），"Advertising Analytics 2.0," HBR, 2013.3

至於廣告分析的執行，尼可斯（Nichols）指出，在分析作業時，背後運用的統計模型可能超過數百種，而優點是企業還能即時看出某支新的電視廣告，如何影響消費者的網路搜尋，並使企業立即修改關鍵字搜尋的競價策略。

最後，尼可斯（Nichols）提到，企業在推行「廣告分析」時，能有最高負責人的支持非常重要，最好還能找到具有分析學概念的人來擔任主持人。對於剛準備進入廣告分析的企業來說，建立持續蒐集資料的系統，然後從小規模的範圍做起，不斷地進行測試，等到有了成效再慢慢擴大範疇，會是比較可行的做法。

顧客關係管理分析再檢視
（CRM Analytics）

為了讓顧客在採購流程中，得到最好的服務和體驗，目前企業幾乎無不竭盡所能要做好顧客關係管理（Customer Relationship Management, CRM），但是進入大數據時代，要做好 CRM，卻得從顧客關係管理分析（CRM Analytics）做為起步。

零售業者有一句話說「擁客戶則擁天下」。傳統 CRM 根據客戶的消費數據，從分析、制訂行銷策略與內容、管理會員積分與等級、到刺激用戶回購，這些都是 CRM 基礎功能。但隨著技術發展與市場環境快速改變，企業必須要了解更複雜的消費者特徵，掌握更多與消費者接觸的接觸點，研究更多元的商業模式，以及蒐集更大量的消費資料，間接也形成對傳統 CRM 的挑戰。

讓我們先回顧一下，「顧客關係管理」乃源自於關係行銷、資料庫行銷、一對一行銷等概念。背後的核心概念，在於透過資訊科技了解顧客需求，提供顧客量身訂製的產品與服務，並提升顧客服務品質，以增加顧客滿意度與忠誠度。常用的顧客關係管理技術，分為「前端顧客關係管理技術」及「後端顧客關係管理技術」，如圖 6-4 所示。

顧客關係管理的前端技術，包括電話客服中心（Call Center）、企業網站、物聯網和銷售時點系統（POS 系統）等，主要是利用與顧客接觸的當下，蒐集顧客交易和相關資訊。而後端技術，則包括資訊儲存、資訊分析以及資訊應用三個階段。

資訊儲存階段，透過資料庫、知識庫或是資料倉儲（Data Warehouse）的建置，將所蒐集的資料儲存下來。資訊分析階段，則在透過資料探勘（Data Mining）技術，分析出顧客的行為模式。最後，在資訊應用階段，將所分析出的模式，透過線上分析處理（Online Analytical Processing, OLAP）、決策支援系統或是高階主管資訊系統，呈現給主管，協助主管做好決策。

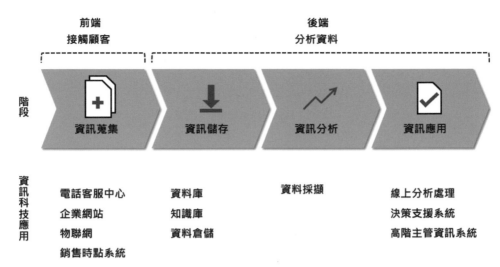

Part 1
概論篇

Part 2
大數據篇

Part 3
行銷篇

Part 4
策略篇

（↑）圖 6-4 CRM 技術應用架構

繪圖者：余得如

好了，說了這麼多，各位有沒有發現到，以上的內容主要是以軟硬體為主，但核心概念，其實就是資料「蒐集、儲存、分析和應用」四個部分。以資料蒐集來說，千萬不要忽視它的重要性，因為後續的分析得依賴資料的品質，所以千萬記得第一層一定得做好，才能確保後續階段能夠有較好的輸出與結果。

「顧客關係管理系統」可以協助企業分析消費者行為，了解消費者的需求，預測消費者未來消費的可能時點，讓他們不斷回流並成為忠誠顧客。而這些都必須透過事前的資料蒐集、彙整、分析，並且靈活應用才有辦法達成。很重要的是，要做好 CRM，擁有高階主管的支持非常重要，如果只是單純依賴資訊部門，恐怕只會鎩羽而歸。

零售分析（Retail Analytics）

2017 年 7 月 8 日，無人商店淘寶會員店（Taocafe，淘咖啡）在中國杭州開幕。2018 年 1 月 29 日，台灣 7-ELEVEn 首家無人店「X-STORE」也在統一企業總部開放給內部員工使用。在美國，位於西雅圖的亞馬遜（Amazon）總部，經過兩年內部的試營運，無人便利商店 Amazon Go 正式於 2018 年 1 月 22 日開幕。自此，「無人商店」的概念，正式走入你我的生活。

以 Amazon Go 為例，消費者只要擁有亞馬遜既有的帳號，並下載 Amazon Go 專屬的 App，就能直接進行消費。當消費者走進這家無人商店時，先在入口處掃描 Amazon Go 的 App，就可以進去選購商品，並將商品放到包包裡，然後走出商店，自動完成結帳扣款。為了達到這樣的境界，商店內裝設了眾多的攝影機，貨架上也有重量感測器，再透過背後的機器學習演算法進行人體與商品的辨識，最終達成「無人」結帳的目標。

只是，縱使做到如此，Amazon Go 還不能真正地被稱為是無人商店，因為店內仍須有廚師料理生鮮食品，員工必須將商品上架，但這樣的做法已經顛覆了傳統商店的營運模式，也為行銷資料科學的應用，展開一個新頁。

有人說，零售業是最有趣的行業，因為涉及的品項最廣，也是最能接觸到顧客真實喜好的產業。雖然零售業目前已開始仰賴大數據分析，然而，當零售業從「有人店」進展到「無人店」，大家現在就可以想像一下，屆時無人店會用到多少數據分析？要解答這個問題，不妨先回過頭來，重新檢視一下零售分析（Retail Analytics）就可以知道答案了。

零售分析的主要的目的，在於透過資訊科技與資料科學技術，協助零售商進行營運管理、供應鏈管理、商品管理、人員管理、促銷管理、顧客管理等，以降低營運費用，提高利潤，如圖 6-5 所示。以下是各項目功能的簡單說明。

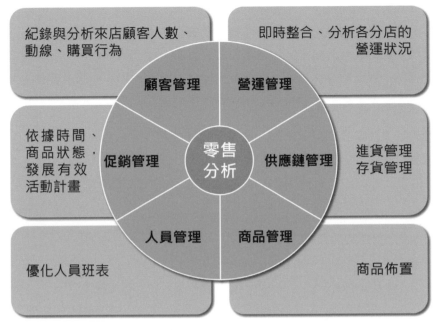

紀錄與分析來店顧客人數、動線、購買行為

即時整合、分析各分店的營運狀況

依據時間、商品狀態，發展有效活動計畫

顧客管理　營運管理

促銷管理　零售分析　供應鏈管理

進貨管理存貨管理

人員管理　商品管理

優化人員班表

商品佈置

⊕ 圖 6-5 零售分析

- 營運管理：即時整合、分析各分店的營運狀況，並協助給予決策建議。

- 供應鏈管理：做好賣場的進貨管理與存貨管理。

- 商品管理：讓商品能擺放到最佳位置，做好商品佈置。

- 人員管理：優化人員班表管理，避免結帳時大排長龍，或是產生服務人員閒置。

- 促銷管理：根據不同時間（季節、節慶、天氣…等）、不同商品狀態（淡旺季、保存期限…等），發展有效的促銷活動計畫。

- 顧客管理：記錄與分析來店顧客人數、動線、購買行為等。

消費者一旦進入店內，就有攝影機和感測器（也就是俗稱的「刷臉機」）開始對消費者進行身分識別，判斷該消費者是會員或非會員？是貴客或常客？然後，系統開始記錄與分析來店的顧客人數、動線、個別購買行為等結構性與非結構性資料，甚至當消費者還在店裡時，手機上就收到零售商根據數據分析而傳送的個人化優惠券。

過去，零售業很依賴 POS 機，因為可以即時整合、分析各店的狀況。到了現在（甚至是無人店）影像追蹤技術的出現，為分析顧客進店行為和商品推廣工作提供了新的方法，而行銷資料科學則用來協助零售商更了解消費者行為。

Part 1
概論篇

Part 2
大數據篇

Part 3
行銷篇

Part 4
案例篇

SECTION
6-5

A/B 測試（A/B Testing）

過去在進行網頁設計時，通常是透過設計者或是網站主管本身的認知，來決定版面的設計。但是，這樣的設計概念有時難免流於主觀，或者根本不受網友的青睞。為了更貼近消費者的想法和使用習慣，現在常用「A/B 測試（A/B Testing）」來驗證。基本上，A/B 測試是一種透過分析使用者瀏覽的狀況，來優化網頁、APP 介面、網路廣告等頁面設計的方法。

以往在設計網頁時，因為不曉得使用者的瀏覽偏好，通常只能用猜測的方式，來捕捉使用者的喜好。然而這樣的設計方式，因為缺乏明確準則，再加上個人主觀想法的差異，常導致使用者搖頭。結果就是對設計者友善，而非對使用者友善。

執行 A/B 測試時，網站常會依圖案、文字編排、按鈕顏色和版面設計…等，設計出兩款介面，分別為「實驗組」與「對照組」。當使用者們進入網站後，會輪流看到兩種不同的介面，而每個人在網頁內的動作，都會被記錄下來。之後，企業再對這些紀錄進行分析，就可以了解使用者在 A 或 B 版的點擊、瀏覽、停留時間、購買…等行為上的狀況，進而作為調整版面設計的依據，如圖 6-6 所示。

使用 A/B 測試的另外一個好處是可將廣告做小範圍的投放。企業可利用 A/B 測試了解使用者對新服務、新廣告、新產品的喜好，之後再進行網頁改版或是大規模廣告投放。

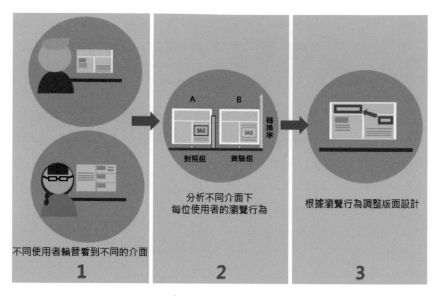

圖 6-6 A/B 測試

繪圖者： 余得如、王彥琳

 貝佐斯（Bezos）著手改造華盛頓郵報

美國電子商務巨擘亞馬遜的執行長貝佐斯，在 2013 年，以 2.5 億美元收購頻臨倒閉的華盛頓郵報。然後，在不到三年的時間裡，貝佐斯徹底改變了這家有著 140 年歷史的報紙，讓它成為一家兼具媒體與技術底子的新公司。

《華盛頓郵報》是美國華盛頓哥倫比亞特區中，最近具影響力與發行量大的報紙之一，它擅長報導美國國內政治動態，自由派和保守派人士均在華盛頓郵報撰寫專欄。目前也是擁有流量最大新聞網站之一。

談起這家報社的驚人歷史，曾經揭發「水門案」，先後獲得 47 座普利茲新聞獎的表現，總是讓媒體圈豎起大姆指。但是它卻在二〇〇九，第二次網路經濟崛起後，開始走下坡，當時接手的葛拉漢家族，在報份急遽下挫的情況下，只好將這家相當具有份量的傳媒，轉賣給電商巨擘亞馬遜。

一般說來，商界人士會買下媒體，主要都看中其在政治圈的影響力，但亞馬遜的執行長貝佐斯接手華郵後，卻沒有涉入華盛頓郵報的編輯政策。反而是著手改造華盛頓郵報的體質，並重新將其定位為「媒體與技術公司」。

貝佐斯採取了兩項作法，先是大量招募軟體工程師，人數高達七百人，這個規模已不亞於矽谷任何一家軟體公司；其次華盛頓郵報全新開發了一套名為 "Arc" 的軟體，為出版業提供數據分析與行銷的功能，達到由資料驅動（data-driven）新聞決策的目的。

這套軟體採取的方法，主要是透過 A/B 測試。舉例來說，同一則發出的新聞，會有不同的版本（包括不同的標題、圖片、故事框架⋯等），數十秒之後，根據對上線讀者瀏覽行為所進行的數據分析結果，後台的電腦便即時將新聞更換成最受歡迎的標題、圖片與故事框架，如圖 6-7 所示。

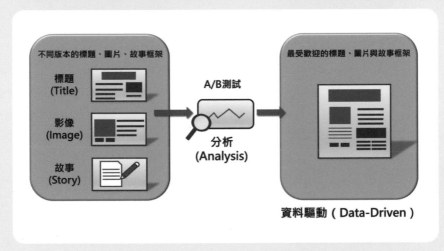

⊕ 圖 6-7 資料驅動（data-driven）新聞決策概念
繪圖者：王彥琳

貝佐斯曾經說過，他不懂媒體，但是他懂網際網路，貝佐斯加入華盛頓郵報之後，也讓華郵脫胎換骨，讓這家傳媒招募軟體工程師也更加容易，有員工就形容，就好像麥可・喬登突然半夜跑來加入自家籃球隊，讓成績突飛猛進。

在網路興起後，不少社群媒體，像是 Facebook 採用加速新聞載入技術，大量截取傳統媒體的報導，吸走許多報紙讀者，導致不少報紙只能放棄經營。但貝佐斯則改變作法，強化了技術，再結合了亞馬遜 Prime 在全美六千四百萬名購物會員制度，加上以社群、搜尋引擎和電子報進行行銷，這樣的結果，讓華盛頓郵報的讀者數量激增。到了 2015 年 10 月，華盛頓郵報在美國的網路流量，就正式超越了紐約時報。

 ⏴ **貝佐斯如何徹底改造華盛頓郵報的報導**

https://www.businessinsider.com/how-the-washington-post-changed-after-jeff-bezos-acquisition-2016-5

史丹佛大學博士，微軟分析與實驗團隊總經理朗・柯哈維（Ron Kohavi）曾和他的同事鄧（Alex Deng）、羅傑・龍波贊（Roger Longbotham）以及徐雅（Ya Xu）在 2014 年的 Knowledge Discovery and Data mining 研討會發表論文指出，要改變一個網站，最好先用一小群的樣本使用者來加以測試，因為如果網頁改變，而消費者不買單，你等於冒著風險，讓所有用戶都得到不佳的使用經驗。

柯哈維與其團隊曾發表的七個網站測試準則[2]：

1.　小改變就會帶給關鍵指標大衝擊

　　柯哈維舉例，2004 年 Amazon 將信用卡優惠從首頁移到結帳頁面，並加上文字說明，告知消費者如果採用 Amazon 的 Visa 信用卡消費，可以省下多少錢。只因為這個小小改變，Amazon 每年多賺了數千萬美元。

2　https://pdfs.semanticscholar.org/6f04/e87157ca2aeeedd7fb7867a9f94aafb44578.pdf

Part 1
概論篇

Part 2
大數據篇

Part 3
行銷篇

Part 4
策略篇

2. 改變，很少能一次就對關鍵指標產生大的正面影響

任何一個網站的測試與改版，想要一次就產生大的正面影響幾乎不可能，但是，小改變卻可以逐漸累加。

3. 每個人的進度都不相同

在網站測試上，有一個很重要的觀念就是，在 A 網站測試成功，在 B 網站未必一樣有效。

4. 速度很重要

使用者對網站的速度非常在意。柯哈維表示，他們曾在 Bing 做過一次反向的減速測試，實驗只降低 100 到 200 毫秒，以非常輕微的比例減慢，但結果卻造成非常巨大的影響。以 Bing 為例，每增加 100 微秒的速度，就可增加 0.6% 的收入。

5. 要降低「使用者放棄率」很難，要改變「使用者點擊」很簡單

要讓使用者在一個網頁上多點幾下，很困難，但是要讓使用者點擊同一個頁面上不同的地方，就簡單的多。

6. 避免複雜的設計

對於網站測試來說，越簡單越好。最好的測試就是只有 A/B。無論是 A/B/C 或 A/B/C/D，甚至是更複雜的測試，對企業來說，幫助都不大。

7. 要有足夠的測試使用者

沒有足夠的使用者，就無法得到準確的結果。至於需要多少使用者才夠？取決於所欲進行測試的實驗，背後相關「因子」的多寡。

行銷組合（Marketing Mix）

行銷組合就是俗稱的 4P，是企業在推展行銷活動時的重要工具，整個架構由：產品（Product）、價格（Price）、通路（Place）和推廣（Promotion）四個 P 所構成。以下簡單就行銷資料科學在行銷組合上的應用加以說明。

1. 產品：企業蒐集消費者的使用資料後，可以藉由這些資料，開發出所謂的「資料產品」，然後再回頭提升消費者的服務品質，形成良性循環。例如：在台灣很受歡迎的 Gogoro 的電動機車就不只是電動車，其背後還建構出龐大的「資料產品」體系。Gogoro 透過大數據分析的應用，進一步分析騎士「換電池」的行為，不但提升服務，還為自己公司發展出節能方案，以調節能源的供需。

2. 價格：行銷資料科學在價格上的應用，最常見的就是「動態定價」。透過演算法的分析與預測，能協助企業即時提供不同的價格，以增加企業的獲利。例如：訂房網站可針對同一間飯店、同一間房間，在不同時間（或其他條件下），即時訂定不同的價格，供消費者選擇，也提升自己的獲利。此外，動態定價亦能協助企業調節存貨，以降低存貨成本。

3. 通路：行銷資料科學能讓發展全通路策略的企業，在商流、物流、金流以及資訊流上，真正地做到無縫接軌。讓消費者在整個顧客體驗（購前、購買與購後階段）的過程中，無論是在實體通路或網路通路上，都能夠產生綜效。

4. 推廣：行銷資料科學有助於精準行銷的落實，為個別的消費者，推出個人化的行銷方案。透過行銷資料科學的協助，連鎖賣場企業能在消費者準備結帳時，發送個人化的優惠券給他（她），也能預測消費者未來可能的消費需求，再進一步提早寄送個人化的優惠方案。更重要的是，這樣的推廣（Promotion）成效非凡，大幅增加企業的業績。

最後，有關行銷資料科學在行銷組合上的應用，將於第九章、第十章詳細說明。

Part 1
概論篇

Part 2
大數據篇

Part 3
行銷篇

Part 4
策略篇

SECTION
6-7

個人化（**Personalization**）

企業在發展行銷方案時，通常會先透過「市場區隔」，找到「目標族群」，發展「定位策略」，再透過所謂的「4P 行銷組合」，來滿足消費者的需求。而當市場區隔的範疇，小到以個人為單位，企業企圖滿足個別客戶的需求，這就是個人化（Personalization）。

我們之前曾提到學者魏德爾（Michel Wedel）和康納（Kannan）指出，個人化可以簡略分成拉式、被動式和推式個人化三大類。而依其粗細程度，還可各再分成三級：（1）大規模個人化，即所有消費者都接受相同的產品或行銷組合，即將品味取平均值後再進行個人化；（2）區隔式個人化，區隔出具有同性質偏好的消費者群體，並且對其中一個細分市場中的所有消費者，以行銷組合進行個人化；（3）個人級個人化，依據消費者的個人品味和行為，訂做不同行銷組合的產品或元素。

從資訊角度看，個人化是透過蒐集與個人相關的資料，並進行分析，進而為個人提供專屬的資訊與服務。例如：當使用者進入網站時，該網站能依使用者過去瀏覽或交易所留下的數據，進而呈現出個人化的訊息。這些訊息包括推薦適合自己的個人化產品（透過產品之間的關聯分析獲得），或是根據消費者所處的地點「全球定位系統（Global Positioning System，GPS）」提供個人化的資訊與服務。例如：進入國外網站時，網頁主動轉換成使用者所在國家的語言，或是到了某個賣場，即時提供賣場的折價券。

與個人化類似的一個概念稱為客製化（Customization）。個人化與客製化兩者的概念有所不同。根據國家教育研究院「圖書館學與資訊科學大辭典」的定義[3]，個人化（personalization）指的是「針對使用者的個別需求，資訊系統能夠提供『因人而異』的特定內容、服務或使用環境」。舉例來說，亞馬遜

3　http://terms.naer.edu.tw/detail/1678981/

（Amazon.com）根據消費者購買紀錄推薦客戶可能感興趣的商品。客製化（customization）則是「提供使用者可程式化的資訊環境，使用者能夠自行調整系統的設定，以建立『量身訂做』的使用介面、環境或資料內容及呈現的方式」，例如：iGoogle（www.google.com/ig）讓使用者自訂介面，如圖 6-8所示。

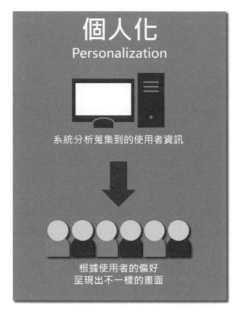 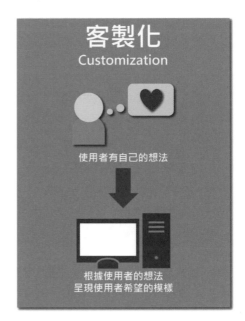

🔼 圖 6-8　個人化與客製化之差異

有趣的是，關於個人化與客製化還有其他不同的定義。台灣科技大學特聘教授盧希鵬曾經指出，利用少量多樣概念和製造技術加以變化，還能產生大量客製化（mass customization）。他並舉例，在科技業，最有名的例子是諾基亞（Nokia）。諾基亞在鼎盛時期，曾經一年設計出超過五千種款式的手機，針對男、女、主管、一般上班族…等主打不同的市場。然而，當只有一種款式的蘋果手機上市後，卻把諾基亞的客製化徹底打敗，原來蘋果 iPhone 又完全翻轉了客製化的概念。

盧希鵬教授曾說[4]：「我認為，個人化是參與出來的。我們買 iPhone 時，買來時是標準化的，但是使用幾個禮拜後，就變成個人化了。過去，我可以借你的諾基亞手機用；現在，我向你借智慧手機，你多半不會借給我，因為裡頭有太多的祕密了。」以上的定義，雖然有所不同，但確實提供另一種不同的思維。

最後，個人化到底對消費者來說是好是壞，可能要取決於企業對個人化操作的優劣與否。根據 Infosys 公司的調查，86% 的使用者認為，個人化行銷會影響他們的消費決策，並對品牌產生正面印象。相反地，根據另一家 Janrain 公司的調查，個人化如果操作不當，有接近 75% 的使用者，會因為品牌廠商所投放的網路廣告顯示自己不感興趣的內容，而對業者感到失望。

4 盧希鵬，服務業 4.0：從客製化到個人化，大數聚。

SECTION
6-8

線上評論分析
（Online Review Analytics）

在線上評論盛行的今天，消費者經常會到網路論壇上給予企業批評或建議，或者分享自己使用產品服務的經驗。雖然有時候這些批評可能毫不留情，甚至失之武斷，但因為它是攸關企業第一線營運的風向球，其後又衍生出線上評論分析、業配文、網路寫手等不同的議題。企業必須深刻意識到線上評論的重要性和其所帶來的影響力。

基本上，「線上評論分析」有助於企業瞭解其產品在消費者心中的知覺。在進行「線上評論分析」時，可以從線上評論本身的屬性、消費者的閱讀與傳播線上評論的動機，以及線上評論的真實性等議題來加以思考。

以下我們以「網路書評」為例，進行說明。

網路書評特性頗為複雜，過去的研究顯示無論是網路書評的則數、字數、書評內容的正負性，以及正負面書評出現的順序，都會對消費者的購書意願產生顯著的影響[5]。

至於閱讀線上評論的動機，乃是因為消費者在選購書籍時，因為購買前無法得知詳細內容，因此大都仰賴書評資訊來協助他們判斷，而網路書評正是滿足他們購書需求的重要來源。同時，閱讀這些書評資訊亦可為他們帶來收穫與樂趣。此外，由於書本的種類多，選擇性多元，消費者在選購書籍時，常會希望藉由書評來比較，讓他們作出較好的購買決策。

另一方面，消費者也認為透過線上評論的資訊，可以避免買到不合宜的圖書。最後，大多數的消費者都會想去參考別人對產品的口碑評價，以作為購買時的

---

[5]　Lin, Tom M.Y., Luarn Pin, Yun Kuei Huang （2005）, "Effect of Internet Book Reviews on Purchase Intention：A Focus Group Study," The Journal of Academic Librarianship, Volume 31, Number 5, pp. 461–468.

判斷依據。尤其當消費者購買的參考資訊或使用知識較為不足時，他人的經驗與意見對其購買的選擇就佔有一定的影響力[6]。

至於消費者傳播線上評論的主要動機，通常出於渴望分享、發洩負面情緒並與社會互動，而如此一來，也顯示他們對產品的涉入程度。更重要的是，不要小看發洩負面情緒，因為這些動機對消費者傳播線上評論的行為，有時反而會產生正面的影響[7]。

另外，線上評論經常牽涉到真實性的問題。針對這一點，評論結構與格式、內容屬性、訊息導向、字數、詞彙豐富性、人稱代名詞以及附語言等類型特色，因此對於書評這樣的評論，就可以提供一些有用的線索。

值得注意的是，某些類型特色的商業網路書評，書商或出版社也可將其商業意圖[8]隱藏在其中。

此外，像是部落客個人的性格特質、撰寫線上評論的敘事方式，以及社群讀者的回應模式，都會影響書籍口碑溝通的效果。但某些時候，部落客線上評論裡，會刻意揭露商業特質，但它卻不一定會阻礙書籍正面口碑的傳播[9]。以上這些研究發現，可以提供給想要藉由客觀的書評來挑選書籍的網路讀者及圖書館管理員，或是想要透過線上口碑評論，來達到行銷目的的企業，作為書評判斷與行銷策略運用上之參考。

透過以上這些實例研究，我們更可以了解「線上評論分析」，企業也可以從中得到借鏡。

6　Huang, Yun Kuei and Wen I. Yang（2008），"Motives for and consequences of reading internet book reviews," The Electronic Library, Vol. 26, No. 1, pp. 97-110.

7　Huang, Yun Kuei and Wen I. Yang（2010），"Dissemination motives and effects of internet book reviews," The Electronic Library, Vol. 28, No. 6, pp. 804-817.

8　Huang, Yun Kuei and Wen I. Yang, Tom M.Y. Lin, Ting Yu Shih（2012），"Judgment criteria for the authenticity of internet book reviews," Library & Information Science Research, 34, pp.150–156.

9　Huang, Yun Kuei and Wen I. Yang（2014），"Using networked narratives to understand internet book reviews in online communities," The Electronic Library, Vol. 32, No. 1, pp. 17-30.

6-9 市場區隔（Segmentation）

市場區隔一向是企業找到目標市場的重要工具。透過數據分析，企業可對消費者進行市場區隔。我們先前已經說明過市場區隔與行銷資料科學之間的關係。在這裡，要進一步對有效市場區隔的條件進行說明。

中國文學名著「紅樓夢」91 回中：「寶玉呆了半晌，忽然大笑道：『任憑弱水三千，我只取一瓢飲。』」意思是說，弱水這條河流長達三千里，水量雖多，但我只舀其中一瓢來喝。其實這一句「弱水三千，只取一瓢飲」拿來形容市場區隔剛剛好，因為現在企業要存活，只要做出適當的市場區隔，就可以從激烈的市場競爭中生存下來，而取一瓢飲，只要量夠，不僅可以解渴，也可以存活。

在進行區隔市場時，所區隔出來的市場必須符合以下幾項學者菲利浦‧柯特勒（Philip Kotler, 1998）所列的標準，如圖 6-9 所示。

可衡量性	市場範圍是否具體，市場大小是否可以衡量。
足量性	市場規模夠不夠大，能不能讓企業獲利。
可接近性	企業的產品或服務，是否能進入市場。
可差異化	企業的市場區隔與其他市場區隔有無不同。
可行動性	發展有效的行銷計畫，並成功進入市場。

⊕ 圖 6-9 有效市場區隔的條件

1. 可衡量性（Measurable）：市場區隔的範圍是否夠具體，大小是否能衡量。這樣的市場資料通常透過開放資料或是產業調查報告來取得。

2. 足量性（Substantial）：區隔市場之大小，例如區域內的居民可支配所得、消費能力，是否能讓企業獲利。這一部分可利用行銷研究以及行銷資料科學的工具，進行市場調查並獲得估計值。

3. 可接近性（Accessible）：企業的產品與服務，能否進入該市場區隔。有些產品或原料，能否在當地取得，如果無法取得，利用境外輸入的成本高不高，或者有無替代品。

4. 可差異化（Differentiable）：其市場區隔與其他市場是否有所不同。

5. 可行動性（Actionable）：能否發展有用的行銷計畫，成功進入並佔有該區隔市場。

6-10 再行銷（Retargeting）

你有沒有過類似的經驗，曾經在網路上搜尋過一個漂亮的提包或是看過一項特定的商品，但當時因為某些因素沒有下單購買。接著，在未來的一段時間裡，無論自己到哪個網站，常常會看到那個提包，或是與該特定商品相關的廣告。我自己就曾在幾週內，在網路上到處看到自己之前瀏覽過的一款登山包廣告，其實這種「陰魂不散」式（偷笑）廣告背後的再投放技術，就是俗稱的「再行銷（Retargeting）」。

「再行銷」技術的興起，其實源自於消費者看到某項商品後，通常不會馬上購買，而是會在與該產品的相關資訊不斷接觸後，才會實際購買的經驗。至於應該接觸幾次？傑佛瑞・藍特（Jeffrey Lant）博士曾經提出「七次法則」，他認為，為了強化消費者的購買意識，企業必須在 18 個月內，至少與消費者接觸 7次，才有機會讓消費者下定決心出手購買。

其實，最讓企業扼腕的，還不是瀏覽商品之後不埋單的消費者，而是那些已經將產品放入購物車，最後卻未完成購買行動的消費者。這類型的消費者，在某種程度上，已經顯示了購買意圖，但過程中，可能臨時因為各種因素的干擾或考量，而讓他們忍了下來，不願輸入信用卡的號碼，因此企業才會想要再行銷。

「再行銷」的執行方式，概念其實很簡單。它的技術就是先在企業的網站裡，放入一段程式碼。當某位消費者進入到網站瀏覽產品後，卻不購買，這時，再行銷技術會在這位消費者的 cookie（小型文字檔案）上，留下一組程式碼。之後，只要該消費者進入其他網站時，所看到的廣告，就會是消費者之前瀏覽過的商品，進而讓消費者有機會點擊該廣告，並連回商品頁進行購買，如圖 6-10所示。

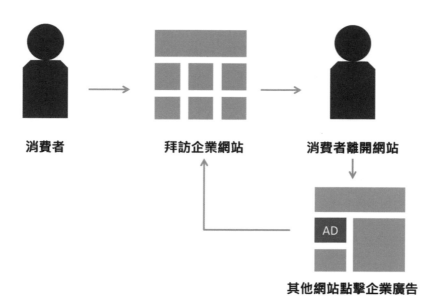

消費者　　　　　拜訪企業網站　　　消費者離開網站

AD

其他網站點擊企業廣告

圖 6-10 再行銷（Retargeting）技術概念流程圖

同時，網路廣告業者也發現，客製化的廣告訊息，是比較有效的「再行銷」作法。因為它更能喚醒消費者的記憶，進一步使其產生購買行為。

根據以上的說明，我們可以發現「再行銷」的目的，就是想辦法讓已經瀏覽過企業網站、但還未購買的消費者，在離開網站後還能回來網站進行購買，而方式就是透過網路廣告的投放。

不過，像這樣緊迫盯人「背後靈」的廣告方式，也可能會引起部分消費者的反感，畢竟大部分的人，並不喜歡被「追蹤」。另一方面，對於成功被「再行銷」的消費者，企業可思考應該繼續提供哪些延伸性的商品給他（她）們，而這也是目前企業較為欠缺的部分。

行為側寫與行為定向
（Behavioral Profiling and Targeting）

你喜歡看卡通柯南嗎？或者是福爾摩斯這類偵探推理小說嗎？有時確實很佩服他們能從些微的跡證，透過不斷的分析、揣摩和推理，最終勾勒出嫌疑犯的形象、活動範圍或行蹤。其實，他們依賴的是一種叫做「側寫（Profiling）」的能力，能描繪出目標人物的形象。如果你是每天都得開門營業的企業經理人，而又能清楚地描繪出顧客的基本樣貌和特徵，以及他們的需求，相信你一定能把事業經營的有聲有色。

「側寫（profile）」這個專有名詞，源自於犯罪心理學，它是指依據警方所掌握到的線索，推斷罪犯的背景與特徵的一種偵防技巧。1950 年代，一位炸彈客橫行紐約，警方束手無策。紐約警方後來請到犯罪心理學家詹姆斯・布魯塞爾（James Brussels）來協助。

布魯塞爾利用警方所掌握到的跡證與資料，對那名已經「不在現場」的嫌犯進行側寫，分析出他可能的出身、偏好、習慣等十一項推論。之後，紐約警方透過這些推論，成功地逮到炸彈客喬治・默特斯基（George Metesky）。警方事後發現布魯塞爾的推論結果幾乎完全正確。從此，側寫這樣的技巧，慢慢就演變成犯罪偵查中的一項重要工具。

至於「行銷側寫」（Marketing Profiling）則是將「側寫」這樣的概念與技術運用到行銷領域，做法則是透過數據分析來描繪消費者的圖像，包括消費者的性別、年齡、教育程度、收入、生活習慣、興趣、偏好等。企業進一步根據行銷人側寫的結果，找出目標市場，並發展個人化的行銷方案。

至於行銷側寫背後的資料來源，則包括內部數據與外部數據。典型的內部數據來自於公司的資料庫或是資料倉儲，企業可透過資料探勘技術，描繪出消費者的樣貌。至於最常用到的外部數據的來源，則是消費者最常瀏覽與發文的線上討論區。企業可透過網路爬文工具與文字探勘技術，根據討論主題、發文頻次

以及發文內容…等，分析消費者發文與討論的行為模式。圖 6-11 是行為側寫應用在犯罪與行銷上的示意圖。

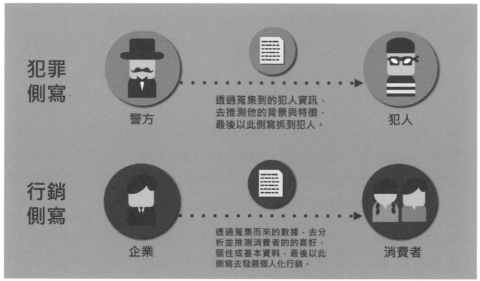

⊕ 圖 6-11 犯罪側寫與行銷側寫的比較
繪圖者：廖庭儀

另外，行為定向（Behavioral Targeting）是指網站和廣告商使用一系列技術，蒐集與分析個人的搜尋與瀏覽行為等資訊，以提供業者想要顯示的廣告給網路使用者，藉此提高行銷和廣告效率。各位有沒有發現，這個概念其實就是之前我們所提到的「再行銷」技術。

事實上，隨著用戶行為定向的技術不斷地進步，廣告商和網站可以擷取更多消費者的資訊。此外，網際網路連線服務業者（ISP）能夠查看每位用戶上網的位置，並且使用非常有效的工具來推銷產品。不過，此舉遭受到很多人的反彈，認為有嚴重侵犯隱私之嫌，而這個議題也曾在歐盟和英國國會引發討論。這對行銷資料科學的發展來說，儼然成為一項重要的課題。

SECTION

6-12　推薦系統

你曾經上網買書嗎？如果答案是肯定的，那你一定常常看到類似這樣的一句話「瀏覽過這本書的人，也可能想看以下這些書籍」，或是「買了這本書的人，可能也想買以下這些書籍」這類的語句，這背後其實就是推薦系統功能的應用。

隨著電子商務的規模越來越大，網站所販售的商品種類越來越多，消費者花在網路上的搜尋成本也隨之增加。推薦系統的出現，能協助消費者更快速地找到自己所需的商品。對企業來說，透過推薦系統，企業不但能增加熱賣商品的銷售，也有機會推薦冷門商品，做好庫存管理。

在電子商務發展中上，最早做出推薦系統的就屬亞馬遜網路書店。亞馬遜從一九九五就開始使用推薦系統，它能根據消費者過去的瀏覽與購買行為，向消費者推薦其可能會感興趣的商品資訊。

從技術觀點來看，如果要把推薦系統加以分類，大致可分成「內容過濾」或「協同過濾」的推薦引擎，以及結合這兩種類型功能的混合型，如圖 6-12 所示。

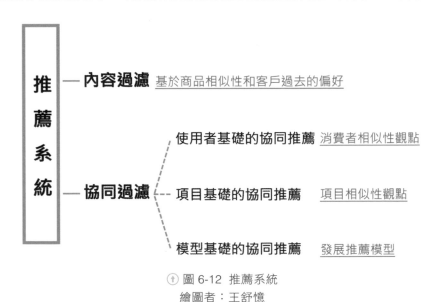

⬆ 圖 6-12　推薦系統

繪圖者：王舒憶

「內容過濾」主要基於商品的相似性，以及客戶過去對產品與服務的偏好，進而提出推薦。舉例來說，A 顧客購買 A 產品，而 A 產品與 B 產品有相似性，此時，系統就自動推薦 B 產品給 A 顧客。

至於「協同過濾」則是考量其他顧客的偏好，來進行推薦。概念上是找出顧客與顧客之間的相似性。以下是常見的「協同過濾」類型：

1.　使用者基礎的協同推薦

（User-based Collaborative Filtering Recommendation）

假設 A 顧客喜歡產品 A、產品 B、產品 C，B 顧客喜歡產品 A 與產品 B，系統便推斷，B 顧客可能也喜歡產品 C，便推薦產品 C 給 B 顧客。

2.　項目基礎的協同推薦

（Item-based Collaborative Filtering Recommendation）

假設 A 顧客喜歡產品 A、產品 B、產品 C，B 顧客喜歡產品 A 與產品 C，C 顧客喜歡 A。系統推斷，購買產品 A 的顧客，也會購買產品 C，便推薦產品 C 給顧客 C。

3.　模型基礎的協同推薦

（Model-based Collaborative Filtering Recommendation）

主動發展出推薦模型，並進行推薦。

事實上，推薦系統本身就是一項功能強大的「個人化」工具。以線上電影與節目提供者「網飛（Netflix）」的推薦系統為例，過去曾擔任網飛（Netflix）工程總監的薩維爾・阿瑪崔利安（Xavier Amatriain），就曾經提到過：「eBay 的員工曾經對我説，顧客在他們網站上所購買的物品，90% 是透過搜尋而來。但在我們這裡卻正好相反，推薦是大宗，只有當我們無法告訴顧客應該觀賞哪些影片時，他們才會用到的搜尋功能。」網飛（Netflix）的顧客有 80% 的觀看是來自系統的推薦，只有 20% 是來自顧客主動搜尋的結果。

由於效果不錯，目前推薦系統的應用越來越多。哈佛商業評論就曾提過，Gmail
能根據用戶先前往來的電子郵件，協助草擬專業信涵；LinkedIn 能主動提示具
附加價值的個人簡歷；銷售軟體則可透過運算，判斷銷售線索的品質和等級；
行事曆管理軟體可用視覺化或聲音，建議排程與優先順序。因此，擁有簡單且
吸引人的使用者體驗設計，成為推薦系統成功的關鍵。

SECTION 6-13

關鍵字搜尋分析（Keyword Search Analytics）

現代人上網尋找資訊大都依賴搜尋引擎，希望透過搜尋引擎很快地找到自己想要的資訊。企業則希望它的服務或產品，能夠出現在搜尋結果的第一頁，讓消費者有更多的機會予以點擊，而「關鍵字」就是串連「搜尋引擎天秤」兩端的媒介。

「關鍵字」指的是，網路使用者在搜尋引擎裡輸入所欲搜索查詢的字後，經網站比對到的字，即稱為「關鍵字（keyword）」；而「關鍵字搜尋分析」則是網路行銷中很重要的一種分析工具，它有助於企業不斷優化網站設計，以及達成網路行銷的目的。

從技術上來看，網路使用者在搜尋引擎裡所輸入的字稱為「搜索查詢（Search Query）」，而經網頁比對到的字被稱為「關鍵字」。

在關鍵字搜尋分析裡，常用到兩項工具：搜尋引擎優化（SEO）與關鍵字廣告（PPC），如圖 6-13 所示。

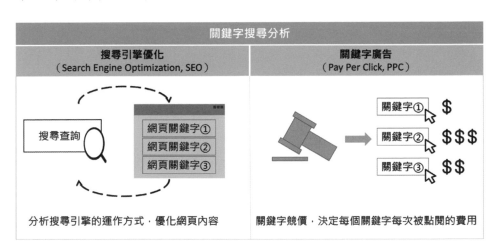

⊕ 圖 6-13 關鍵字搜尋分析

繪圖者：余得如、張珮盈

1. 搜尋引擎優化（Search Engine Optimization, SEO）

搜尋引擎優化，是一種讓企業網站，能被消費者在搜尋引擎上，更快找到的方式。目前，要達成 SEO 的技術頗多，將網站結構優化、建立網站內部與外部連結、優化網站關鍵字等。舉例來說，優化網站結構，主要是讓搜尋引擎可以快速讀懂網站的結構，碰到每次有新內容加入時，搜尋引擎都可以快速得知。

2. 關鍵字廣告（Pay Per Click, PPC）

企業提出想要購買的關鍵字，並透過競標，決定每個關鍵字每次被點閱的費用，以及背後網站的排名。企業也可以自行設定每日預算上限來控管成本。

不過，企業在購買關鍵字之前，最好先完成關鍵字的優化。所謂優化關鍵字，是指企業透過研究潛在客戶，了解他們在進行比較、購買等行動時，可能會搜尋的關鍵字，並將這些關鍵字放在網站內的不同網頁中。

由於人類對語言的使用，有一定的習慣性。比如某一些特定字詞，在某一個時期內會特別「夯」。舉例來說，有一年美國太空總署一直在講要進行火星探險任務，結果新聞每天一直播「Mars」這個字，結果意外造成叫做「Mars」的巧克力棒大賣。此外，有些特定字詞，也會與另一些字詞連用，例如我說「丁丁」，你可能就會接「是個人才」，而從「丁丁是個人才」，後來又演變成「XXX 實在太有才了」的雙關語。

因此，進行關鍵字研究，找到對的關鍵字，常常就掌握了致勝的先機。至於進行關鍵字研究的具體作法，可以先到 Google Adwords 去找與某概念相關的關鍵字和它的搜尋量；或者到 Google Trends 尋找某些關鍵字歷年搜尋的趨勢與排行；另外就是到社群網站裡，挖掘與探索消費者正在討論的字詞，這些都有助於企業找出對的關鍵字。

SECTION
6-14

全球定位系統與行動設備分析
（GPS and Mobile Analytics）

你有沒有發現，智慧型手機已經改變我們的生活模式。現在，早上一起床，一定先檢查手機有沒有新的 Line 訊息進來，出門前也要再三檢查手機帶了沒，萬一手機故障或是沒了收訊，可是會讓人失魂落魄一整天。

其實，要說智慧型手機除了具有相機、鍵盤、QR Code、代替現金支付之外，手機內建的 GPS（全球定位系統），其實是另一項在行銷資料科學上可以追蹤、分析消費者的好用工具。因為利用 GPS，可以追蹤個人，或者一次追蹤數千人，在地理範疇上的移動行為。

例如，沃爾瑪（Wall-Mart）就藉由在特定地點（例如商店，廣告招牌等）觸發 GPS，傳送廣告訊息到消費者的手機，並告知消費者距離最近的店面裡，有哪些購物優惠資訊。而這樣的定位概念，甚至延伸至室內，讓消費者進入廣大賣場後，再藉由訊息的提供，吸引消費者前往特定專櫃或區域。

達美樂連鎖披薩也嘗試結合全球衛星定位系統（GPS），推出創新服務。舉例來說，當顧客用手機下單時，達美樂可以透過全球衛星定位系統（GPS），預測消費者可能到店的時間，進而準備餐點，減少顧客等待的時間。在日本，達美樂不只送餐到家，當消費者於戶外野餐時，達美樂也開發出相關的外送服務，外送的地點就是透過手機所定位到的地點，如圖 6-14 所示。

此外，智慧型手機很適合用在質性研究，有人甚至還稱它是送給質性研究人員的天賜之物。因為參與質性調查的人，可以透過智慧型手機，錄製、傳輸語音、圖片、視頻和聲音，使人誌學（Ethnographic Research，或稱民族誌）研究特別有價值。尤其研究者可以在「現場」記錄受訪者的口語反應，然後馬上傳回這些紀錄，或是透過遠距互動式語音應答（Interactive Voice Response）系統記錄反應。在人誌學調查期間，還可以在受訪者的智慧型手機上做維護日誌。常見的行銷質性研究應用還包括：購買動機探索、產品使用探索、購物調查、客戶體驗調查和活動行銷等。

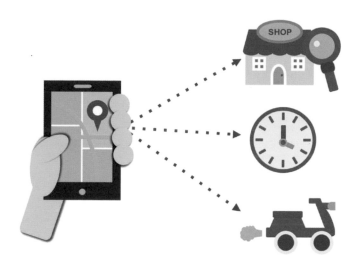

利用GPS協助消費者找尋鄰近的店家。

透過GPS分析消費者抵達的時間,可提前準備,節省消費者抵達時的等待時間。

藉由GPS可精確找出消費者所在位置,對外送更有效率。

⊕ 圖 6-14 全球定位系統與行動網路分析(GPS and Mobile Analytics)

最後,GPS 也很適合用在量化研究,因為智慧型手機本身具有觸控螢幕,使得在做簡單的調查時,受訪者可以「即時回答」。因此,如果想知道消費者在特定地點或時間點,或是在參與特定活動時的想法和感受,行動設備提供即時測量的手段。例如,Decision Analyst 即可一次針對大約 500,000 名的智慧型手機用戶進行消費調查,並結合地點、時間等條件,分析出更有價值的資訊。而未來利用 GPS 做消費者分析,勢必會越來越普遍。

Part 1
概論篇

Part 2
大數據篇

Part 3
行銷篇

Part 4
策展篇

SECTION
6-15

成交路徑（Path to Purchase）

如果把購物的旅程，看成是一段尋寶的驚奇之旅，企業一定要先自問，消費者會在哪裡看到我們給他的尋寶圖。他們又會走哪一條路來，中途有沒有其他人會把消費者截走，導致他們最終無法發現我們所提供的寶藏。成交路徑（Path-to-Purchase）分析，就是分析消費者在成交之前，所經歷過的每個階段。

在消費者購買行為的理論裡，主要有兩種購買程序，如圖 6-15 所示。

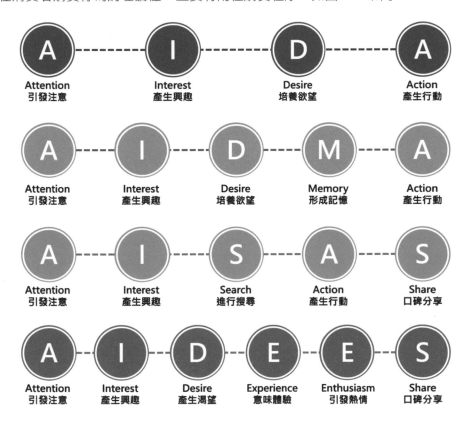

Ⓐ 圖 6-15　AIDA、AIDMA、AISAS、AIDEES 四種消費者行為模式
繪圖者：廖庭儀

- AIDA：A（Attention）引發注意、I（Interest）產生興趣、D（Desire）培養欲望、A（Action）產生行動。

- AIDMA：A（Attention）引發注意、I（Interest）產生興趣、D（Desire）培養欲望、M（Memory）形成記憶、A（Action）產生行動。

事實上，網路興起之後，又多了另兩種消費者購買程序 AISAS。

- AISAS：A（Attention）引發注意、I（Interest）產生興趣、S（Search）進行搜尋、A（Action）產生行動、S（Share）口碑分享。

- AIDEES：A代表注意（Attention）、I 則意指興趣（Interest）、D表示渴望（Desire）、E 意味體驗（Experience）、E 為熱情（Enthusiasm）、S 則是分享（Share）。

綜合以上三種消費者購買程序，可以發現，消費者採購流程不外乎經歷過購買前（發現、搜尋、考慮）、購買中（購買）與購買後（分享）。成交路徑（Path-to-Purchase）分析，就是對消費者購買前、中、後的行為加以分析。

了解消費者這樣的成交路徑，當然是企業希望一定要在抵達終點前，能夠獲得消費者的青睞。這樣的歷程，看似沒有幾個步驟，但真正要完成成交最後一哩路，有時卻是漫漫長路。因為從開始到結束，消費者購買的路徑很少是直線的，加上現在促成買賣的媒介很多，消費者很容易「誤入歧途」，在半路就被喊停，或者被其他競爭者攔截走，如果形容更貼切一點，它更類似於尋寶。

在消費者的成交路徑，即客戶旅程中，消費者每一次搜尋，就可以激發一個全新的想法或需要。每一次搜尋，就可以使您的品牌與競爭對手產生差異。

「與 google 一起思考」網站，曾經提出「在成交路徑上贏得消費者的七個方法[10]」：

---

10 https://www.thinkwithgoogle.com/consumer-insights/consumer-journey-path-to-purchase/

1. 考慮位置和便利性：

   企業不僅可以在成交路徑與消費者連繫，還可依他們所處的地點交貨，確保可在線上顯示產品庫存，方便客戶查看，企業必須提供靈活的付款和提貨選擇才能贏得與消費者的交易。

2. 隨時提供顧客協助

   由於廣告有時只是以推廣形象為主，並非以成交為目的。企業必須在整個成交路徑中隨時提供協助，盡早將自己打造成值得信賴的資源。

3. 搜尋可以導致發現

   全盤了解客戶成交旅程後，知道企業有可能在過程中的任何一步抓住旅客眼光，因此不妨在消費者最後一次點擊前，多想一些。

4. 考慮截長補短

   有時候，一個看似無關的搜尋動作就會引起消費者對你的品牌的興趣。考慮與不同（但相互關聯）的品牌合作，吸引類似的消費者。

5. 為意外做好準備

   在消費者可能改變想法並考慮相關產品的地方，儘量提高你的存在感，他們一定會注意到你的。

6. 不要小看評論的力量

   了解線上評等和消費者認知的重要性，考慮在其中加入你的廣告。

7. 切記世界是會移動的

   認清行動裝置的作用，將你的行銷資訊傳遞和定位計劃做成跨設備的，不要只侷限在特定設備上。

6-16 網站分析（Web Analytics）

很多網站幾乎天天在改版，因為比起實體店鋪的改裝，電子商務的網站要改版，不僅便宜而且容易許多。至於改版的依據，通常來自網站的訪客行為研究，或稱網站分析（Web Analytics）。

網站分析（Web Analytics）能透過量化與質化的工具，分析從企業網站中所獲得的資料[11]，進而了解使用者對於企業網站的使用狀況。網站分析主要了解使用者在瀏覽企業網站時的瀏覽行為（包括網站流量、瀏覽路徑、點擊熱點、銷售狀況⋯等），以改善使用者在網站上的體驗（如圖 6-16 所示）。從商務應用的角度來看，網站分析是研究某些網頁為何比較容易激發顧客的購買慾望，透過網站分析，企業可了解自身網站設計的優劣，進而作為修改網站的依據。

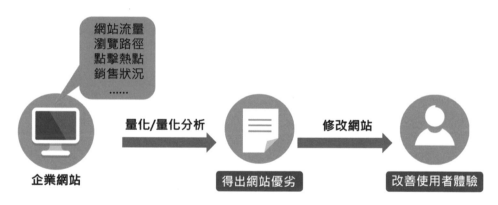

⊕ 圖 6-16 網站分析

要收集網站資料加以分析，目前主要有兩種方法，第一種是「日誌分析（log analysis）」，即分析使用者瀏覽器與網站伺服器互動歷程中，所產生的網站日誌檔（web log files），以判斷點擊數（hits）、網頁檢視（page views）、網站停留時間（time on site）等，以了解網站的使用狀況與經營成效。

---

11 廣義的網站分析甚至會分析競爭者的網站。

第二種則是加入網頁標籤，在每一網頁插入 Java Script 告知第三方提供分析服務的伺服器（如：Google Analytics），某些頁面已被瀏覽器所讀取。以 Google Analytics 為例，它能提供即時報表，協助企業與個人觀察目前的網站流量。也可以了解消費者是透過哪種管道，進入自己的網站。同時，它還可以統計個別消費者在特定網頁停留的時間。

至於要分析或比較網頁內容好不好，有許多的衡量指標可參考，常見的指標除了上述所提到的點擊數（hits）、網頁檢視（page views），還包括訪問量（Visits）、訪客（Visitor）、新訪客（New Visitor）、重複訪客（Repeat Visitor）…等。

值得注意的是，每一個行業的網站分析所注重的指標都不太一樣，像是新聞網站以內容取勝，每一則新聞的網頁點閱數（Page View）很重要，畢竟來看重大新聞的讀者越多越好，根據我們的經驗，一則大新聞一來，超過一百萬的 PV 是常有的事。而電子商務網站，可能就是要最後成交率越高越好。

最後，網站分析技術現在已經非常成熟，因為經過分析，有機會能得到正確且精準的答案。但更重要的是，如果企業或網站負責人沒有後續的配套措施與相對應的行動，有人就戲稱，這就好像到大醫院花錢做了一堆電腦斷層或核磁共振，找到病因之後，卻不做後續治療，讓前面的網站分析做白工了。

社群分析（Social Analytics）

以往個別消費者在經歷企業服務失效後，通常只能忍氣吞聲，或是向身邊的家人與朋友抱怨。但在社群媒體盛行的今天，消費者就能維護自己的權益，像是2017 年引發大家討論的美國聯合航空（UA）把乘客強拖下飛機的案例，就是在網路社群媒體快速傳播影片下，讓聯合航空栽了個大跟斗。因此後來像這類被稱為「社群聆聽（Social Listening）」的社群分析（Social Analytics），近年來益形重要。

社群聆聽係指以特定企業的產品或服務、有時候甚至是指個人（企業負責人）為目標，在網路上長期、持續且即時、詳細且密集「聆聽」消費者的想法。方法則是透過監控各網路社群內大量討論的關鍵字，並分析目標受眾（Target audience）的觀感、認知及評價等，作為企業的決策輔助。

至於社群分析，主要是對目標的社群媒體（Social media）網站進行分析，分析的內容為消費者在社群媒體上，對於公司與競爭者之品牌、產品、服務等項目，所發表的意見、評論與回文。而其所涉及的技術則包括：文本分析、情感分析，自然語言處理、社交網絡分析（例如：識別出有影響力者）、預測建模和推薦等。

在社群分析中，有一個很重要的方法是可以進一步協助企業透過「關鍵字詞」來評估和監控企業的品牌資產與競爭位置。例如，學者南與康納（Nam & Kannan）曾透過社會性標記（social tagging）資料，追蹤消費者端的企業品牌權益，以提升品牌表現，如圖 6-17 所示。

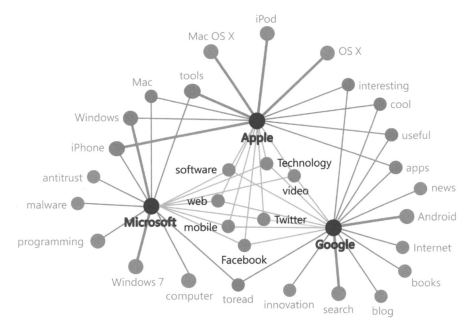

⊕ 圖 6-17 Google 與其競爭者的社會性標記連結

★ 資料來源：Nam, Hyoryung and P.K. Kannan （2014）, "Informational Value of Social Tagging Networks," Journal of Marketing, 78（July）, 21–40.

從圖 6-17 中可發現，正中間的 Technology、software、mobile…等關鍵字詞，與 Apple、Google、Microsoft 三者皆有關聯，代表這些關鍵字詞無法區別這三家公司之間的差異。而圖片右下角 news、Android、Internet、innovation…等社會性標記，則只與 Google 相關。代表在 Google 在這些關鍵字詞上，擁有極強的品牌連結。

話說回來，企業可以透過社群分析來衡量社群媒體的話題、風向和內容，也就是從社交媒體網站和部落格，收集有關企業資訊與消費者的意見，並對其加以分析，而這些分析有機會讓企業減少客戶抱怨、增加收入，甚至獲得改善產品和業務流程的意見回饋。

由於社群媒體促進人與人之間的互動，使消費者意見、想法、批評和抱怨能快速在網路上擴散，因此也賦予每個個人擁有足以撼動企業的「微力量」，因此企業如果無法緊貼網路輿論的走勢，在公關危機來襲的當下，恐怕就會左支右絀，難以應付了。

歸因分析
（Attribution Analytics）

先前我們曾經提到過，消費者要完成採購程序，可能會走過各種不同的路徑。這一節我們要介紹在各個路徑上，可能會碰到的不同媒介之間的分析方法—它叫做「歸因分析」。

所謂「歸因分析」，其實有點像俗話說的「冤有頭、債有主」，一件事情的成敗，所有參與者，各該負責多少功勞或者罪過，都該算個清楚。而企業在進行廣告行銷的過程中，需要計算出每一種行銷工具的貢獻度，才知道行銷預算該如何配置。

目前企業的行銷活動，由傳統媒體、離線廣告（offline advertising），逐步轉移到數位媒體、線上廣告後，行銷支出也逐漸轉到付費、有機搜尋（organic search）等新的路徑上。舉例來說，當消費者想要購買某一品牌的商品，該消費者透過搜尋引擎找到他想要的東西，點進企業網站後，儘管沒有成交，但接下來，廠商透過「再行銷（Retargeting）」方式，不斷地讓消費者常常看到該項商品的廣告，並促使他再進站瀏覽。最後，該消費者某次不經意地看到 Facebook 上的一篇貼文後，終於進入企業網站完成交易。如圖 6-18 所示。

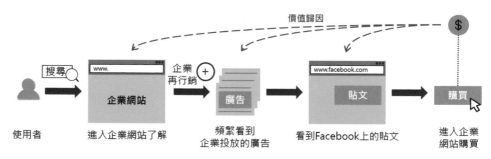

圖 6-18 歸因分析範例

繪圖者：余得如

從以上消費者完成交易的過程中，我們可以發現，消費者在完成交易之前（或稱為「轉換（Conversion）的過程」中），可能會多次接觸到與該品牌有關與訊息，或是多次瀏覽該企業的網站。而上述的每一次消費者與企業接觸，對於成交都有其幫助。歸因分析可以協助企業了解消費者在轉換的過程中，與企業各種接觸的狀況，進而協助企業進行網路行銷預算的分配。

行銷人可以使用歸因分析來規劃未來的行銷活動，透過分析哪些行銷活動（媒體、廣告…等）最具有成本效益和影響力，以提升廣告支出回報率（Return on Ad Spend, ROAS）或者取得有效的名單（Cost Per Lead, CPL）等。

網路廣告的快速增長，企業也同步獲得更多的數據來追蹤廣告的有效性，並且發展出更多評估廣告效果的方式，例如每次點擊成本（Cost Per Click, CPC），每千次曝光成本（Cost Per 1000 impression, CPM），每次完成行動成本（Cost Per Action, CPA）和點擊轉換率（Conversion Rate, CVR）…等。此外，隨著數位設備快速增加和可用資料大量成長，更推動歸因技術與模型的改變與發展。

配合之前所提到的成交路徑（Path-to-Purchase）分析，歸因分析（Attribution Analytics）就是分析消費者在成交路徑（Path-to-Purchase）上，每一種行銷工具的貢獻度。

SECTION 6-19

競爭智慧
（Competitive Intelligence）

競爭智慧或稱競爭情報（Competitive Intelligence, CI）乃是商業智慧（Business Intelligence, BI）的延伸。過去的商業智慧（BI），主要強調企業透過資訊收集與分析自身的資料，並且呈現在數位儀表板（Dash Board）上，以輔助主管做為決策參考；至於競爭智慧（CI）則進一步將資料收集與分析的範圍，擴大到競爭對手和競爭環境，包括各產品項背後，不同競爭群組的產品訊息與市場狀態等，如圖 6-19 所示。

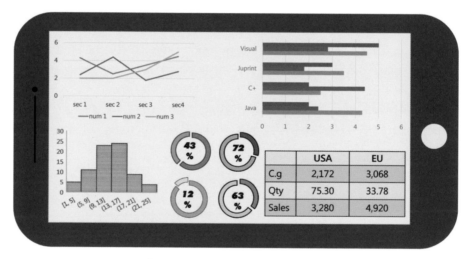

⊕ 圖 6-19 儀表板（Dashboard）
繪圖者：李宛樺

競爭智慧乃是關於競爭環境、競爭對手、競爭態勢和競爭策略的資訊與研究。你可以把它看成是一種過程，也是一種產品，因為其中牽涉對競爭資訊的收集和分析，進一步可做成像是軍情報告或策略規劃。

Part 1
總論篇

Part 2
大數據篇

Part 3
行銷篇

Part 4
策略篇

以下簡單說明競爭智慧的功能：

1.　競爭現況

提供各產品項競爭強度、產品現況、市場現況…等分析數據。

2.　預警偵測

監控所分析的各種變數，當趨勢變化超過所設定的臨界點時，提供示警。

3.　競爭預測

根據競爭分析的結果，預測其他競爭者可能採取的策略。

4.　標竿學習

分析、比較各競爭者間各種變數的差異，指出競爭者中，有哪些優點值得自身學習。

如果企業擁有了這樣的競爭情報的儀表板，你看它像不像空軍的偵測雷達，敵軍飛機一起飛，就可以馬上知道它的高度、速度與飛行方向，即時掌握競爭者的情報。

上述內容還只是屬於低階的競爭情報，高階的競爭情報還必須結合策略規劃，確保企業即時掌控與策略規劃決策相關的競爭情報，讓企業能夠快速回應競爭環境。此外，當企業擁有競爭智慧之後，還得隨時對公司的競爭力進行定期和系統性的評估與修正，才能收到知己知彼之效。

最後，競爭智慧能協助管理者分析競爭環境，瞭解市場的趨勢與變化，進而協助企業掌握機會、降低風險，而競爭智慧系統（CIS）的建置，有助於企業競爭優勢的增加與累積。

不過，要特別注意的是，蒐集競爭者的資料，本身存有法律的風險。在美國，設有競爭情報專業人員協會（SCIP）道德準則，就清楚規範進行商業情報調查的人員，必須避免從事非法的活動。如果有透過非法手段或是隱蔽非法蒐集競爭對手資訊的行為，很可能會被當成商業間諜來看待。

SECTION

6-20

趨勢分析（Trend Analytics）

人為什麼喜歡算命？因為算命通常會告訴你流年和運勢，今年你的運勢是往上走還是往下走，會呈現出什麼樣的趨勢。有些企業也喜歡算命，只是算命的方式不是去找半仙，而是透過科學化的方式，對未來的趨勢變化進行預測。而行銷領域裡的「趨勢分析」，主要在對「市場趨勢」加以預測，甚至是預測消費者的心要往哪個方向去。

企業趨勢預測的工具，主要可以分成「定性法」與「定量法」兩種。

一、定性法（Qualitative Method）[12]

定性法乃是針對「缺乏歷史量化資料」或「突發狀況」下，依據個人經驗進行判斷，或透過專家分析所做的人為預測。主要的預測方法包括：

（一）判斷法

藉由相關人士的主觀判斷進行預測，常見的方法包括：

1. 歷史類化法

   歷史不斷在重演，企業可依據過去類似情境的歷史事件，來作為現有預測事件的參考，以達到鑑往知來的目的。

2. 主管經驗判斷法

   由高階主管對未來進行研判，所進行的預測。例如：蘋果公司（Apple）的賈伯斯（Steven Jobs），預測平板市場將席捲全球，進而推出 iPad。

---

12 定性法雖然不強調數字，但還是有可能會對所收集的資料進行統計分析。

Part 1
概論篇

Part 2
大數據篇

Part 3
行銷篇

Part 4
策略篇

3. 銷售員意見法

銷售員與消費者的關係密切，對市場的掌握度高，因此可透過銷售員提供
與市場相關的資料及看法，協助企業進行預測。例如：許多日本 7-11 的工
讀生被賦予進行訂單數量預測的責任。

4. 德爾菲法

德爾菲 [13] 法（Delphi method）是由蘭德（Rand）公司的赫爾默與多基
（Helmer & Dalkey）於 1948 年所發展，當時發展德爾菲法的目的，在用
以評估原子彈攻擊美國可能造成的影響。

德爾菲法主要的步驟如下，如圖 6-20 所示：

⬆ 圖 6-20　德爾菲法的流程圖
繪圖者：王舒憶

1. 成立一個由決策者與工作小組所組成的委員會，確定問題及設計預測問卷。

2. 選擇專家群。專家群裡的專家們，不知道其他專家是誰。並郵寄問卷給專
家們，請專家們匿名填答問卷。

3. 把問卷收回，分析後並統計結果。

4. 根據統計結果再次編制問卷，並郵寄給專家，請專家們再次填答，並進行
預測。如此反覆調查至少 2 次以上。

5. 撰寫預測成果報告。

13　Delphi 是古希臘傳說中的神論之地，城中有座阿波羅神殿，可以預卜未來。

（二）調查法

直接以「深度訪談」或「焦點群體」[14]等方式，取得相關資料後再做預測，常見的方法描述如下：

1. 消費者調查法

    消費者調查法，又稱為「市場調查法」，是以訪談方式收集消費者的意見資料，進而推估市場需求量。例如：寶僑（P&G）公司透過市場調查法，分析熱油護髮產品的市場需求程度。

2. 市場測試法

    選擇具有代表性的消費者試用產品，進而根據其試用反應，推估未來的市場需求。例如：邀請市場行家（Market Maven）做產品試用。

二、定量法（Quantitative Method）

所謂定量法是以統計與數學模式，分析「歷史量化資料」，以進行預測的方法。常見的定量預測方法包括：

1. 時間序列分析法，包括：簡單移動平均、加權移動平均、單一指數平滑…等。

2. 因果分析法，包括：迴歸模式、計量經濟模式…等。

以上定性與定量的預測方法，屬於傳統行銷研究工具的內容。而在行銷資料科學以及大數據等概念出現後，為趨勢分析，帶來了更多的預測工具，如機器學習等。當然，企業大小有別，也不是每家都有自己的行銷部門，但是要「了解消費者的心」，方法則是要越多越好，畢竟每種方法都有它的侷限性。

---

14 焦點群體（focus group）是一種收集資訊的工具。遴選出幾位與所欲探討議題相關的利害關係人，讓大家在一間不受干擾的會議室中進行討論（有時會議室會設有單面鏡，讓觀察者在鏡子後進行觀察）。在進行焦點群體的過程中，主持人必須確保每位參與者都願意加入討論。同時，必須確保討論的重心沒有偏離主題。此外，主持人還必須阻止擁有強烈個人意識者，主導整個討論的過程。

6-21 情感分析（Sentiment Analytics）

Part 1
概論篇

Part 2
大數據篇

Part 3
行銷篇

Part 4
策略篇

SECTION
6-21

情感分析
（Sentiment Analytics）

現今的消費者，大都喜歡到網路上分享產品、服務使用經驗，使得網路上這類貼文常常如排山倒海而來，儘管能夠精準判斷消費者情緒的企業，就有機會受到消費者熱情的擁抱。但是在實務面，如果要行銷人讀過每一篇讀者的貼文並且判斷它所夾帶的情緒，幾乎是 Mission Impossible（不可能的任務），因此利用行銷資料科學的技術來做情感分析，它的商業價值就已浮現。

根據國家教育研究院的定義[15]，「情感分析」是指電腦運用文字探勘（Text Mining）技術，自動從文件資料中，進行情感或意見資訊的偵測、萃取與分析。類似的別名包含：見解探勘（opinion mining）、評論探勘（review mining）、情感偵測（sentiment detection）、評價萃取（appraisal extraction）等（如圖6-21 所示）。

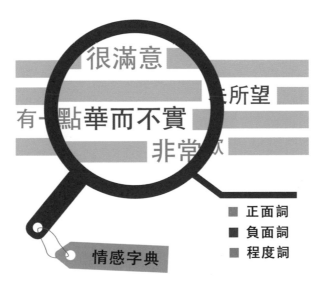

⊕ 圖 6-21 文字探勘感情感分析
繪圖者：張珮盈

---

15 資料來源：http://terms.naer.edu.tw/detail/1678984/

簡單來說，情感分析能將一段文章、語句或字詞進行分類，例如：判斷該文章、語句或字詞是正面情緒、或是負面情緒，是積極的、消極的或是中性的。

有別於過去，企業除了透過問卷與訪談，現在在洞悉市場的方法上，情感分析也成為新的選擇。因為情感分析除了可以早一步了解消費者對於產品或公司的整體觀感之外，還可以依此調整企業營運的方向。同時，在產品銷售的前、中、後階段，也有助於捕捉消費者對於產品的體驗，協助企業了解顧客對於產品的評價。

情感分析的執行方式，主要是找出文章內容與「情感詞典」之間的相關性，進而判斷該文章的情緒屬性。好的「情感詞典」擁有較完整的字詞，以中國大陸「知網」的「中文情感分析用詞語集」為例，內容包括：

1.　正面情感詞語：愛、讚賞、快樂、好奇、喝彩…等

2.　負面情感詞語：哀傷、鄙視、不滿意、後悔、大失所望…等

3.　正面評價詞語：不可或缺、才高八斗、沉魚落雁、動聽…等

4.　負面評價詞語：醜、苦、華而不實、荒涼、混濁、空洞無物…等

5.　程度級別詞語：超級 | 過度、最級 | 非常、很級 | 格外、較級 | 更為、稍級 | 蠻、欠級 | 半點…等

6.　主張詞語意識到：意識到、發現、感覺、找、聽說、注意、看到…等

其他常見的「情感詞典」包括：台灣大學的中文情感極性詞典 NTUSD、中國大連理工大學的情感詞彙本體庫…等。

在企業應用方面，企業可透過網路平台上的評論，瞭解使用者的需求。但是，當使用者評論眾多時，單靠人力一則一則或一篇一篇地進行分析，是非常不經濟的作法。透過「情感分析（Sentiment Analytics）」，企業可快速且有效地掌握使用者的意見，進而快速地對產品與服務進行修正。此外，透過「情感分析」，企業除了能夠了解消費者的需求，也能發掘消費者對於競爭對手產品的看法。在知己知彼的狀態下，有助於企業即時做出正確的決策。

市場分析
與行銷資料科學

- ☑ 環境分析與行銷資料科學
- ☑ 設置「預警機器人」做企業網路監測前哨
- ☑ 我的競爭對手到底是誰？用競爭者分析探究竟
- ☑ 讓消費者認識你 — 行銷漏斗（The Marketing Funnel）模型
- ☑ 讓你進一步認識消費者的工具 — RFM 模型
- ☑ 再談顧客滿意度與忠誠度
- ☑ 顧客滿意與不滿意行為的再檢討
- ☑ 經營環境的偵測器 — SWOT 分析
- ☑ AI 人力資源管理
- ☑ 甄選新工具 — 透過 AI 分析社群媒體內容預測面試者特徵
- ☑ 職場新鮮人看這裡 — AI 會選才

環境分析與行銷資料科學

「環境論」是廿世紀管理學界在探討企業所處經營環境時的一門顯學。進入大數據時代之後，讓我們再回頭檢視一下企業所處的環境是否有所改變，因為環境的改變，代表生活在其中的消費者行為，也一定會跟著調整，唯有有效掌握環境變化趨勢，企業才能正確追蹤消費者動態。

企業所處的環境一般分為超環境（Hyper-Environment）、總體環境（General Environment）、產業環境（Industrial Environment）與市場環境（Market environment），如圖 7-1 所示。而環境分析的方式，則包含超環境分析、總體環境分析、產業分析與市場分析。以下先針對總體環境加以說明。

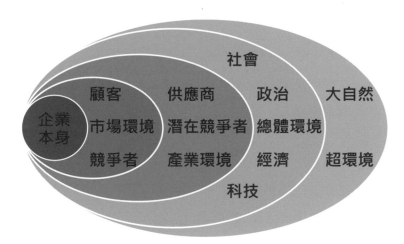

⊕ 圖 7-1 環境架構圖
繪圖者：張庭瑄

在總體環境方面，一般都會以 PEST 架構來說明。PEST 分別指 P：Political 意指「政治」；E：Economic 意指「經濟」；S：Social 意指「社會」；T：Technological 意指「科技」，其構面和構成要素如圖 7-2 所示。

🔼 圖 7-2 PEST 架構

繪圖者：張庭瑄

過去，企業在進行總體環境分析時，一般都透過購買政府或是產業公協會、媒體、市調公司所出版的總體環境趨勢調查報告來進行分析。現在，企業在透過行銷資料科學進行總體環境分析時，可下載全世界的線上開放資料，或是利用網路爬文技術來蒐集相關的初級資料。這樣的好處在於可「即時」取得，同時所分析的內容也較符合自己企業所需，缺點則是在費用上可能會比較高。

實務上，無論是購買或下載趨勢調查報告，或是透過自行分析總體環境的趨勢，各有其優缺點，但兩種做法並沒有太大的衝突，從某些角度來看甚至可以相輔相成。

在產業環境（Industrial Environment）方面，主要分析的對象為顧客（Customer）、供應商（Supplier）、競爭者（Competitor）、潛在競爭者（Potential Competitors）、替代品（Substitutes）和互補品（Complements）等，如圖 7-3 所示。

圖 7-3　產業環境架構
繪圖者：廖庭儀

以往企業在進行產業環境分析時，一般都透過問卷或焦點群體訪談顧客、購買產業公會、協會出版的產業環境趨勢調查報告、聘請行銷研究公司進行競爭者分析等。現在，企業在透過行銷資料科學進行產業環境分析時，除了可透過開放資料或是網路爬文來蒐集相關資料外，還可進一步透過物聯網對消費者行為進行資料蒐集與分析。

最後，產業環境與市場環境的差異，在於市場環境著重於顧客與競爭者，而產業環境還包括供應商等。有關市場分析，日本的著名管理顧問大前研一（Kenichi Ohmae）曾提出 3C 模型的概念。3C 分別為顧客（Customer）與競爭者（Competitor），以及企業本身（Corporation），如圖 7-4 所示。

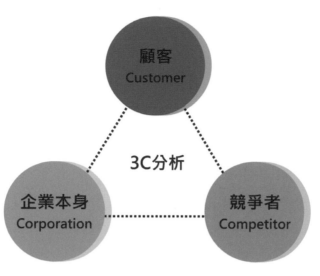

　　圖 7-4　3C 分析

繪圖者：廖庭儀

這樣的 3C 概念，已言簡意賅地指出市場分析的重點，落在企業本身、競爭者和顧客三者，讓企業在透過行銷資料科學進行市場分析時，能有一個參考的基準點。

區域競爭者分析的新途徑 —— Google review

在沒有網際網路之前，企業界想要進行競爭者分析，通常需要透過大量問卷或是消費者訪談，才能進行市場調查。現在，有了網路輿情分析工具後，企業更能在社群媒體、線上論壇或 Google 評論上，直接且大量蒐集消費者對於競爭者產品服務的看法。而這對企業進行競爭者分析，無異提供了一個非常方便的資訊收集管道。

特別的是，對於一個連鎖企業來說，無論是社群媒體或是線上討論區，能提供許多有用的情資，來協助企業進行公司總體決策層級的判斷（例如公司整體形象、定位、市場進入等）。更重要的是，在不同的地區，因為有不同的消費族群與競爭者的差異，此時，各分店是否需要在行銷 4P 上因地制宜，進行微幅調整，就需要透過區域性的競爭者分析來協助決策。

舉例來說，善用地區型網路輿情的來源，如地區型社群媒體、地區型線上討論區、更重要的是 Google 地圖（Map）上的評論（review），將對進行區域競爭者分析時，有著莫大的幫助。

簡單來說，以連鎖企業為例（例如，連鎖麵包店），因為不同的分店所處的地理位置不同（住宅區、商業區、住商混合區、不同縣市⋯等），各分店雖然有明確的定位，但在不同的地區，競爭狀態還是會有所不同，往往必須加以微調。

這時，如果能夠分析不同區域裡，不同競爭者在 Google 評論上的內容，將有助調整該分店在 4P 上的作法。甚至，還有機會回過頭來協助企業進行重新定位（或是確認自己的定位）。

例如，在執行上，透過動態爬蟲工具，抓取不同分公司附近區域內競爭對手的評論，並進行文本分析，找出不同分店與該區域內其他競爭者在產品服務的不同屬性，進一步找出與競爭者在產品服務上的差異（如圖7-5所示）。或是透過輿情，了解消費者最新的偏好（例如，全聯推出某一款麵包口碑超好），進而強化自身的產品或是藉此開發新產品。

不同的分店，在不同的地區，競爭狀態會有所不同

分析不同區域裡，不同競爭者在Google評論上的內容

調整該分店在4P上的作法。協助企業進行重新定位（或是確認自己的定位）

⊕ 圖7-5 某區域連鎖店的產品競爭屬性
繪圖者：謝瑜倩

此外，對於某一些企業來說，從輿情分析中，還可能發現，先前的自我定位已經過時（或是根本沒有明確的定位）。這時亦可透過分析各分公司所處區域裡，Google評論上的內容，提出新的定位策略（或是找出自己的定位）。

要記得，企業在進行競爭者分析時，網路輿情分析工具提供了莫大的幫助。對於連鎖企業來說，各地的競爭態勢有所不同，因此，各區域的網路輿情來源（尤其是Google評論），是有心做好「競爭者分析」的企業，可以好好掌握的一條新途徑。

SECTION 7-2 設置「預警機器人」做企業網路監測前哨

俗話説「民意如流水，東漂西流無常軌」，其實，消費者的想法也像流水一般，難以捉摸和預測。以往要了解消費者的意見，企業得耗時費工派遣專人上網全天監看，然而目前拜網路爬蟲技術和即時通訊 APP 快速進步之賜，已發展出可以偵測口碑風向的「預警機器人」，快速蒐集並篩選出可能衝擊企業的網路負面口碑與意見，並自動傳輸到手機即時通訊軟體（如：line）上，並且定時提供摘要性指示，告訴企業廠商應特別針對哪些重點做出回應，讓行銷人或公關單位不需耗費時間在網路大海中以人工方式搜尋負面評論，同時可以迅速有效地在第一時間快速回應消費者的抱怨或批評。

當然，要建置針對網路負評的「哨兵」，在做法上，必須從網路爬文與資料彙整出發。綜合上述程序，我們首先建置如圖 7-6，首先透過收集各大網站言論之資料庫，再以演算法進行，最後透過預警機器人由 line 推播至企業內部使用者手機上，完成整個預警作業。

⊕ 圖 7-6 預警機器人架構圖

繪圖者：陳靖宜

以下讓我們一步步從技術角度來解釋。由於消費者的網路意見、抱怨和批評文經常是他們使用的文字化敘述（如圖 7-6 的監控各社群貼文所示），PO 文在網路平台上，但這些 PO 文都屬於非結構化資料，必須先轉換為可分析之結構化資料。

一般的作法是，透過爬文技術，悉數擷取事先鎖定的網路口碑貼文（如圖 7-7 所示），其中應包含最重要的文章本身，並將附屬資料一併擷取下來，像是按讚數、分享數、自帶情緒狀態（表情符號等）、時間和日期等有助於判斷的資訊。從圖 7-7 中，我們先行鎖定 FB 粉絲頁等這類非結構化資料，並由相關程式轉換成結構化資料表，以便後續分析。

⊕ 圖 7-7 網路口碑文章資料

繪圖者：張珮盈

接著，透過結巴（Jieba）開源中文切詞類別庫，將爬得的文字加以「切詞」，再加上自我或產業通用的定義詞庫，完成最終切詞程序（如圖 7-8）。

圖 7-8 將非結構化文字資料，切分成結構化資料

繪圖者：彭煖蘋

完成切詞後，由電腦計算出每一個語詞在個別文章中出現的次數（見圖 7-9），也就是俗稱的「文章字詞矩陣（Document Term Matrix, DTM）」，然後即可再儲存至資料庫（如圖 7-6 的資料庫所示），做為後續預測性分析之用。如此一來，圖 7-9 所顯示的欄位即是我們所稱的自變數，也就是可用來預測依變數的「情緒」。此時，「機器學習分類器」便設法從不同文章找出模式（pattern）。而電腦即可對抓取的文章，進行同樣的轉換和比對，接著加以預測。

	共同體	大補帖	企國	投注	算算	誌	互相	法院	三個	這回	寄到
No.1 _ [公告] 關於【補習班】相關文章	0	0	0	0	0	0	0	0	0	0	0
No.1 _ [請益] 北大法專備取	0	0	0	0	0	0	0	0	0	0	0
No.3 _ Re: [討論] 私校MBA真的寧願不讀嗎	0	0	0	0	0	0	0	0	0	0	0
No.4 _ [請益] 一直考不上台科QQ...	0	0	0	0	0	0	0	0	0	0	0
No.5 _ [情報] 103師大放榜（無複試系所）	0	0	0	0	0	0	0	0	0	0	0
No.6 _ [情報] 陽明放榜	0	0	0	0	0	0	0	0	0	0	0
No.7 _ Re: [請益] 複查的用意?	0	0	0	0	0	0	0	0	0	0	0

圖 7-9 將已完成的切詞轉換成文章字詞矩陣

繪圖者：彭煖蘋

值得注意的是，圖 7-9 的文章字詞矩陣即俗稱的「詞帶模型」，如果要提升預測效能，建議改採 tf-idf 法或詞向量法，依據我們的經驗，它可以有效提升 5-10% 的準確度。

接著，展開「輿情分析」步驟（如圖 7-6 的預測演算法所示），利用機器學習找出關鍵性的預警貼文，此處，建議以單純貝氏（Naïve Bayes）分類器做為機器學習分類之用，並以監督式學習演算法做情感分析。單純貝氏分類器的優點在於儲存空間及計算時間效能頗佳，毋需耗費太多時間，且其後驗機率上有嚴格的獨立假設。一旦所蒐集的文本數量達到百萬或千萬筆，可依其特性做最大的評估機率來選擇類別，連帶會使正負詞的機率往極端成長，讓分類更準確；後續如果需再做深度類神經網路的讀者，建議使用捲積式網路（Convolutional Neural Network）如 CNN、RCNN、Resnet 等，以捲積法降維後再進行預測，效果上會比傳統機器學習法要好。

情緒分析方面，透過常見的標註法，事先標記好情緒字詞，讓單純貝氏分類器學習正負面等多種的情緒分類（見圖 7-10），爾後，依照企業偏好的依變數（分享數、留言數等）加以客製化建模。最後將按讚數（Likes counts）、留言數（Comment counts）、留言字詞與分享數（Shares counts）等，當作單純貝氏的自變數，以做為情緒判別，最後產出標示數值的內容警示、網友附議及負評擴散三項指標，並自動傳送到 Line 上，通知企業使用者（如圖 7-6 的 Line 推播所示）。

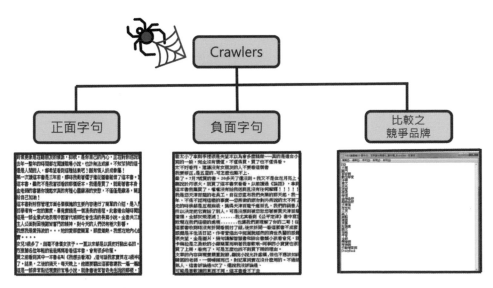

⊕ 圖 7-10 人工標記情感詞庫與比較之競爭品牌

繪圖者：李宛樺

同樣地，依 Mihalcea and Tarau（2004）提出的「文本排序法（Text-Rank）」進行分析，還可製做出「重點摘要」和「建議回答事項」的指示性分析。

完成上述的流程後，我們就可將所選的訊息推播到使用者的手機上，讓成員們迅速知道目前公司或個人應該關注的最新消息及動態（如圖 7-11 所示）。

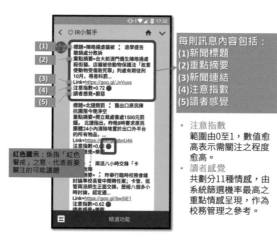
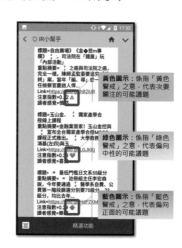

⊕ 圖 7-11　最終 Line 推播畫面呈現

繪圖者：曾琦心

在細部應用上，更可以發現預警機器人的強大之處是，面對每一主題監控的細節程度，實在是一般人力所不能及。以我們自己的校務客戶為例，從圖 7-12、13、14 中分別可以知道該校與學費、霸凌和抽菸等相關之預警推播消息，讓該校完整掌握學校內部動態，以加快危機處理的速度。

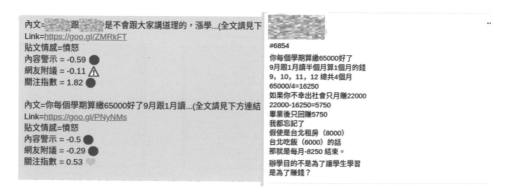

⊕ 圖 7-12　學費相關之預警推播

學校霸凌事件真的越來越多了....霸凌的人你們良心何在？
你們做到了，讓對方轉學
你們做到了，讓對方害怕
請問你們的用意在哪？
好玩嗎？有成就感嗎？很威風嗎？
你們可有想過，萬一受害者因為你們逼死了呢？
你們可有想過，萬一受到最大的傷害是你們呢？
停止這無腦的遊戲可以嗎？
霸凌別人請問可以學到什麼？
霸凌別人可有想過後果？
當你們長大後想起來自己的行為多無知。
我是受害者的姐姐
我尊重他不公開此事
但再有一次發現威脅受害者
你們一個一個準備吃官司吧。
畢竟我手上的證據也不少，請自重。
投稿日期：2018年4月24日 14:16 CST

內文=9學校霸凌事件真的越來越多了....霸凌...(全文詳
Link=https://goo.gl/yQPQEe
貼文情感=憤怒
內容警示 = -1.0 ●
網友附議 = -1.0 ●
關注指數 = 0.05 ◆

⊕ 圖 7-13 霸凌相關之預警推播

拜託學校正視抽菸問題......
可以不要剝奪不抽菸甚至是討厭煙味同學的權利嗎？
無菸校園本來就是趨勢也是政策 學校也不是太大
舉目一堆比我們真理大很多的學校都沒有吸菸區
最近板上吵的最兇而且校地佔全台1%的臺大據我了解根本沒有(可靠消息來源)
設吸菸區可以 但是也請照標準設立好嗎 亂掛個牌子就是吸菸區
那些吸菸的同學我在你家門口掛公廁的牌子 就能進你家尿尿嗎？至少也要有小便斗嘛！
投稿日期：2018年5月3日 15:11 CST

內文=71拜託學校正視抽菸問題......可以...(全文請見下方連結)
Link=https://goo.gl/9Q8MXE
貼文情感=憤怒
內容警示 = -1.0 ●
網友附議 = -0.57 ●
關注指數 = 0.05 ◆

⊕ 圖 7-14 抽菸相關之預警推播

在其他應用上，預警機器人可以搜尋正負面言論，並使用 LINE 類化近期與企業有關的正、負字詞，讓業者能依照字詞制定後續的決策；同時，依企業偏好之依變數（如分享數和留言數）客製化建立模型，以預測「往後發展趨勢」以及「應注意的貼文事項」；製做「貼文的情緒關鍵字詞」，以便制定後續產品策略。至於在訊息發佈上還可利用 Line 定期推播「焦點新聞」，以及定期推出如圖 7-15 的「日／週／月報型的情緒分析圖」。

口碑月週報匯總

⊕ 圖 7-15 口碑週／月報

SECTION 7-3

我的競爭對手到底是誰？用競爭者分析探究竟

許多新興的企業籌備多年，準備在市場裡放手一搏，沒想到進入市場後沒多久，可能還沒有搞清楚對手是誰，就慘遭競爭者擊潰。這樣的事情不僅經常發生在中小企業身上，現在因為少子化問題嚴重，甚至連公私立大學也都有類似問題，而這一點完全無法責備他人，因為很多企業與學校根本不了解誰是敵手，在不能知己知彼情況下，當然無法百戰百勝。

為了解自己的競爭對手，聰明的企業主必須先釐清自己的「競爭者是誰？」、「競爭者在消費者心目中的位置為何？」、「競爭者最新的動態？」等狀態，爾後想方設法進行競爭者分析。過去要回答這些問題，傳統的作法通常是請市調公司協助收集相關的資料，並透過問卷調查或是深度訪談對市場做個深度剖析，或者由資深經理人依據自己的觀察與判斷釐清對手的可能樣貌，然而，在講求速度且科學數據化的時代來說，上述兩種方法的速度及準確性變得愈來愈難以掌握。不過值得慶幸的是，進入大數據時代之後，以行銷資料科學的技術來說，則可透過網路爬文以及資料挖掘、文字挖掘等技術，及時且快速的協助解決上述問題。

舉例來說，國內大學近年來因為少子化問題，除了前段的國立大學因為校譽佳、資源多，幾無招生問題之外，其他後段的公立大學和私立大學，都有學生越來越難招募的困擾。深入來看，第一個原因就是許多大學，搞不清楚自己的競爭者是誰，每次招生時都無從知道自己是與誰為「敵」，那些高三學生在選填志願時，究竟會同時考量哪些大學與科系，他們到底在想什麼？而這樣的情況連帶也造成，即便大學想花錢砸廣告，也都難以瞄準到真正的目標。

以下我們即以台灣 A 大學之競爭分析來做說明。換句話說，我們的目的在於，了解 A 大學與其他學校之間的競爭關係，找出 A 大學的競爭者，進而思考 A 校的改善策略。

由於目前在四年制技術大學推薦甄試過程中，高職考生在考完後，最多可以選填 3-6 個志願，它們雖屬於考生的自由心證與排列組合，但我們透過機器學習中的「關聯式規則（Association Rules）」，可以組合出這一些高三考生會同時選擇哪幾個學校的科系，例如成績達到某個標準後，他除了選擇 A 大學之外，其他五所學校的系所可能會填哪些，我們則利用這些資料，設法找出他們的可能選擇與競爭關係。

最後，再以「互動式關聯性分析結點圖」進行資料視覺化的呈現，瞭解競爭對手之間的關係。其中「潛流出」代表的是高三學生潛在流出率；「潛流入」代表的是高三學生潛在流入率。經過分析後（如圖 7-16），可發現高三同學除了選擇 A 大學外，更可注意潛在流出率高的 C 大學與 F 大學。

⊕ 圖 7-16 關聯性分析節點圖，可掃 QR code 或
點擊 https://bit.ly/2Q0ArNf 觀看互動式圖表
繪圖者：陳靖宜

除此之外，我們還可進一步考量系所狀態（如圖 7-17）。不過限於篇幅，此處僅以大學間的競爭分析探討為主。

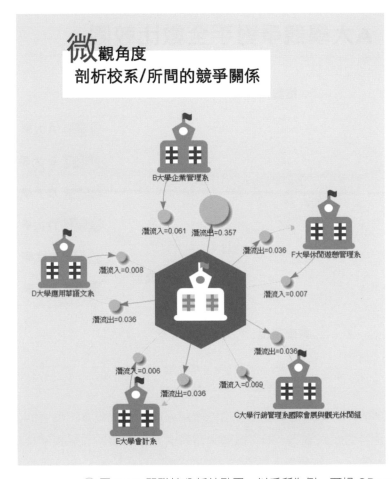

⊕ 圖 7-17 關聯性分析結點圖 – 以系所為例，可掃 QR code 或
點擊 https://bit.ly/2rRFUfU 觀看互動式圖表
繪圖者：陳靖宜

找到競爭對手後，再利用網路爬蟲技術找出校系相關新聞資訊，最終再以互動式雷達圖呈現各校之間的差異（如圖 7-18）。

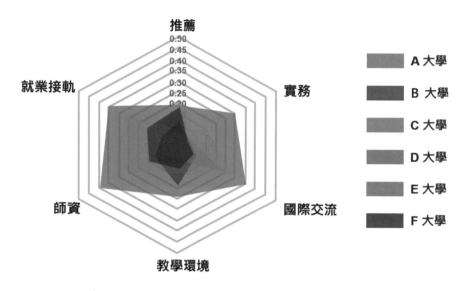

⊕ 圖 7-18　詞向量雷達圖
繪圖者：彭煖蘋

最後我們要強調的是，這類的競爭分析也能應用在各種商業場景。讀者的公司如果剛好有競爭者的網路資訊，即可透過網路爬文及行銷資料科學相關技術快速完成「競爭者分析」，以擬出應對競爭對手的策略。

SECTION

7-4

讓消費者認識你 — 行銷漏斗（The Marketing Funnel）模型

行銷漏斗（marketing funnel）是指「消費者」為解決自身需求，在面對企業提供的產品或服務時，由購買前到購買及購後過程中，所呈現的「購買或再購買機率」持續下降的現象，如圖 7-19 所示。

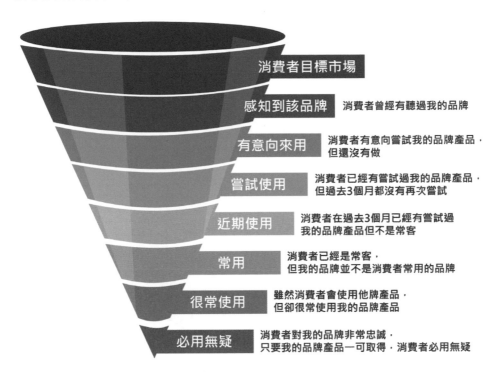

⊕ 圖 7-19 行銷漏斗

繪圖者：周晏汝

★ 資料來源：修改自 Philip Kotler、Kevin Lane Keller，Marketing Management, 14th Ed。駱少康譯，《行銷管理學》，第 14 版，東華，第 151 頁。

從圖 7-19 可發現，最上層是「目標市場」，最下層是「忠誠顧客」，中間分別是「知曉」、「有意願試用」、「試用」、「最近使用（過去 3 個月使用 1 次）」、「經常使用（過去兩週至少一次）」、「最常使用」。從上到下呈現漏斗形式，意指目標市場人數，隨著消費決策程序，從「知曉」到「忠誠」，人數越來越少。

「行銷漏斗」的概念之所以出現在行銷領域，主要在於它可以呈現消費者購買過程的不同階段，並呼應各種消費者行為模式，無論是 AIDA（Attention 認知 - Interest 興趣 - Desire 慾望 - Action 行動）、AIDMA、AISAS、AIDEES、AIETA 等。

從行銷漏斗呈現出來消費者樣貌來看，它擁有相當多元的屬性，根據台科大企管系林孟彥教授的整理，包括全面性、階層性、細目性、過濾性、鏈結性、循環性與合併性，如圖 7-20 所示。

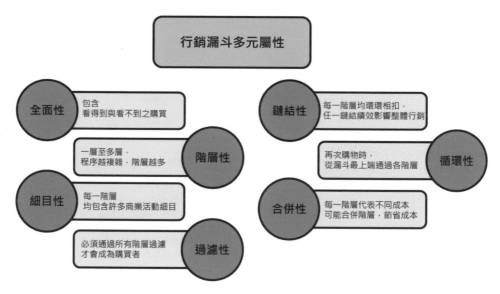

圖 7-20 行銷漏斗多元屬性
繪圖者：李宛樺

1. 全面性：包含看的到的購買（購物結帳），也包含看不到的購買前和購買後。

2. 階層性：由一層到多層，購買程序愈複雜，階層愈多。

3. 細目性：每一階層都包含很多商業活動細目，例如企業和顧客雙方對細目的重視，可能很不相同。

Part 1
概論篇

Part 2
大數據篇

Part 3
行銷篇

Part 4
策略篇

4. 過濾性：能通過一階層的過濾，稱為「轉換率」；反之則是「流失率」。轉換率（conversion rate）+ 流失率（churn rate ）= 100%。顧客必須通過所有階層的過濾，才會成為最終的購買者。愈優質的公司，各階層的顧客轉換率愈高。

5. 鏈結性：每一階層均環環相扣，鏈結在一起。任一鏈結的績效，都會影響整體行銷的效果。鏈結的強度，不在於最強處，反而決定於其最弱之處。因為代表消費者一旦斷鏈，就會離開或流失。

6. 循環性：顧客完成購物，即代表順利通過漏斗的過濾。下次購物時，又從漏斗最上端開始，逐一通過各階層。

7. 合併性：對顧客而言，每一階層都代表不同的購物成本。在熟悉或信任後，顧客可能合併階層，以節省成本…。

行銷漏斗除了呈現不同階段的消費者行為外，更多了「轉換率（conversion rates）」的概念。每個階段都有其各自的轉換率，而造成購買機率持續縮減，相當符合現實消費世界的狀況。

「轉換率」係是指從一個階段（例如：知曉）到下一個階段（例如：有意試用）的比例。首先，我們先來看看轉換率的影響。假設每月有 10,000 名顧客知道了你的品牌，然而每個階層轉換率都以 30% 向下遞減來計算。經過 AIDMA（或 AIETA）五層後，最後真正購買的消費者有幾位？答案是只有 24.3 人。若再加上回頭客 30%，則該月的來客數僅剩 31.6 人。如圖 7-21 所示。

NO	階段	步驟	行銷用語	轉換率 %	人數
1	購買前	Awareness	品牌知名度	30	3,000
2	購買前	Interest	有需求、上網搜尋本品牌	30	900
3	購買前	Evaluation	慾望清單	30	270
4	進店試用	Trial	試用、到店看貨	30	81
5	購買	Adoption	購買	30	24.3
6	愛用者	Advocacy	回頭客、忠誠顧客	30	7.3

圖 7-21 轉換率的影響

繪圖者：何晨怡

透過上面的圖形，我們可以很容易觀察和體會到「轉換率」對真實購買產品或服務人數所帶來的衝擊。簡單講，今天有一萬人經過你的店門口，最終進來購買者卻只有 32 人。現在，你應該知道擁有「集客力」有多重要了。

至於提高轉換率的方法，研究顧客的每一個可能的「接觸點（touch point）」是個很棒的切入方式。「接觸點」意指顧客會接觸到企業產品或服務的任何機會，從消費者尚未購物的平常生活即已開始，到實際接觸的購買體驗，一直到售後的各種可能場景。

事實上，「購買」行為並非顧客到店消費才開始，也非結帳付款後就結束。也因此「接觸點」遠早於消費體驗之前，也遠及於消費體驗之後。每一個進店購買的顧客背後，有多少人流失了？企業常常搞不清楚。俗話說，魔鬼藏在細節裡，企業必須審視每一個接觸點。

舉例而言，現在很多手機大廠除了在電視、網路上大打廣告，他們也很重視消費者實際的體驗，因此設立了很多體驗館，或者舉辦快閃活動，目標就是要把消費者從知曉階段逐步提升到有意試用階段，拉抬轉換率。有了行銷漏斗模型，還可以協助行銷人員了解顧客在進行消費決策程序時，瓶頸發生在哪個階段，例如：從「試用」到「近期使用」的「轉換率」很低，代表在公司在「產品」上可能出了問題。

接下來，我們以百麗國際的實際案例，來看看轉換率的影響：

「最多人試穿卻賣得最差？看一代鞋王如何用科技解決傳統零售盲點」（2018/5/28），資料來源：引用自數位時代。
https://www.bnext.com.tw/article/49265/

過去實體店最大的痛點之一，就是只能知道消費結果，但掌握不了過程，所以無法及時察覺問題，也無法做出相對應的調整和改善。百麗國際就曾經發現，門市內有一雙鞋子的日試穿排名位居第一，但轉換率卻非常低。

如果是在過去，門市可能只能在結算時判斷這雙鞋「不好賣」。但現在則可以知道，消費者其實對這雙鞋有高度興趣，只是因為某些原因，最終無法成交。而進一步探詢之後，他們發現，問題出現在「舒適度」。在改進了鞋子的舒適度問題後，重新調整上架，最終得到試穿轉換率從 3% 拉升到 20%，單日銷售額成長 5 倍以上。

此外，除了提升轉換率之外，階層數的多寡對消費人數也代表重重關卡。事實上，每多一道手續（或階層），流失顧客的機率就大增（如圖 7-22 所示）。如同圖 7-21 中所說，經前述 AIDMA（或 AIETA）五層漏斗後，購買者只剩下 24.3 人。因此讓購買過程簡化，是提升購買人數的關鍵。

行銷漏斗階層數之影響，如圖 7-22 所示，將如何？

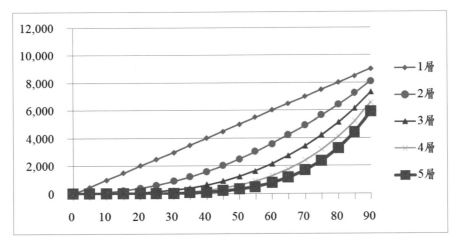

⊕ 圖 7-22 行銷漏斗階層數之影響

更進一步來看，隨著電子商務的出現，行銷漏斗也出現了許多種變化。例如：新的「網路行銷漏斗」包括：未知曉、知曉、搜尋、瀏覽、會員、購買、再次購買、推薦他人。而這整個過程中，消費者也會產生瀏覽資料、會員資料、交易資料、推薦資料等，這些資料也隨著「網路行銷漏斗」人數由多到少，資料的豐富程度由少到多。於是我們可以得到以下的網路行銷漏斗資料來源圖，如圖 7-23 所示。

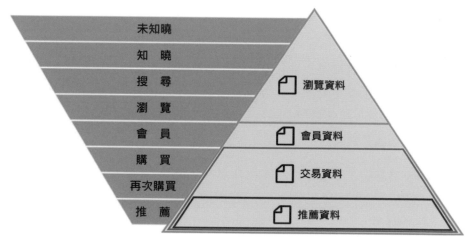

(↑) 圖 7-23　網路行銷漏斗資料來源

繪圖者：余得如

以上的圖形顯示，當顧客透過不同的方式與企業接觸時（例如：官網、Blog、社群網站、call center、櫃檯…等），企業可利用現行的行銷資料科學技術，如網路爬文、資料採礦等，即可累積與分析不同階段、不同類型的資料，並研擬相關的行銷決策，以協助企業提升「網路行銷漏斗」各階段的「轉換率」。

瞭解了行銷漏斗的意涵、特質以及轉換率和階層數的影響後。我們可以再進一步對行銷漏斗加以檢視，對漏斗進行反轉。這是漏斗的另一種思維，稱為「翻轉漏斗（Flip Tunnel）」，概念是從現有顧客開始，如何好好服務他們，可能是更重要的。讓他們幫公司傳遞正面口碑，就能帶進更多的顧客和業績。

套一句行銷大師柯特勒的話，「取得新顧客的成本常是維持舊顧客的五倍，而要將滿意的顧客從現有供應商抽離，需要很大的力量！」

7-5 讓你進一步認識消費者的工具 — RFM 模型

Part 1
規論篇

Part 2
大數據篇

Part 3
行銷篇

Part 4
策略篇

SECTION 7-5

讓你進一步認識消費者的工具 — RFM 模型

想要做生意，就要知道客人在哪裡。在行銷管理課程中，有一項工具可協助公司找出「新客（近期曾經前來公司消費的客人）」、「常客（經常前來消費的客人）」，以及「貴客（消費金額大的重要客人）」，這項工具稱為「RFM 模型」。

有人可能會不服氣，要知道這三類客人在哪裡，不是很簡單嗎？利用公司的電腦打一打不就全部跑出來。是啦！對客戶資訊系統建置很完整的企業，可能很簡單，但可不是每一家企業都有良好的資訊系統，或者老板本人有超強的記憶力，才能辦得到。然而這都還不是本篇文所要講的重點。試想一下，如果你的企業大到一個規模，每天有數萬人或者數十萬名消費者，進出你分散在全國數百個營業據點時，相信你也記不住誰是誰，或是他們究竟在你的公司買了多少金額的東西。

RFM 能做什麼呢？其實它是一個利用三項指標，將客戶分群的工具。RFM 模型是由喬治‧卡利南（George Cullinan）於 1961 年所提出，他發現資料庫分析中，有三項重要的指標：最近一次消費（Recency）、消費頻率（Frequency）、與消費金額（Monetary），這三項指標的英文字母的分別為 R、F、M，所以就稱為「RFM 模型」，如圖 7-24 所示，以下分別說明。

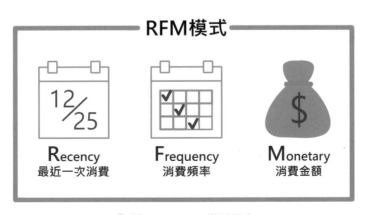

🔼 圖 7-24 RFM 模型概念

繪圖者：張庭瑄

一、最近一次消費（Recency）

如果將消費者購買日期分為五等份，每一等分為資料庫的 20%，最近消費的前 20%，編碼為 5；20%～40% 編碼為 4，以此類推，80%～100% 編碼為 1。等級越高的消費者，重複購買機率越高。

對於位在落後群的消費者，代表已有一段時日，沒有到你的店裡來了。如果他以前常來，或是購買金額很高，企業可以趁著端午節或者中秋節快到時，寄送折價券吸引他們回頭。或是對領先群的消費者，推出滿 3,000 元，就可免費成為新會員的活動，把他們繼續留下來。

二、消費頻率（Frequency）

指消費者在一定期間內購買該產品的頻次。頻次最多的前 20%，編碼為 5；20%～40% 編碼為 4，以此類推，80%～100% 編碼為 1。當消費者的消費頻率越高時，其忠誠度與顧客價值也越高。

針對消費頻率高的這一族群，也可以推出不同的活動，例如累積消費。假設某一條航線的競爭者很多，航空公司就可針對經常搭乘的旅客，推出更快速的哩程累積活動，讓他們成為 100% 的死忠客戶。

三、消費金額（Monetary）

指消費者在一定期間內購買該產品的總金額。金額最大的前 20%，編碼為 5；20%～40% 編碼為 4，以此類推，80%～100% 編碼為 1。當消費者的消費金額越高時，其顧客價值也越高。

消費金額最大的這群客戶，其實他們常常創下紀錄，甚至常上新聞。你知道每年百貨公司週年慶時，都有一批「閃靈刷手」，一出手就刷數百萬，等於一個人抵數百人，難怪百貨公司老板要舉辦封館特賣，並且招待他們在某一兩個特定的夜晚，在百貨公司內欣賞模特兒走秀，並且大吃大喝一頓。

好了，話說回來，用以上的編碼方式，我們可以將顧客依（R,F,M）的分數，共分成 125 群，亦即從最低的（1,1,1）（3 分）到最高的（5,5,5）（15 分）。這時我們就會知道有哪些客人在哪些位置，並且該如何服務他們，甚至給予不同的折扣了。

RFM 模型能協助企業區分顧客，並預測每種顧客類型的消費者行為。當企業對顧客進行分群後，再進一步從公司的顧客資料庫中，分析各群顧客背後的消費者行為，進而發展預測模式。讓公司的顧客關係管理（CRM）系統在應用上，提升到策略性的層級。

再談顧客滿意度與忠誠度

無論對於業界或者是學術界，顧客滿意度與忠誠度都是相當重要的議題。尤其是顧客在購買產品或是體驗服務之後，都會產生滿意／不滿意，進而產生鼓勵／抱怨、忠誠／離開，以及正面口碑／負面口碑的行為，學生對學校也是一樣。

長期以來，滿意度一直都是學界的研究焦點，以下先介紹關於顧客滿意度的經典模型—美國顧客滿意度指數模型（American Customer Satisfaction Index, ACSI），接著再進一步分析行銷資料科學出現之後，對於企業界在顧客滿意度的管理上，產生何種影響。

美國顧客滿意度指數模型（ACSI）是由克拉斯 • 福內爾（Claes Fornell）所提出，他有顧客滿意之父的美譽。ACSI 模型源自於 1989 年的瑞典顧客滿意度（SCSB）模型，其主要對顧客購買商品與服務的品質進行評估。

ACSI 是一個包涵了六項構面的因果關係模型，如圖 7-25 所示。該模型以「顧客滿意度」為中心，左側的「知覺品質」、「顧客期望」到「知覺價值」是顧客滿意度的前因變數，右側的「顧客抱怨」和「顧客忠誠度」為其結果變項。六個構面各包含一到三個測量變數，依據此衡量顧客對產品與服務的意見。以下對六個構面做一簡述：

1. 顧客期望：所謂顧客期望是指顧客，對於公司的各項產品與服務的預期。顧客期望會受到廣告、口碑等影響，以及個人對於公司未來提供服務能力的預期。

2. 知覺品質：是指衡量顧客對於公司產品與服務品質的評價，影響知覺品質的因素，包括：公司的客製化程度（即滿足個人需求的程度）以及可靠度（即犯錯的頻率）。

3. 知覺價值：是指將價格因素列入考量，衡量顧客對於自身所付出的價格或勞務，與所獲得的品質之間的知覺程度。通常「價格」對第一次購買相當重要，但對重複購買的滿意度影響性會降低。

4. 顧客抱怨：衡量顧客購買該產品或服務後的一段時間內，直接對公司產生抱怨的百分比。顧客抱怨與顧客滿意度呈負相關。

5. 顧客忠誠：指顧客再次回購的可能性，包括了顧客保留率與價格容忍度，這個構面和公司的獲利有直接的關係。

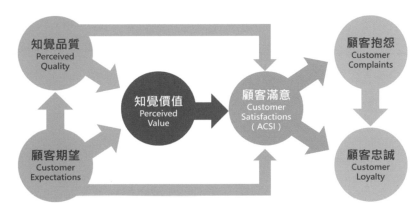

圖 7-25 美國顧客滿意度指數（ACSI）模型

繪圖者：張庭瑄

★ 資料來源：Anderson, E. W., and Fornell, C.（2000），"Foundations of the American Customer Satisfaction Index," Total Quality Management, 11（7），869-882.

在 ACSI 模型中，「顧客期望」為最初的前因變項，會直接影響「知覺品質」、「知覺價值」與「顧客滿意度」。「知覺品質」會影響「知覺價值」與「顧客滿意度」。而「顧客期望」和「知覺品質」都會透過「知覺價值」影響「顧客滿意度」。「顧客滿意度」則會產生「顧客抱怨」與「顧客忠誠度」，「顧客抱怨」會負向的影響「顧客忠誠度」，若能有效的處理「顧客抱怨」則會改善其「顧客忠誠度」。

ACSI 模型在使用上仍有它的侷限，像是調查的結果無法顯示顧客滿意或不滿意的具體原因，只能了解顧客在知覺感受的層面。在顧客忠誠度方面的考量亦不齊全，只衡量再次購買意願與價格容忍程度，但卻沒有將是否會再推薦他人以及進行交叉購買的意願納入。

然而，因為 ACSI 模型已累積十多年的相關數據，在信度、效度方面有良好的表現，對於發展與評估顧客滿意指標，有相當大的參考價值。而目前拜行銷資料科學發展之賜，處理大量數據相當簡單，因為要了解個別消費者是否有推薦他人（如顧客推薦方案），以及是否有交叉購買，可以由會員資料庫快速尋找出來。而要了解個別客戶滿意或不滿意，則可連結到客訴資料庫，或是在網路平台上即時搜尋網路正負評，以上這些做法，都可讓顧客滿意度管理變得更加可行。

SECTION 7-7 顧客滿意與不滿意行為的再檢討

有關顧客滿意度的討論，除了上一篇文章所談的 ACSI 架構，在行銷實務上，企業有興趣的變數，還有「顧客讚美」、「顧客離開」與「口碑宣傳」。

「顧客讚美」意指顧客透過信件或是口頭對所服務的人員表達感謝。這樣的行為能給予客服人員肯定，並激勵其他的第一線工作人員，至於「顧客離開」意指顧客不再上門。

相對於「顧客忠誠」強調的是鼓勵顧客多次消費，而「顧客離開」則必須防止顧客不再上門。

至於「口碑宣傳」則包括「正面口碑」與「負面口碑」，對於企業來說，要想辦法增加顧客進行「正面口碑」宣傳，同時避免「負面口碑」傳播。以上概念如圖 7-26 所示。

從「資料蒐集」的實務角度來看，過去「顧客滿意／不滿意」多是透過問卷調查來蒐集。「讚美／抱怨」則是透過現場記錄、顧客投票、網站客服意見回饋區等方式來蒐集。「忠誠／離開」則是透過購買紀錄來分析。「正面口碑／負面口碑」的行為資料，則可透過網路監控的方式來蒐集。

要了解顧客比以往容易許多，像是小米手機的創辦人雷軍公開表示，「他很在乎每個客戶怎麼看小米」。他並以中國小米手機為例表示，剛創辦小米時，就利用網際網路發動了至少十幾萬的客戶，參與小米的研發。如果沒有仔細去分析過大量、個別消費者的真實想法，相信小米也無法抓準消費者的胃口，做出符合消費者最重視的高性價比手機。

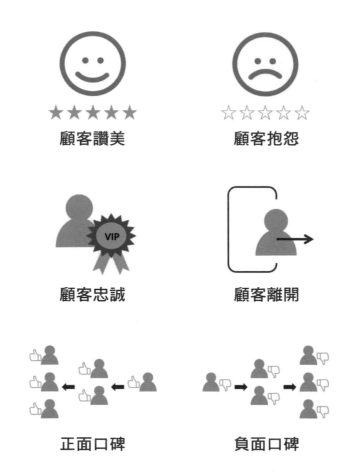

顧客讚美　　　　　　顧客抱怨

顧客忠誠　　　　　　顧客離開

正面口碑　　　　　　負面口碑

⊕ 圖 7-26　滿意度後的行為
繪圖者：余得如、王舒憶

再以「口說口碑」為例，以往無論是消費者稱讚企業的正面口碑，或者批評某某餐廳的負面口碑，只要一說出口旋即就「消失在風中」，企業根本無從了解哪些產品或服務需要改善，或者是有哪些需求沒有被滿足。然而，現在消費者發表在網路上的口碑，無論正、負面內容都已被電腦記錄了下來，企業只要針對會員的社群使用特性、發表內容和進一步查找資料等行為與習慣，藉由比對使用者行為，以及口碑的質化與量化資料，就可以過濾、篩選、分析以及剖析社群中網友的行為模式，並且找出網路熱門話題與趨勢。

SECTION
7-8

經營環境的偵測器 —
SWOT 分析

要在江湖走跳，你起碼得先知道自己身處的環境，到底長成什麼模樣，究竟自己的身旁是鳥語花香，還是野獸環伺。企業管理界最常使用偵測的工具之一，就是美國史丹佛大學漢佛列教授提出的 SWOT 分析，讓你可以在江湖中知己知彼，知道自己身在何處。

不過，這裡得先說清楚一件事，SWOT 分析能否發揮功效，要記得很重要的一件事是，務必先把自己的偵測天線打開，並且誠實以對，才能讓它有效運作，否則只是浪費時間。

1960 年代，美國史丹佛研究所（Stanford Research Institute）的亞伯特・漢佛列（Albert Humphrey）提出了 SWOT 分析的概念。SWOT 分析協助企業檢視自身的優勢（Strengths）與劣勢（Weaknesses），並分析外部環境的機會（Opportunities）與威脅（Threats），進而發展規畫方案（如圖 7-27 所示）。

企業在使用 SWOT 分析時，需要注意的是，即便相同的環境，對於不同企業而言，所代表的機會與威脅並不相同。對於企業來說，能掌握的才叫機會，不能掌握的則有可能成為企業的威脅（尤其是機會遭競爭者所掌握）。

當然，SWOT 分析的四個象限輸入條件，可能非常主觀，就看當事的企業要睜一隻眼或閉一隻眼，還是決定無視外界環境挑戰，逆勢而為。

更重要的是，現在市場的競逐，有時已不見得是來自業內可見的競爭者，反而是來自跨業的競爭者的偷襲，像是美國以賣書起家的網家亞馬遜，不僅擊潰了實體的書店，現在更跨行至日用百貨，連百貨業者都受其影響，因此這也是要企業在使用這項工具時，務必把天線打開，將各類訊息都納入，而企業也一定得誠實以對，才能知己知彼，也才能在市場上百戰百勝。

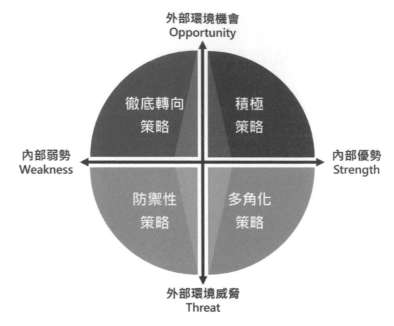

⊕ 圖 7-27 SWOT 分析
繪圖者：廖庭儀

★ 資料來源：From Arthur A. Thompson Jr. and A. J. Strickland III, Strategic Management：Formulation, Implementation and Control, 6th edition, 1997. Reprinted by permission of McGraw-Hill Company, Inc., New York, NY.

再進一步看，過去在蒐集外部環境機會與威脅的資料時，一般會透過購買政府、產業公協會、媒體、市調公司的調查報告，或是透過企業自行進行行銷研究，蒐集市場資訊。現在則可透過全世界的線上開放資料，以及網路探勘等行銷資料科學的工具，隨時來蒐集所需的市場資料和消費者意見。

在分析內部優勢與劣勢時，行銷資料科學也扮演著重要的角色。資料與資料科學將成為新時代的策略性資源，這對於企業在進行內部優劣勢分析時，提供了更完整的考量。

總而言之，行銷資料科學讓 SWOT 分析變得更加嚴謹且完整。

Part 1
規論篇

Part 2
大數據篇

Part 3
行銷篇

Part 4
策略篇

SECTION

7-9　AI 人力資源管理

與一位人資主管聊天，她知道我對 AI 行銷學（人工智慧行銷學）有所研究，於是便聊到了 AI 在人力資源管理上的應用。

簡單來說，AI 能夠取代人類，取代人類的感官與思考判斷。舉例而言，目前的影像辨識、聲音辨識、文字辨識等技術越來越成熟，這便對人力資源管理產生了許多應用。

我們以「選、訓、用、留」為例，簡單透過徵才選才（選）、教育訓練（訓）、考核發展（用）、薪酬離職（留），來對 AI 在人力資源管理應用的場域進行說明，如圖 7-28 所示。

選

- 數據分析技術：職位競爭分析及履歷搜尋、分析與媒合
- 人資客服機器人：回答潛在面試者問題、智能面試

訓

- 適性化學習系統：對員工進行診斷
- 學習歷程分析：職涯發展規劃、個人化推薦課程

留

- 數據分析技術：監測外部薪資、職缺等輿情
- 離職預警系統：降低離職率

用

- 企業人才資料庫：彙整企業人才相關資料，識別人才畫像以利績效考核及職涯規劃

（徵才選才　教育訓練　薪酬離職　考核發展）

⊕ 圖 7-28　AI 人力資源管理
繪圖者：鍾淳育

1. 徵才選才（選）

   在招募、甄選上，企業可透過數據分析技術，進行職位競爭分析，提供人資在招募上的建議。而當履歷眾多時，企業能透過數據分析技術，對履歷進行搜尋、分析與媒合。企業也可以透過人資客服機器人，來回答潛在面試者的問題。企業還可以透過 AI 系統，來進行智能面試等。

2. 教育訓練（訓）

   企業可以透過 AI，來提升教育訓練的效率與效果。例如，透過適性化學習系統，對員工的知識、技術、能力進行診斷，進而發展個人化的學習地圖，並提供個人化的推薦課程。之後還可以對員工的學習履歷進行分析，與其職涯發展規劃做應對，進而推薦相關課程。

3. 考核發展（用）

   建置企業人才資料庫，將企業人才之工作經歷、個人技能、教育訓練、組織認同、職涯規劃、薪酬績效…等相關資料彙集整理，識別出每位同仁的人才畫像。以利績效考核與協助發展個人未來的職涯規劃。

4. 薪酬離職（留）

   企業可透過數據分析技術，監測外部薪資、職缺等相關輿情，以利調整公司的薪酬制度。同時可透過 AI 技術，建置離職預警系統，提早介入，降低離職率。

AI 行銷學的對象是企業外部的消費者，強調精準行銷；AI 人力資源管理的對象是企業內部的同仁，強調精準人資。背後技術相同，只是應用場景不同，相信未來還會看到更多 AI 技術在人力資源管理上的應用。

SECTION 7-10 甄選新工具 — 透過 AI 分析社群媒體內容預測面試者特徵

常聽到許多企業主管說，無法找到適合的人才；反觀身邊有許多優秀的學生，也找不到適合的工作。這背後呈現出職場上人才媒合的效率，還有著很大的進步空間。而學界與業界也就這個議題，不斷地進行研究，希望能為人才媒合效率與效能的提升，盡一份心力。

有學者就發現，社群媒體上的內容，背後隱藏著大量關於個人特質的資訊，而這正是企業在決定是否僱用某位面試者之前，想要知道的東西。

身為心理學家、作家、亦是創業家的湯馬斯·查莫洛–普雷謬齊克（Tomas Chamorro-Premuzic）博士，在《Fastcompany》上發表了一篇文章，〈How social media data secretly reveals your personality to hiring managers〉[1]，提到企業可透過 AI，分析面試者在社群媒體上的內容，來了解面試者的特徵。如圖 7-29 所示。

⊕ 圖 7-29 透過 AI 分析社群媒體內容預測面試者特徵

---

1 https://www.fastcompany.com/90651669/how-social-media-data-secretly-reveals-your-personality-to-hiring-managers

例如，Facebook、Twitter 上的文字，不僅可以預測消費者的偏好，還可以預測人格特質，而人格特質又與工作績效相關。學者透過自然語言處理技術，分析人們使用的詞語及頻率，可以了解他的個性是理性或是情緒；積極還是消極；信任還是懷疑等。而企業可以透過演算法，分析面試者 Facebook、Twitter 上的內容，預測其智力與個性。

至於 Instagram、YouTube 和 TikTok 上的照片與視頻，呈現出聲音、表情等語言和非語言的訊號。企業可藉由分析這些訊號，了解他們的心理特徵、同理心、與社交能力。雖然目前的演算法並非完美，但當有了足夠的時間與數據，AI 將能夠在情感認知方面超越人類，尤其是在分析陌生人的特徵時。

以上這些研究的出現，會促使企業在招募時，先搜尋面試者在網路上的相關資訊。無論是他們在 LinkedIn 上放置的技能和工作經驗；在 Instagram 上分享的照片；Facebook 群組上的內容，以及他們在 Twitter 上所說的話。企業將透過這些網路數據，更了解面試者的個性。只是，大部分的面試者，可能還不太了解他們平時使用社群媒體的經歷，可能會想自己在未來求職的過程。

最後，查莫洛－普雷謬齊克提醒，雖然企業不可能捨棄履歷、面試等甄選的工具，也不可能不受第一印象、月暈效果、刻板印象等因素的影響。但透過 AI 分析社群媒體內容，來加強對面試者的了解與判斷，將會是一項有用的甄選工具。

SECTION
7-11

職場新鮮人看這裡 ── **AI** 會選才

招募員工是企業一項非常重要的工作，因為選出來的團隊夥伴攸關企業經營的成效。進入人工智慧（AI）時代，未來企業選才就像電視上那一句著名的廣告台詞「電腦嘛 A 撿土豆（花生）」，人才如果不是電腦挑選的，起碼也是電腦協助挑出來的。

不久前，美國人力資源招募公司 Paysa 曾經利用 IBM 的超級電腦華生（Watson），對美國科技業的大老闆們進行了一項有趣的分析。

Paysa 去蒐集財星前數十大的企業老板所寫的書、演講的內容，以及記者採訪他們的實錄等資料，接著透過華生（Watson）的人工智慧技術進行分析。結果發現，在「謹慎」這項特質上，特斯拉的執行長艾隆・馬斯克（Elon Musk）排名第一，比爾・蓋茲（Bill Gates）排名第五；至於在「決斷力」上，微軟執行長薩蒂亞・納德拉（Satya Nadella）排名第一，比爾蓋茲排名第二。

想像一下，透過類似的方式，使用 AI 分析，已可以大致知曉個人可能具有的人格特質，而一些大公司已經開始利用人工智慧來協助進行招募與甄選。

舉例來說，英國與荷蘭的跨國消費品公司「聯合利華」每年大約會收到 25 萬封的應徵履歷，透過人工智慧（AI）技術，可以大幅減少招募與甄選的流程與成本，並且增加甄選的有效性。聯合利華作法是，應徵者通過 Facebook 或 LinkedIn 在線上繳交簡歷後，隨後被要求在 Pymetrics 平台上玩 12 個小遊戲，以判斷其是否符合相關職位的需求。

當應徵者通過測試後，會接到 HireVue 的視訊面試通知。在面試時，應徵者只被允許透過手機，面對鏡頭進行回答。HireVue 則會同步辨識與分析面試者的臉部表情、說話方式、肢體動作等，最後提出面試結果的建議。根據聯合利華的統計，運用上述的人工智慧（AI）技術，聯合利華在招募與甄選上，時間大幅減少 75%。

事實上，藉由求職者主動投遞來的履歷，進行人格特質分析並不是難事。美國 Entelo career 公司（https://www.entelo.com/company/careers/）就開發出一套叫做 Interviewed 的面試軟體，用以協助人才招募。它結合「機器學習」和「自然語言處理」技術，可以分析一般人經常使用的詞語，並以此預測求職者的人格特質是否與企業文化貼近。舉例而言，Interviewed 能歸納一個人的常用詞彙，像是他如果習慣使用「請」和「謝謝」，就可依此評估出他是個有禮貌、具同理心的人，同時進一步推論他和同事、客戶溝通的方式。

現在你也可以想得到，往後 AI 一旦主動出擊，自己上網去搜尋有意求職者的 Facebook、推特和 IG 等社群網站，篩選出應徵者在網路上的個人公開訊息，並提供一定的篩選流程，協助人資主管搜索應徵者，甚至是發掘出應徵者不為人知的另一面。

這時候職場新鮮人就要擔心了，資訊界一向流傳一句話叫做「凡走過必留下痕跡」。你過去留在網路上所有的東西都會被篩選出來，還沒有去面談就等於赤裸裸地站在應徵單位前，供對方品頭論足。當然你也可以選擇完全不上網，不在網路上留下任何「數位足跡」，但對方這時又可以反過來說，不接近資訊等於與時代脫節，乾脆就不予錄取。現在，你知道 AI 的厲害了吧！

STP 理論與
行銷資料科學

- ☑ 選你所愛，愛你所選 — 市場選擇工具 STP 分析
- ☑ 利用行銷資料科學滿足所有客戶
- ☑ 市場區隔的「MECE」
- ☑ 吃大象的方法 — 切割微市場
- ☑ 選擇目標市場
- ☑ 你是唯一 — 大數據時代的個人化服務（personalization）
- ☑ 我在你心中的位置 — 淺談產品定位
- ☑ 打進你心中的方法 — 定位策略
- ☑ 網路品牌定位程序
- ☑ 網路口碑市場佔有率怎麼算？ — 行銷資料科學來幫忙
- ☑ 網路口碑市場佔有率策略
- ☑ 不是行銷專家，一樣能找出自身市場定位

SECTION 8-1

選你所愛，愛你所選 ── 市場選擇工具 STP 分析

從企業經營觀點來看，公司本身的產品如果能讓消費者一體適用，吃下全部的市場，固然是好事，但偏偏要生產出這樣全方位的產品，難度頗高。比較明智的作法，反而是選擇一群確定的目標消費者或客戶，並提供其所需的產品。在行銷學和實務上，企業如果想要採取這樣的作法，則可透過稱為「STP 分析」的工具來達成。

行銷學裡著名的 STP 理論指的是目標市場的選擇過程，它的程序包含「市場區隔（Segmentation）」、「目標市場選擇（Targeting）」以及「產品定位（Positioning）」，如圖 8-1 所示。

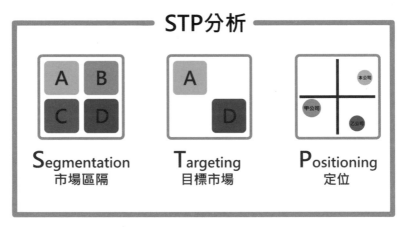

⊕ 圖 8-1 STP 分析
繪圖者：張庭瑄

「市場區隔（Segmentation）」主要在透過區隔變數，將整體市場區分成數個小市場，並描述各區隔市場的輪廓。至於區隔方法，可依地理、人口統計變數、心理和行為變數來區分。例如以「地理條件」來區分，市場就可依國家、地區、城市、農村和氣候再區分；而人口統計變數，則可依年齡、性別、職業、收入、教育、家庭人數、家庭類型、家庭生命周期、國家民族、宗教以及社會階層；至於行為區隔，則可用時機、追求利益、使用者地位、使用率和忠誠度。

以智慧型手機為例，除了一般打電話、上網等需求之外，有些使用者會非常在意照相的品質，因此一定要有超高畫素。而有些使用者則對別人看到他拿哪一款手機非常在意，因此可能會選擇特定的品牌 Logo，或是顏色、造型特別鮮艷，甚至像 Vertu 手機，上面就要鑲鑽。

「目標市場（Targeting）」的選擇，主要在評估哪一些區隔市場對企業的吸引力最大，進而進攻這些目標市場。而企業要選擇哪些目標市場，本身應該先釐清、並且知道該為哪一類用戶服務，可以滿足他們的哪一種需求，這是企業在行銷活動中的重要策略。以智慧型手機的品牌商來說，有些專注在高價市場；有些專注在老年人或年輕人市場，有些則以開發中國家市場為主。如果弄錯了，把在先進國家銷售的高價手機拿到開發中國家市場，可能就會因為國民平均所得偏低，而面臨賣不動的窘境。

「產品定位（Positioning）」則是針對每一個所選定的目標市場，發展定位策略。當初 Apple 的 iPhone 手機剛問市，就一舉把自己定位成擁有尖端技術，且能提供極致體驗方案的智慧型手機，加上應用程式多樣而有趣，很快就顛覆傳統按鍵式手機的市場，取得領導地位。

進一步來看，市場定位在於為自己的產品創造鮮明的個性，塑造出獨特的市場形象來實現。因為一項產品通常由構造、成分、性能、包裝、形狀或品質等因素綜合而成成，而市場定位就是要強化或放大某些因素，形成與眾不同的獨特形象。以賓士汽車為例，在台灣就被定位成社會菁英的座駕，不會與一般國民車的訴求相重疊。

STP 分析乃是以消費者為中心，而非以產品為中心的溝通方式。STP 分析能協助企業更有效率和有效果來經營市場，企業可選擇對自己最有價值的區隔市場，發展定位策略，以及制定行銷組合。而現在因為行銷資料科學的進步，企業能更快掌握消費者的想法，無論是要區隔市場、選擇目標市場，或者發展定位策略，都比以往快速很多。

在後續的文章中，我們將更詳細地介紹市場區隔（Segmentation）、目標市場（Targeting）及定位（Positioning）與行銷資料科學的關聯。

SECTION 8-2 利用行銷資料科學滿足所有客戶

「一旦企圖滿足所有人時，我們將無法滿足任何人！」（Please everyone, and you will please no one!），這句話，點出了市場區隔的重要性。市場區隔的價值，在於沒有一種產品能夠滿足所有人的需求。因此，將整體市場區分成更多的小市場，才有機會滿足不同顧客的不同需求。

市場區隔的概念，源自於 18 世紀的工業革命。當時的英國社會階級分明，火車上根據貴族與平民的需求，將車廂分成「商務車廂」與「標準車廂」。而這同時也是經濟學上「差別取價（price discrimination）」概念的由來，而現在許多航空公司更將此發揮得淋漓盡致，把客機區分成頭等艙、商務艙和經濟艙，其中還可以再分從櫃台、網站、旅行社售出的不同票種，你可以想像，同樣一段航程，賣出的票價差額竟然可達十數倍。

市場區隔（Market Segmentation）是指利用區隔變數將一個大市場分割成數個小市場，其中這些小市場中的顧客具有同質性。在行銷學的學理上，我們將市場簡單分成「消費性市場」，對象主要是消費者；「工業性市場」，對象主要是企業用戶、政府機關等。

根據柯特勒在《行銷管理》一書中所提，在進行市場分析時，區隔的變數包括：地理類、人口統計類、心理類、行為類，如圖 8-2 所示。

1. 地理類：區域、城市大小、人口密度…等。

2. 人口統計類：性別、年齡、收入、職業、教育程度…等。

3. 心理類：人格、生活風格、社會階層…等。

4. 行為類：需要與利益、使用時機、使用頻率、忠誠度…等。

① 圖 8-2 消費性市場之市場區隔變數

繪圖者：周晏汝

＊ 資料來源：Kotler, Philip 著，方世榮編譯（1999），行銷管理。

傳統行銷裡，進行市場區隔的變數包括，人口統計變數、地理變數、心理區隔和行為區隔。企業可透過選擇合適的變數（如：性別），將消費者區分為不同群體（如：男性與女性），使每個子群體內部的消費者，有著相同的需求或特徵。如此一來，企業即可透過行銷組合 4P，來滿足此群體的需求，例如：美國知名專業登山背包品牌 Gregory，針對不同性別的顧客，設計出男性專屬與女性專屬的登山背包。

不過，由於現在的世界變動太快，現在看起來，如果單以人口統計區隔還是有其限制，畢竟相同年齡區間、相同性別的顧客，其需求差異還是很大。而地理區隔也因交通工具的發達（例如：台灣高鐵所帶來的北高一日生活圈）、網路科技的進步（例如：網購的普及、電子書等遠距學習數位產品服務的出現）等，產生很大的改變。

在心理區隔方面最典型的代表，是美國「史丹佛國際研究院」（SRI International）於 1978 年所發展的「價值與生活型態調查」（The VALS™ Segment Profiles）或 VALS（Values and Lifestyle Survey），其透過人格特質、生活型態、價值觀等，將消費者區分為 8 種主要的區隔群體。但是，由於

環境的變遷，消費者的價值與生活型態有了很大的改變，縱使此調查每年進行更新，但區隔出來的市場對企業來說，要全面接觸消費者還是困難重重。

至於行為變數，在網路及物聯網出現後更是變化多端，儘管消費者行為的資料越來越能被企業所掌握。不過就真實狀態而言，許多消費行為還是無法真正被記錄下來，這也形成了企業在實施行為區隔時的重大限制。

而要解決以上問題的方法有兩種，一是由上而下，將市場藉由傳統市場區隔的方式，透過更多的市場區隔變數切割的更細，來進行區隔。另一種則是由下而上，先採取個人化，再將性質相近的個人化需求進行區分，之後再回來歸類出市場區隔[1]，如圖 8-3 所示。

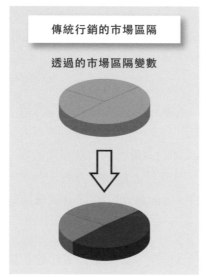
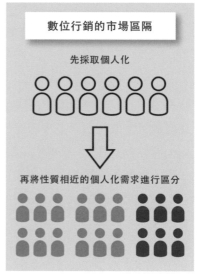

⊕ 圖 8-3 傳統行銷與數位行銷市場區隔之差異
繪圖者：張珮盈

＊ 資料來源：牧田幸裕，《數位行銷教科書：虛實全通路導入大數據的獲利管理學》，譯者：柯依芸，幸福文化出版，2018.12.26。

---

1 牧田幸裕，《數位行銷教科書：虛實全通路導入大數據的獲利管理學》，譯者：柯依芸，幸福文化出版，2018.12.26。

上述的市場區隔變數，透過行銷資料科學，還可以進行更複雜的設計。以下我們再以位於美國舊金山的服飾購物網站 Stitch Fix 的實例來說明。

Stitch Fix 專門提供消費者個人化造型的建議與產品。他們並分析消費者的基本資料，例如：身高、體重、穿衣風格、喜好顏色、偏好材質，進一步給予客製化的建議。

隨著消費者購買次數、問題討論次數、以及與造型師溝通次數的增加，Stitch Fix 透過機器學習，給予消費者的推薦效果也越來越好。Stitch Fix 運用資料科學，將市場區隔的概念發揮到極致，在提供消費者「客製化」服務的同時，還能持續擴大規模。創辦人卡翠娜・雷克（Katrina Lake）認為，這套商業模式成功的關鍵，在於背後的演算法以及資料科學家的貢獻。

傳統的行銷研究透過問卷的方式，讓消費者對各種變數進行填答，但消費者在填答的過程中，無論是有意或無意，他們可能未必會填答真實的資料。

反觀在大數據分析裡，所分析的數據是從真實世界中消費者的「行為」所擷取，所以不會有「垃圾進，垃圾出」（Garbage in, Garbage out）的問題。這同時也代表藉由數據分析所得到的資訊，屬於相對真實的消費者行為。

「當我們企圖滿足所有人時，我們將無法滿足任何人！」但在現今，利用行銷資料科學的工具，企業有機會透過客製化服務的提供，滿足所有人的需求。

Part 1 緒論篇

Part 2 大數據篇

Part 3 行銷篇

Part 4 策略篇

8-7

SECTION
8-3 　市場區隔的「MECE」

行銷人在進行市場區隔劃分時，經常會提到所謂的「組內同質」、「組間異質」。其實，組內同質（homogeneity）意指進行區隔後的每個小市場裡，每個消費者會具有同質性，例如都是 18 歲到 21 歲；組間異質（heterogeneity）指的是進行區隔後的各個小市場之間，消費者具有異質性，例如 A 市場區隔的消費者年齡為 18-21 歲，B 市場區隔的消費者年齡為 22-25 歲。

不過，值得注意的是，組內同質和組間異質其實只有做到「互斥」，在進行市場區隔時，還得進一步做到「周延」。麥肯錫顧問公司提出「MECE」（Mutually Exclusive Collectively Exhaustive）的概念，中文的意思是「相互獨立，完全窮盡」。

我們以圖 8-4 為例來對這個觀念進行說明。在進行市場區隔時，假設將所有人全部進行市場區隔。

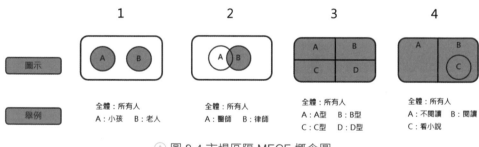

🔺 圖 8-4 市場區隔 MECE 概念圖

繪圖者：李宛樺

1. 相互獨立，不完全窮盡：全體為所有人，年紀分小孩、老人。小孩與老人彼此相互獨立，但年紀還有青年、中年、壯年等，所以此市場區隔沒有完全窮盡。

2. 相互不獨立，不完全窮盡：全體所有人，職業為醫師、律師，有少部分的醫師同時考取律師，同時職業不只醫師與律師，所以此市場區隔為相互不獨立，且不完全窮盡。概念上很像是最近大家一直在談的「斜槓青年」，意謂著一個年輕人可以有很多不同的身分。

3. 相互獨立，完全窮盡：全體為所有人，以血型來說，只有四種：A、B、AB、O，所以此市場區隔彼此相互獨立且完全窮盡。

4. 相互不獨立，完全窮盡：全體所有人，依閱讀行為可分成：不看書與看書，其中會看書的族群裡，還有會看小說的次族群，所以此市場區隔為相互不獨立，但完全窮盡。

為什麼要提出 MECE 來討論呢？因為一旦在做市場區隔時，如果沒有相互獨立，就不容易發揮市場區隔的效益，而市場區隔時如果沒有完全窮盡，容易忽略潛在市場。

以過去很有名的藍海市場理論為例，就是韓國籍學者金偉燦（W. Chan Kim）和法國學者勒妮・莫伯尼（Renée Mauborgne）發現，很多企業都發展同性質的產品，最後只能在價格或功能上調整，相互廝殺，最後將市場變成一片紅海。事實上，企業往往忽略掉還有其他潛在市場，並沒有去開發。

舉個例子來說，西洋最早的健身房是由男性開始，後來女性也進入健身房鍛鍊，雖然部分健身房成為西方男女約會的場所，但其實有些女性不喜歡自己的身材被人盯著看，以及每次男生用完健身器材，都得要去調整的尷尬問題。因此，現在市面上頗受歡迎的可爾姿女性專用健身中心，就是專門為不喜歡男女混合健身中心的女性，特別開闢出來的藍海市場。從市場區隔的角度來看，就是已經有了市場 A（男）和市場 AB（男女混合），卻忘了市場 A（男）和市場 B（女）可以各自獨立健身。而可爾姿只是將市場依男女進行劃分，並在定位上凸顯出「女性專用」，就獲得了龐大的商機。

8-4　吃大象的方法 ─ 切割微市場

許多企業通常懷有吃下大市場的野心,從市場經營觀點並沒有對錯問題,只是有時難免力有未逮,因為小企業不能有那麼多的業務代表,去照顧到那麼多的客戶。麥肯錫顧問公司資深顧問曼尼許·高亞爾(Manish Goyal)2012 年 7 月,在哈佛商業評論上發表一篇「小市場大獲利」(Selling into Micromarkets)。作者建議企業不妨先將大市場切割成許許多多的「微市場」(Micromarkets),而這種方式就像「如何吃完一頭大象」,象的身體龐大,不論是誰,胃口再好,也無法一次吃完,但你可以將它切成一塊塊,然後一塊一塊慢慢吃進肚子裡去。

高亞爾的想法是,「市場」原來就是由許多「購買者」所組成,而「微市場」其實就是比較小的市場。將原本的市場,先行切割成許多的微市場,再根據這些不同的微市場,以發展出不同的行銷組合。而這個概念就是「市場區隔」的向外延伸。「市場區隔」是指利用「區隔變數」,將一個大市場分割成數個小市場,其中,部分小市場中的顧客便具有同質性。

高亞爾認為,企業要成功銷售,應該先建立微市場策略,亦即針對有潛力的微市場,找出新成長點。同時,透過數據分析的協助,讓企業有很好的機會找出高獲利潛力的微市場,如圖 8-5 所示。

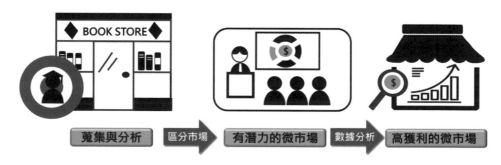

⊕ 圖 8-5　微市場
繪圖者:王彥琳

舉例來說，一家原本以各縣市大學學生為主要目標族群的教科書書商，即可透過收集與分析內外部資料的方式，將市場區分成以校為單位的微市場。

透過外部平台（如：政府開放資料平台）找到各大學的次級資料（如：各個年級、各個科系的學生人數等），以及書商本身過去幾年的內部顧客資料（如：各學校、各科系的營收狀況等）。該書商即可分析出各大學過去與現在的狀況，進而預估未來的市場成長概況。同時，該書商也可以將競爭者分析，控制在以校為單位的微市場，分析自己在各校的市場占有率，進而根據不同的市場地位，發展出相對應的行銷策略。

此外，當企業將原本的市場切割成微市場後，也有利於調兵遣將。舉例來說，上述書商就可以根據不同學校的競爭狀況，派遣資深業務擔任駐校代表，攻佔各個不同的微市場。

高亞爾同時也認為，要經營微型市場，B2B 銷售會比 B2C 更有機會，而且可以應用大數據分析把這些微市場找出來，不過，要採取這種行動，管理階層必須有勇氣和一些想像力。

由於多數企業的銷售主管，大都根據區域的目前或是歷史績效來部署資源人員。他並舉例說，有一家化學公司並不像過去一樣，依照地區來分配當年的銷售額，要求業務代表應該要賣出多少，而是調查特定地區的的市場佔有率。而依據大數據做出微市場分析後顯示，儘管這家化學公司市整體市佔率只有 20%，但在某些微市場內市佔率可是高達 60%，其中甚至包括高成長的市場，經分析後該公司重新調配銷售隊伍來因應。

例如，原先一名銷售代表，在距離總部辦公室 300 公里以外的業務範圍內，花了一半以上的時間跑業務，雖然依照歷史資料已明知道，那個地區的成交機會僅有四分之一。而現在公司稍做調整後，將業務範圍調整回距離總部 50 公里，改花 75% 的時間，在存有 75% 成交機會存在的地區。而在短短一年內，公司新客戶的成長率從 15%，一舉提升到 25%。

微市場的概念，是一種更細緻、更新穎的市場區隔思維。掌握數據分析的能力，有助於這種思維的落實。「市場區隔」理論從 1956 年首次被提出以來，已經超過了一甲子，而這樣的概念在今天同樣適用。

選擇目標市場

「區隔市場」雖然是從整體市場中切分出來，但千萬不要小看區隔市場。對企業來説，區隔市場也有其特定的吸引力，無論是區隔市場的規模（客戶的數量或者單位的數量）大小、成長率高低、競爭情況強弱、現有客戶的品牌忠誠、公司的預期銷售額與預期利潤的多寡等，許多企業其實是靠經營特定的區隔市場，成為隱形冠軍。

企業在經過評過各種市場區隔後，接下來就是從中選定一個或多個「區隔市場」，以做為目標市場。依據哈佛大學教授德瑞克・阿貝爾（Derek F. Abell）[2]的研究，在目標市場選擇策略中，可以選用以下五種方式來進行（如圖 8-6 所示）。未來一旦行銷人員確認它們與公司的目標和資源相一致，就可以開始進入操作。

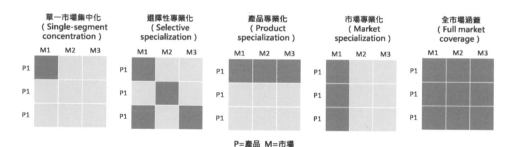

⊕ 圖 8-6 目標市場選擇策略

繪圖者：周晏汝

* 資料來源：Kotler, Philip 著，方世榮編譯（1999），行銷管理。

1. 單一市場集中化（single-segment concentration）

    專心在某特定的產品市場裡經營。在現實生活中，像是美國的哈雷機車專營重機市場；台灣的碁峯資訊圖書專營電腦書籍，都是單一市場集中化很

2　Abell, Derek F., Defining the Business：The Starting Point of Strategic Planning（Upper Saddle River, NJ：Prentice Hall, 1980）, chapter 8, pp. 192-196

好的例子。如果企業能對此區隔市場之特定需求有深入的了解，並有機會在此區隔市場中，建立特定聲譽與擁有領導地位，就可以採取這種策略。

2. 選擇性專業化（selective segment specialization）

這種策略是指企業選擇性進入多個區隔市場，並向這些區隔市場分別提供不同類型的產品。主要原因是，各個區隔市場之間相關性不是很緊密，但每個區隔市場都有著良好的行銷與發展潛力。舉例來說，餐飲業的王品集團就區分出許多品牌，耕耘不同的市場。像是王品牛排集中在高單價牛排，西堤則專注在平價部分；而陶板屋則聚焦在日式和風創作料理，品田牧場則專營日式炸豬排。

3. 產品專業化（product specialization）

這種策略主要是業者專門製造某一項特定產品，並將產品銷售給不同的市場區隔。例如：空氣清淨機製造商將產品依照級別、品質或款式進行區分，同時銷售給醫院、診所、企業與個人。

4. 市場專業化（market specialization）

專心服務某特定顧客，並提供多樣產品以滿足其需求。例如：某企業以國中小學校為市場，銷售科學實驗教育所需的各種儀器與設備。

5. 全市場涵蓋（full market coverage）

這種策略指的是，企業以全方位進入各個區隔市場，為所有的區隔市場提供它們所需要不同類型的產品。這是大企業為在市場上占據領導地位，抑或壟斷全部市場時，所採取的目標市場範圍戰。企圖透過提供所有產品，滿足所有市場區隔的需求。能採取這類策略的，只有非常大的企業才能辦得到。例如：汽車業裡的通用汽車（General Motors）販售不同用途、等級的車款。

以上簡單說明五種選擇目標市場的方式。企業可透過行銷資料科學的工具，來蒐集資料、分析資料與呈現資料，進而做好發展目標市場選擇策略的決策。

你是唯一 ── 大數據時代的
個人化服務（personalization）

為了更能滿足消費者的需求，企業界希望做到商品或服務的「個人化」。這個概念已經講了數十年，但是真正能做到畢竟不多。但在進入大數據時代後，受到數據分析日益普遍，未來企業要推動「個人化」將變得更加容易。

根據馬里蘭大學威德爾（Wedel）與康納（Kannan）教授的看法，個人化（personalization）可以使產品或服務更貼近個別使用者的需求。而個人化主要有三種類型，如圖 8-7 所示：

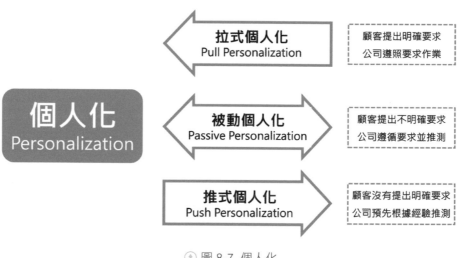

⊕ 圖 8-7 個人化
繪圖者：王舒憶

- 拉式個人化（Pull personalization）：拉式個人化指的是，當顧客提出明確要求時，企業所提供的個人化服務。像是戴爾電腦（Dell）根據顧客預先所指定何種等級的 CPU、多大的 RAM，組合出顧客所需要的筆記型或桌上型電腦。

- 被動個人化（Passive personalization）：被動個人化意指，當顧客雖然有要求，但要求卻不明確時，企業所提供的個人化服務。例如美國大型零售業「卡特琳娜行銷集團（Catalina Marketing）」，透過分析旗下 5 萬 5000 家零售店 POS 系統的交易紀錄與會員資料，在結帳櫃檯提供個人化優惠券的服務。因為此時顧客希望有優惠券，但卻不清楚自己需要何種優惠券。而卡特琳娜則利用購物者在其會員卡上記錄的購買歷史，送出個人化優惠券。

- 推式個人化（Push personalization）：推式個人化，則是當顧客沒有明確要求的情況下，所提供的個人化服務。舉個例子，如數位音樂服務商潘朵拉（Pandora）根據用戶最初所選擇的音樂，並從音樂資料庫中，找出適合用戶聽的歌曲，為用戶提供量身訂作的服務。儘管此時用戶並沒有一定要求 Pandora 要推薦何種歌曲，但潘朵拉還是能推出行動化、個人化廣播電台。

值得注意的是，在個人化的過程中，用行銷資料科學產製出來的推薦系統佔有很重要的地位，其中有兩類推薦引擎分別是「內容過濾（content-based filtering）」與「協同過濾（collaborative filtering）」。內容過濾乃基於客戶「過去」對某些產品和服務的偏好，提出推薦；而協同過濾則使用「同類客戶」來進行客戶偏好的預測。

隨著智慧型手機、穿戴式裝置的出現，以及行銷資料科學的發展，讓企業在進行「個人化」時，有了更多的變化。尤其是配合行動化（Mobile）與位置化（Location）等相關技術，讓「個人化」的概念得以結合地理位置，落實地更加徹底。例如：日本達美樂不只送餐到家，甚至可以送餐至消費者在郊外聚會、野餐的地點。

我在你心中的位置 ── 淺談產品定位

「定位（Positioning）」是指決定品牌、產品、服務在消費者心中，要塑造出何種位置的過程。一個良好的定位應該具備獨特性，同時對目標市場具有吸引力。

定位的概念最早是由艾爾·賴茲（Al Ries）與傑克·屈特（Jack Trout）於 1972 年，在《廣告世代》（Advertising Age）雜誌上所提出。1981 年，兩人共同發表《定位：在眾聲喧嘩的市場裡，進駐消費者心靈的最佳方法》一書，他們在書中提出定位就是如何在消費者心中占有一席之地。通常產品品牌的「定位」確認後，便可在消費者心中為產品品牌建立一個獨特的看法[3]。企業即可依據這項看法，發展行銷組合（4P）方案。

簡單來說，「定位」是指在消費者心中，占據一個獨特且有價值的位置之行動。而這個位置，能讓自己的企業（產品）與其他企業（產品）有所不同。在行銷管理學裡，上述所提的「位置」，一般會用「定位圖」來呈現，如圖 8-8 所示。

從圖 8-8 中可發現，定位圖分成 X 軸與 Y 軸，兩個軸分別代表不同的「屬性」。以美廉社為例，透過定位圖的分析，我們可以發現美廉社為自己找到一個很好的定位點。它沒有超商便利（店數不像超商那麼多），但比便利商店便宜；它的商品不如量販店種類眾多，但比量販店更近。

3　定位的本質是差異化。

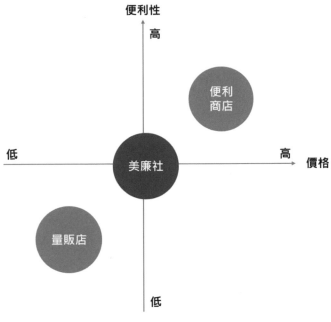

圖 8-8　定位圖範例 - 美廉社
繪圖者：曾琦心

再舉一個例子。可爾姿（Curves）環狀運動教室的定位也很明確。「女性」、
「30 分鐘」、「環狀運動」、「方便」、「健康」...等。從圖 8-9 中可以發現：X
軸的右端與左端分別為「只限女性」與「男女混合」；Y 軸的上端與下端分別為
「健康」與「健身」。可爾姿（Curves）這個品牌，在第一象限（只限女性；
健康），而其他健身中心，在第三象限（男女混合；健身）。因為可爾姿訴求
「健康」，所以強調「方便」，讓消費者下班後能很快繞過去，運動 30 分鐘然
後回家。

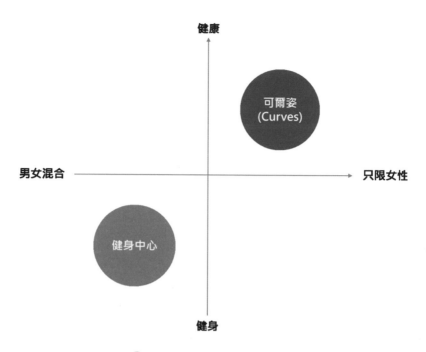

圖 8-9 定位圖範例 - 可爾姿

繪圖者：曾琦心

之所以舉兩個例子，在於以上兩種定位圖的屬性資料型態不同。我們曾在之前發表過的文章「淺談資料類型—研究資料」談到過，有關「測量」（measurement）的資料類型包括：名目資料（nominal）、順序資料（ordinal）、區間資料（interval），以及比例資料（ratio）。美廉社的屬性屬於比例資料（價格）與區間資料（便利性），而可爾姿則屬於名目資料（只限女性、男女混合；健康、健身）。不同資料類型背後的測量方式不同，這也是在製作定位圖時，需要注意的地方。

此外，與定位相關的常見名詞，包括產品定位和品牌定位等。「產品定位」顧名思義，意指企業產品在消費者心中的位置；「品牌定位」則是企業的品牌在消費者心中的位置。產品定位通常在討論市場上各品牌產品之間的差異，而品牌定位通常包括「企業品牌定位」（如統一企業的定位）與「品牌產品定位」（如統一肉燥麵的定位）。

8-7 我在你心中的位置 — 淺談產品定位

Part 1
概論篇

Part 2
大數據篇

Part 3
行銷篇

Part 4
策略篇

至於企業該如何發展「定位」，我們可以藉由發展「定位圖」進行分析。以下透過台科大企管系林孟彥教授所提出的「行銷 GPS 定位圖」的想法，來說明企業如何借鏡全球定位系統（Global Positioning System, GPS）的概念發展定位圖。相關步驟如下：

步驟 1： 座標軸（GPS 上的經度與緯度）

即消費者所重視的產品屬性。不同的市場區隔，消費者所重視的產品屬性有所不同。以轎車為例，消費者關心的主要是價錢、外觀、性能、安全、服務等項目，這些產品屬性即可拿來做為座標軸。

步驟 2： 座標（GPS 座標位置）

調查各家廠牌在各屬性上分數的高低。例如不同品牌的轎車在不同的屬性上（價錢、外觀、性能等），各家分數不同。

步驟 3： 定位圖

將不同屬性，進行兩種屬性的排列組合。假設有四種屬性，排列組合就有六種。並根據所選擇的兩種屬性，繪製出「定位圖」（positioning map）。再根據不同品牌在屬性上的不同分數，將品牌標在定位圖上。

步驟 4： 相對位置

檢視所有定位圖，分析公司目前位置與競爭者之間的相對關係。

步驟 5： 前進方向

根據與競爭者之間的差異以及企業本身的優勢，找出可發展的定位位置。

步驟 6： 結論

企業根據自身的定位，發展「差異化」策略，並且累積「差異化」的競爭優勢。

不過,要提醒的是,企業發展定位時,實務上常見以下的缺失:

- 定位不明:無法讓消費者產生具體的認知,以至於難以被消費者記憶,甚至進一步讓消費者認同。

- 定位衝突:所欲達成的定位,出現相互衝突的訴求。例如:一家餐廳強調其擁有最好的食材、最好的服務、最低的價錢,這些訴求本身就相互衝突。

- 認知不一致:公司的主管與員工對品牌定位的認知不同。通常是主管沒有清楚地告知員工,而讓員工胡亂想像與拼湊。

- 混淆定位、區隔與廣告:分不清定位、區隔與廣告之間的關係,或是認為廣告訴求就是定位本身。

- 誤將產品等同定位:產品不等於定位,產品在消費者心中的獨特位置才是定位。

在了解如何繪製定位圖後,我們就可藉由行銷資料科學工具的協助,尋找消費者所重視的產品屬性(例如透過網路爬文與機器學習的工具,對網路上的討論內容進行分析,找出可能的屬性),進而協助企業發展出企業品牌或是產品品牌的定位圖。

Part 1
概論篇

Part 2
大數據篇

Part 3
行銷篇

Part 4
策思篇

SECTION

8-8

打進你心中的方法 — 定位策略

企業為了建立產品和品牌在消費者心中的地位，必須下很多功夫。尤其現在，處於不斷變動的經營環境，企業可透過行銷資料科學，繪製出企業產品（品牌）在網路上的定位圖後，定期檢視定位圖與自己企業的定位策略是否相符，以確保定位策略與相費者的認知能趨於一致。

相反地，如果企業本身沒有定位策略，也可以透過定位圖，反思並設定自己的定位策略。以產品定位策略來說，企業可以有很多種選擇，以下簡單敘述其中三種：

1. 以「產品功能」為基礎，主打某一項特殊的功能以滿足消費者的需求。像是近年大受歡迎的戴森無線吸塵器，標榜吸力超強的獨特功能，連帶使它的品牌具有定位效果。

2. 以「產品造型」做為定位策略，由於產品外觀是消費者最容易辨識的部分，產品形狀本身就可形成一種市場優勢，像是過去頗受女性消費者歡迎的金龜車，就是很好的範例。

3. 以「產品價格」為定位的策略，例如十多年前興起的廉價航空，就是因為訴求低價、沒有客艙服務，切中消費者的要害，快速在市場上崛起。

此外，定位策略背後的邏輯，強調差異化，也就是與競爭者有所差異。因此，在探討定位策略時，除了思考自己產品（品牌）本身的特色，也思考在市場上的競爭策略。至於在市場策略上，主要有下列兩種選擇方式。

1. 避讓策略：不去與強力的競爭對手硬碰硬，改而選擇目前競爭較小，甚至是沒有競爭者的空白地帶（採取藍海策略，選擇沒有競爭者存在的市場空間），這種方法風險較小，唯獨要找出這一塊市場，難度較高。

2. 迎戰策略：指的是競爭者間採取強力碰撞策略，在退無可退，或者後頭還有塊更大的市場大餅可能出現時，這種策略就容易出現。舉例來說，2018

年發生各家電信資費的「499 之亂」，主要就是由實力雄厚的中華電信率先發動，其他家電信公司隨後跟進，此舉造成數百萬的手機用戶板塊大移動。而這也是因為電信廠商著眼於後續的 5G 市場，所可能帶來更大的效益所致。有時候，這種定位策略外界看起來廝殺激烈、風險性也高，但反而能夠促使企業挑戰更高的目標。

值得注意的是，當企業發展出自己的定位策略後，即可透過行銷組合，強化這些屬性，在這些屬性上，提供顧客更多的價值與滿足。誠如柯特勒在其《行銷管理學》中所言，好的定位能成功地創造出以顧客為中心的價值主張，並提供顧客應該購買該產品的理由。例如 Volvo 汽車的定位為「安全」，目標市場為「高所得家庭」，提供給顧客的價值為「安全性」、「耐久性」。因此，Volvo 汽車在汽車的設計、製造與行銷上，凸顯「安全性」與「耐久性」，並成功創造出相關的口碑，如圖 8-10 所示。

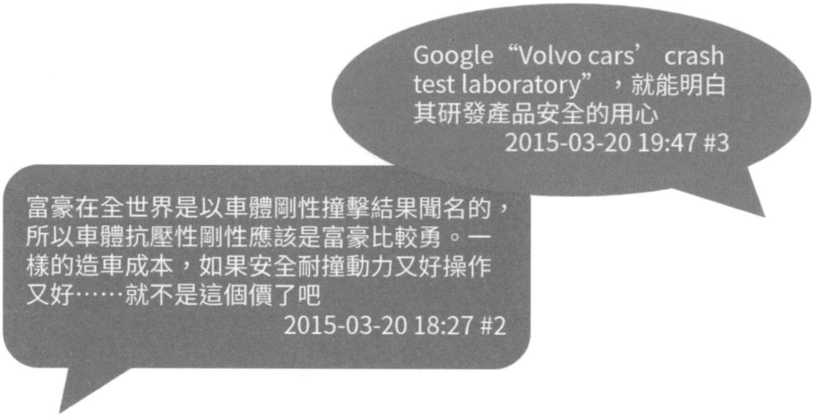

> Google "Volvo cars' crash test laboratory"，就能明白其研發產品安全的用心
> 2015-03-20 19:47 #3

> 富豪在全世界是以車體剛性撞擊結果聞名的，所以車體抗壓性剛性應該是富豪比較勇。一樣的造車成本，如果安全耐撞動力又好操作又好……就不是這個價了吧
> 2015-03-20 18:27 #2

圖 8-10 mobile01 上對 Volvo 的討論

繪圖者：趙雪君

＊ 資料來源：mobile01

事實上，透過行銷資料科學，企業可以了解該目標市場討論的屬性為何？重視的屬性為何？並且在這些屬性上，顧客對各競爭者屬性的知覺狀況。同時，透過行銷資料科學，企業也可找出網友們對於自身企業在其他屬性上，次於競爭對手之處的看法與討論。一方面作為企業改進的依據，二方面也可以協助企業重新思考，是否與現有定位策略之間有所衝突。

Part 1
概論篇

Part 2
大數據篇

Part 3
行銷篇

Part 4
策略篇

SECTION

8-9　網路品牌定位程序

1972 年，賴茲（Ries）與屈特（Trout）於《廣告世代》雜誌上，率先提出「定位」（Positioning）的概念。到了 1981 年，賴茲與屈特在《定位》一書中提到，定位是針對公司產品的特殊屬性，並與目標市場消費者溝通，使產品在消費者心中，佔有獨特而鮮明的位置。而定位最重要的目的，就是在消費者心中占有一席之地。

過去，雖然有許多量化工具，能夠協助企業勾勒出「消費者心中一席之地」的樣貌，但受限於對消費者進行普查不易，以及衡量工具信效度的問題…等，定位策略的落實，面臨了一定的阻礙。然而，社群網站與網路論壇的出現，以及行銷資料科學的發展，為定位策略的發展與落實，帶來新的契機。

社群網站裡，擁有大量的「用戶生成內容」（User Generated Content, UGC）（也就是網民們所 po 的文章）。同時，網路爬蟲技術的出現，以及機器學習的發展，讓這些用戶生成內容（UGC），可做為文本分析的來源。再利用文字探勘技術，進一步可分析出各家品牌網路聲量與口碑、各家產品的優缺點等資訊，進而計算並具體呈現出各品牌在消費者心中的位置。換言之，透過以上的做法，讓品牌定位程序變得更加科學與「接地氣」。

1982 年，美國加州大學柏克萊校區行銷學教授艾克（David Aaker）與杉斯比（Gary Shansby），提出定位策略六步驟：

1. 確認競爭對手（Identify the competitors）；

2. 了解競爭對手如何被消費者所認知和評估（Determine how the competitors are perceived and evaluated）；

3. 掌握競爭對手的定位（Determine the competitors' positions）；

4. 分析目標客群（Analyze the customers）；

5. 選擇在市場中的定位（Select the positioning）；

6. 監控定位（Monitor the positioning）。再配合用戶生成內容（UGC），與行銷資料科學的工具，我們即可發展出網路品牌的定位程序。

以下，我們以女性運動內衣為例。

步驟 1：**確定競爭對手：找出各家品牌名稱與其替代字**

如提到 Nike，不只只有 Nike，還包括耐吉、勾勾…等。

步驟 2：**了解競爭對手如何被消費者所感知和評估：找出各品牌的特徵字**

亦即談論競爭對手品牌內容背後的關鍵字，如彈性、集中、吸濕排汗…等。

步驟 3：**掌握競爭對手的定位：找出各品牌與各特徵字之間的關聯程度**

如 Nike：彈性、取代內衣；UA：吸濕排汗、集中…等。

步驟 4：**分析目標客群：社群用戶需求分析**

分析與目標族群需求相關的其他關鍵字，如：舒適、時尚、價格、高強度、包覆性…等。

步驟 5：**選擇在市場中的定位：透過知覺圖呈現各品牌在市場上的位置**

將各關鍵字當作 X 軸與 Y 軸，畫出各種排列組合後的知覺圖，並選擇最符合自己企業利益的定位，如找到舒適、時尚的定位。

步驟 6：**監控定位：定期重複上述流程進行檢視**

網路品牌定位程序如圖 8-11 所示。

品牌定位程序之步驟對應表

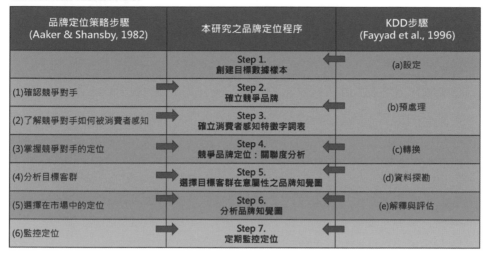

品牌定位策略步驟 (Aaker & Shansby, 1982)	本研究之品牌定位程序	KDD步驟 (Fayyad et al., 1996)
	Step 1. 創建目標數據樣本	(a)設定
(1)確認競爭對手	Step 2. 確立競爭品牌	(b)預處理
(2)了解競爭對手如何被消費者感知	Step 3. 確立消費者感知特徵字詞表	
(3)掌握競爭對手的定位	Step 4. 競爭品牌定位：關聯度分析	(c)轉換
(4)分析目標客群	Step 5. 選擇目標客群在意屬性之品牌知覺圖	(d)資料探勘
(5)選擇在市場中的定位	Step 6. 分析品牌知覺圖	(e)解釋與評估
(6)監控定位	Step 7. 定期監控定位	

⊕ 圖 8-11 品牌定位程序之步驟對應圖
繪圖者：王彥琳

＊ 資料來源：張壹琇、林孟彥

透過以上的做法，可以協助企業了解自己的競爭者是誰，以及競爭者們的定位，並發展出白己的定位策略。或是藉由行銷資料科學所呈現出的知覺圖，協助企業判斷消費者所認知的定位，與自己所發展的定位是否一致，以作為定位策略修改的依據。甚至企業還可透過此作法，找到一個可能的新定位，進而進入一個無人競爭的藍海市場。

8-10　網路口碑市場佔有率怎麼算？
── 行銷資料科學來幫忙

口碑行銷是現今企業行銷裡很重要的一環，因為消費者的口碑傳播，不但深深影響其他潛在消費者，同時相對於廣告等其他行銷工具，口碑行銷的成本相對較低。過去，口碑一傳完就消失在風中，而現在，網際網路除了能將口碑忠實地記錄下來，企業在網路上的能見度，連帶也創造出「網路口碑市場佔有率」。

過去在行銷實務上，要估算產品的市場佔有率有許多方式，無論是委託市調公司進行調查，或是透過專家預測進行估算，抑或是整合自家資料庫與外部市場調查資料，再請專家們進行預估等，都是企業界常常使用的方法。而很重要的一點是，這些調查都是有成本的，企業要花錢才能購得。

當然透過不同的方式，調查出來的準確度不盡相同。不過，在行銷資料科學出現後，又提供企業一種新的市場佔有率估算方式，我們把它稱做「網路口碑市場佔有率」。以下是一個網路口碑市場佔有率的範例，如圖 8-12 所示（圖中 A到 H 為不同汽車品牌在 PPT 上的聲量與好感度）。

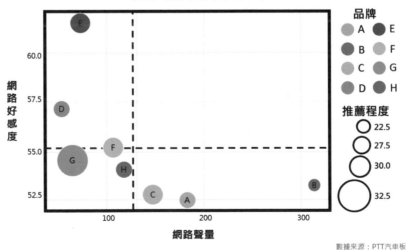

📍 圖 8-12　網路口碑市場佔有率範例
　　繪圖者：王舒憶

在上述圖形中，X 軸為「網路聲量」，Y 軸為「網路好感度」。簡單來說，「網路聲量」是網路使用者在網路上討論企業產品或品牌的數量，大部分是討論的則數（亦即對比到「市佔率」），討論的則數越多，市佔率越高。至於「網路好感度」則是這些討論的內容，其正面詞彙與負面詞彙所佔的一個比例程度，而這兩者所組成的圖型，稱為「品牌網路聲量好感度定位圖」。

透過圖形分析，企業可以瞭解自己目前在網路上的口碑聲量與好感度的狀況，以及與各競爭者在網路口碑市場上的「競爭態勢」，藉此瞭解並比較哪些競爭者的網路口碑是屬於聲量高、好感度高，或是聲量低、好感度低等。

如果您的公司有行銷資料科學高手，精通 R 或 Python 程式語言，其實不妨請他們試著去進行網路爬文，把與自己企業、競爭者相關的網路口碑抓下來分析，或許可以印證貴公司的產品是否頗受網友的青睞。而如果答案是否定的，也可以趁此機會，聽聽網友的意見，做為產品改進依據。

一旦瞭解了「競爭態勢」後，就可以根據這樣的定位圖，發展相關的定位策略做法。例如透過做好「顧客關係管理（CRM）」，讓消費者「自動自發」地在網路上傳播正面口碑；或是透過「顧客獎勵方案」誘發消費者主動在網路上對企業產品服務進行傳播；抑或是與「網路寫手」合作，增加企業的曝光率。

管理學裡有一句名言「No measure, No management」（無法衡量，就無法管理），「品牌網路聲量好感度定位圖」的出現，讓網路口碑變得更可管理。

Part 1
競爭篇

Part 2
大數據篇

Part 3
行銷篇

Part 4
策略篇

網路口碑市場佔有率策略

在行銷管理學裡，著名管理學者菲利浦・柯特勒（Phillip Kolter）將廠商依據市場佔有率區分成：市場領導者（Market Leader）、市場挑戰者（Market Challenger）、市場追隨著（Market Follower）和市場利基者（Market Nicher）。

「市場領導者」擁有最大市場佔有率，並始終企圖保持領先的地位；「市場挑戰者」的目標，則以積極的心態，增加自己的市場佔有率，成為新的領導者；「市場追隨者」則是維持現有的市場佔有率，想辦法保有目前的地位，落實所謂的「老二哲學」（實際上也可能是老三、老四…）；「市場利基者」專注於其他公司不太注意的小市場。

行銷資料科學出現後，如果企業仍不清楚自己的市場佔有率大約有多少？不妨利用「網路口碑市場佔有率」來估算。透過網路聲量調查，將各產品（品牌）的網路口碑市場佔有率計算出來，如圖 8-13 所示（圖中 A 到 H 為不同汽車品牌在 PPT 上的聲量與好感度）。並且根據聲量大小，將各產品（品牌）區分成：市場領導者、市場挑戰者、市場追隨著、市場利基者。

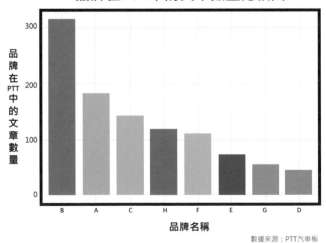

圖 8-13 網路口碑市場佔有率

繪圖者：王舒憶

一旦算出網路口碑市場佔有率之後，就可以應用行銷管理學裡，不同的競爭地位所應採不同的競爭策略的概念，來發展相對應的行銷活動。表 8-1 是柯特勒整理四種競爭地位的差異。

⊕ 表 8-1　假設市場結構的市場佔有率之競爭策略（繪圖者：廖庭儀）

競爭地位	市場領導者	市場挑戰者	市場追隨者	市場利基者
市佔率	40%	30%	20%	10%
市場現況	擁有最大的市占率	目標為增加市佔率	目標為維持現有市占率	專注於不被其他公司注意到的小市場
競爭策略	防禦策略擴展策略	正面攻擊策略	側面攻擊策略	游擊攻擊策略

★　資料來源：修改自方世榮譯，Kolter, Marketing Management, 10th edition, 2000.

我們以行銷管理學中，不同市場競爭地位的策略為基礎，發展出「網路口碑市場佔有率之競爭策略猜想[4]」。

一、市場領導者策略

擁有最大的網路口碑市場佔有率，可以採取的策略包括：

- 防禦市場占有率：利用行銷活動，例如產品（品牌）廣告，維持現有討論熱度。

- 擴大市場占有率：擴大網路口碑市場佔有率。

- 擴大整個市場：另闢網路口碑戰場，因網路平台不斷地推陳出新，可以在新的平台上經營網路口碑。

4　因為還未進行實證研究，所以僅能稱為猜想。

二、市場挑戰者策略

網路口碑市場佔有率在網路上排名第二或更低，但以積極的企圖心挑戰領導者或其他競爭者，以擴大自身的網路口碑市場佔有率。市場挑戰者策略包括：

- 正面攻擊（frontal attack）：攻擊競爭者最強之處。

- 側面攻擊（flank attack）：攻擊競爭者最弱之處。

- 圍堵攻擊（encirclement attack）：同時攻擊所有層面。

- 迂迴攻擊（bypass attack）：繞過競爭者，攻擊較易取得的市場。

- 游擊戰（guerrilla attack）：當挑戰者規模還小，可對競爭者進行多次小規模攻擊。

三、市場追隨者策略

在網路上，追隨領導者的網路口碑行銷活動。可以採取的策略包括：

- 緊密追隨（closer）：跟隨領導者的網路口碑行銷活動。

- 模仿（imitator）：模仿領導者的網路口碑行銷做法。

- 適應（adapter）：改良領導者的網路口碑行銷做法，並在不同的區隔市場進行行銷。

四、市場利基者策略

專注其他公司不會注意到的小市場（例如網路市場），避免與主要廠商直接競爭。可採取的策略包括：

- 創造利基：經營新平台，或是自己創造平台。

- 擴展利基：擴大平台的使用量。

- 保護利基：保護平台。

其中，理想的利基（Nich）應包括以下特性：

- 市場規模足以獲利。

- 具成長潛力。

- 競爭者無興趣。

- 可建立顧客品牌忠誠度。

Part 1
概論篇

Part 2
大數據篇

Part 3
行銷篇

Part 4
策略篇

SECTION

8-12

不是行銷專家，
一樣能找出自身市場定位

行銷學中的 STP 理論總是告訴我們，企業必須先對市場進行區隔（Segmentation），找出目標市場（Targeting），最終才能了解自己在市場上的位置，做出自己的定位（Positioning）。然而，對於一個未曾接觸過行銷的人來說，這樣的流程可是非常虛無飄渺。今天，我們就要透過網路爬文技術，讓您輕輕鬆鬆畫出自家品牌的網路口碑定位圖。

我們以保養品產業為例，從某保養品銷售討論平台擷取下真實資料。但為了保護企業品牌資訊，分別以代號 A、B、C、D、E 代表五種不同的品牌。一般來說，網路上的正負評價數量，可以代表網友對品牌的好感度，而網友提及品牌的次數文章，也可看成網路聲量。再利用之前繪製正、負評價數量百分比的方式，可以畫出以下這一張「網路好感度」的圖形，如圖 8-14 所示。從中可看出，品牌 E 與 D 的得分較高。

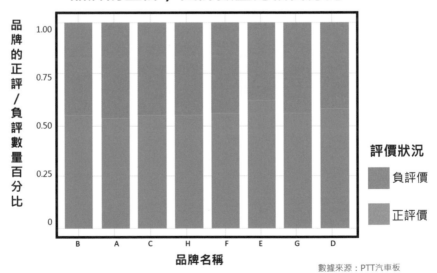

數據來源：PTT汽車板

(↑) 圖 8-14　品牌正負評數量比較百分比
繪圖者：王舒憶

接著，我們再以直軸「網路好感度」，搭配橫軸「網路聲量」，畫出另一張尚未標準化的聲量與好感度的座標圖。這種配置方式是以自家品牌為出發點，可以很明顯地看與其他競爭品牌的相對位置，以及差距有多大，如圖 8-15 所示。

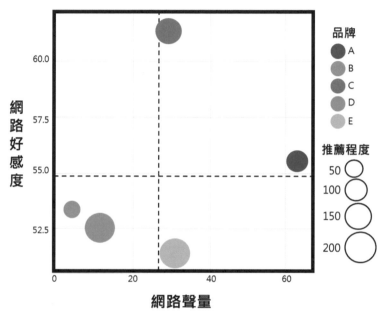

(↑) 圖 8-15　非標準化 - 品牌聲量與好感度定位圖
繪圖者：王舒憶

從圖 8-15 中可以看到，如果現在以虛線之上的 A 品牌為主要觀察對象，在網路好感度相較其他競爭品，有領先之勢，但距離 C 品牌，卻仍有一大段，因此 A 品牌必須思考，是什麼因素讓消費者偏好 C 品牌。此時，如果能夠再加入時間的動態（如月份變化），就可以看出其他品牌在座標圖上的變化與走向，有哪些品牌以及開始接近、甚至已經超越了你，並撼動到自家市場的地位。

Part 1
概論篇

Part 2
大數據篇

Part 3
行銷篇

Part 4
業界篇

接著，我們直接以鎖定的競爭對手 C 品牌做為基準點，將這張圖「標準化」，來看一下自家 A 品牌與 C 品牌之差距，如圖 8-16 所示。

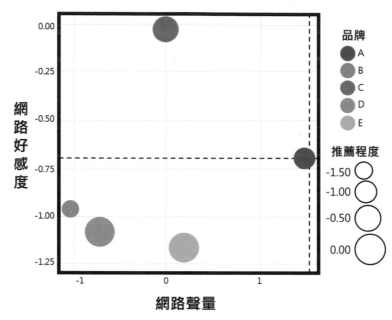

圖 8-16 標準化 - 品牌聲量與好感度定位圖

繪圖者：王舒憶

從圖 8-16 中，一眼可看出相較競爭對手 C 品牌，我方的「網路好感度」呈現負值 -0.7，代表在好感度比 C 品牌要差。反觀「網路聲量」則是正值 1.5 左右，代表該項自家品牌比 C 品牌多受到較多的網友討論。

再進一步來看，上圖中，自家的 A 品牌在「網路好感度」明顯大於 B、D、E，可能是網友高度同意其中多篇好感度文章，引發網友的「按讚／留言」熱潮。因此可再「加上權重」的方式真實呈現「網路好感度」。作法上便是把「網路好感度」乘上「按讚數」。

值得一提的是，此處使用「乘法」是因為，消費者在看待保養品時，如果只是一般雜牌，可能不太敢買，但如果是來自親友推薦，情況就完全不一樣。因為只要是由相信的人所推薦，它就會成為重要參考指標。當然，讀者也可以依個別情況加以調整，使用不同方式進行加權。

以圖 8-17 為例，原本 D 品牌與 F 品牌的好感度偏低，但加權完之後，超越了 A 品牌。另外，由於相乘的結果會導致某些數字急速放大，因此用標準化的方式，把每個品牌級距等比例的縮小，就更方便比較了。

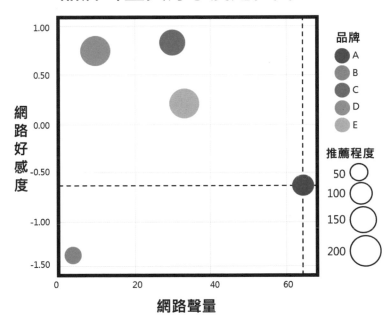

⊕ 圖 8-17 加權後 - 品牌聲量與好感度定位圖
繪圖者：王舒憶

事實上，可能是國情和文化的關係，在台灣地區的保養品評論中，正向評價特別重要。因為台灣保養品的使用者不會直說：「這個品牌真的很爛」，而會婉轉地說：「這個品牌保濕的效果其實沒有很好」。反之，如果使用者說：「這個品牌保濕的效果真的非常好，使用完後感覺整天都水潤潤的」，這樣一句話可能就會幫業者帶進不少訂單。

所以，我們再根據以上的敘述，繪製出「品牌正面聲量與好感度定位圖」，如圖 8-18 所示。從圖中可以明顯地看到，原本在網路聲量遙遙領先的 A 品牌，將 X 軸換成「正面聲量」後，已經被 C、D、F 品牌所超越。A 品牌的行銷經理如果沒有看到這張圖，還可能誤認自己在網路上的聲量很高，其實卻不是消費者的真心認同。

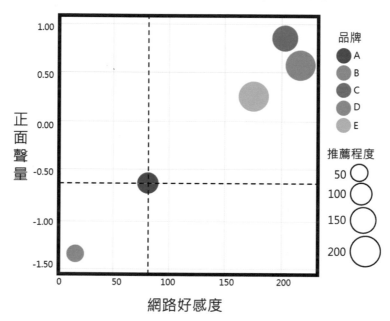

圖 8-18　品牌正面聲量與好感度定位圖
繪圖者：王舒憶

此外，如果沒有透過以上多種定位分析，A 品牌的行銷經理可能不會知道自己的市場地位已經逐漸動搖。此時，他似乎應該去研究另外三個品牌，了解這些競爭對手有何種魅力能牢牢地抓住顧客，並讓顧客願意推薦。

價值創新與
行銷資料科學

行銷人的重要工具 ──
行銷組合

一直以來，行銷人在推動產品和服務時，都會使用一組被稱為行銷 4P 的工具，它是由學者傑諾米・麥卡錫（Jerome McCarthy）於 1960 年提出的行銷組合架構，其中包含產品（Product）、價格（Price）、通路（Place）和推廣（Promotion），如圖 9-1 所示。它對於企業如何滿足消費者需求的執行面非常重要。

⊕ 圖 9-1 行銷組合
繪圖者：廖庭儀、李宛樺

產品（Product）意指企業設計與開發出適合消費者的產品或服務；價格（Price）則是運用定價策略與方法訂定出適當的價格；通路（Place）意指運用不同的配銷管道將產品送至市場給消費者；推廣（Promotion）則是利用各種宣傳與促銷手法增加銷售量。

Part 1
概論篇

Part 2
大數據篇

Part 3
行銷篇

Part 4
策略篇

由於 4P 行銷組合主要是以「企業」為重心，學者鮑勃‧勞特博恩（Bob Lauterborn）[1]在 1990 年，改以消費者為重心，另外提出行銷 4C 的概念。4C 為「消費者慾望與需求（Consumer wants and needs）」、「消費者滿足慾望與需求的成本（Consumer's cost to satisfy that want or need）、「購買的便利性（Convenience to buy）」與「溝通（Communication）」。後來，由於這項 4C 的分類仍不夠精煉，經過演變又再發展成「消費者價值（Consumer Value）」、「消費者成本（Consumer Cost）」、「便利性（Convenience）」與「溝通（Communication）」。圖 9-2 顯示 4P 與 4C 之間的關係。

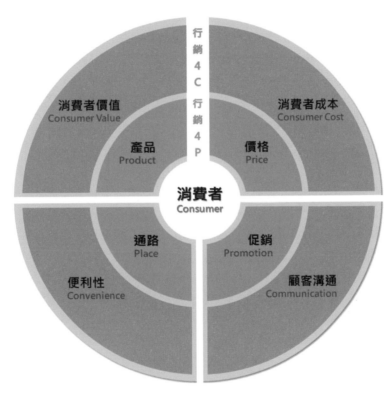

⊕ 圖 9-2 行銷組合 4P 與 4C
繪圖者：余得如、李宛樺

1　Lauterborn, B. "New Marketing Litany：Four P's Passe：C-Words Take Over," Advertising Age, 61（41）（1990）, p.26.

值得一提的是，行銷 4P 中的「產品」（Product），先演變成「消費者慾望與需求」（Consumer wants and needs），再演變成「消費者價值（Consumer Value）」。換言之，到了這個階段，企業已不只是單純生產產品，而是透過產品來創造價值，滿足消費者需求。

價格（Price）演變成「消費者滿足慾望與需求的成本」（Consumer's cost to satisfy that want or need），簡稱為「消費者成本（Consumer Cost）」。其實產品的售價，只是消費者滿足慾望與需求的成本中的一部分。對消費者來說，帶孩子去吃漢堡不是只有購買漢堡的成本，像是開車到漢堡店、甚至是因為不帶孩子去吃漢堡而產生的內疚，都可以算在「消費者成本」裡面。

通路（Place）演變成「購買的便利性」（Convenience to buy），再精簡成「便利性」（Convenience）。郵購、電子商務、乃至行動商務的出現，讓採購行為變得更加方便。這裡要注意的是，企業如果只執著於過去「通路」的思維，而非從消費者購買的便利性來思考，很容易就會忽視「新通路」的出現。

推廣（Promotion）演變成溝通（Communication）。過去的「推廣」（Promotion），重心在企業，企業透過單向傳遞訊息的方式，如電視廣告、廣播廣告、平面廣告等，來向消費者傳播資訊。現在的「溝通（Communication）」不但擴大了以往促銷的範疇，還增加了雙向互動的模式，強調消費者參與，例如透過顧客關係管理系統與制度，與顧客建立起良好的關係。

事實上，所謂「工欲善其事，必先利其器」身為行銷人平時就必須不斷檢視自己手上的這一把工具，從 4P 的面相時時檢查有沒有偏離消費者的喜好，而現在行銷資料科學會讓行銷人更容易擦亮、磨利這把工具。

Part 1
概論篇

Part 2
大數據篇

Part 3
行銷篇

Part 4
策略篇

SECTION
9-2　混成行銷組合

當實虛混成（或稱實體數位混成）的概念，遇上了 4P 行銷組合，就產生了混成行銷組合（Blended Marketing Mix），如圖 9-3 所示。

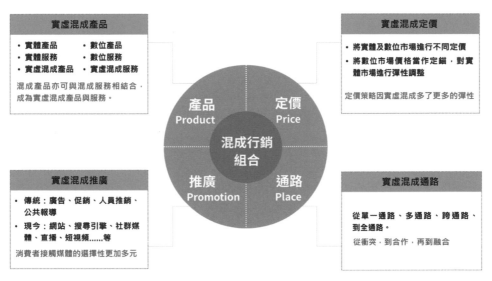

實虛混成產品
- 實體產品　　• 數位產品
- 實體服務　　• 數位服務
- 實虛混成產品　• 實虛混成服務

混成產品亦可與混成服務相結合，成為實虛混成產品與服務。

實虛混成定價
- 將實體及數位市場進行不同定價
- 將數位市場價格當作定錨，對實體市場進行彈性調整

定價策略因實虛混成多了更多的彈性

實虛混成推廣
- 傳統：廣告、促銷、人員推銷、公共報導
- 現今：網站、搜尋引擎、社群媒體、直播、短視頻……等

消費者接觸媒體的選擇性更加多元

實虛混成通路
從單一通路、多通路、跨通路、到全通路。

從衝突，到合作，再到融合

產品 Product　定價 Price　推廣 Promotion　通路 Place

混成行銷組合

⊕ 圖 9-3　混成行銷組合
繪圖者：鍾淳育

1.　產品（Product）

行銷裡的產品，包括：產品與服務，再透過實體與數位進行分類，可以區分成：實體產品、實體服務、數位產品、數位服務、實虛混成產品、實虛混成服務。

學習產品服務為例，實體產品如書籍教材；數位產品如數位非同步課程；實虛混成產品可以是書籍教材＋數位非同步課程。實體服務如老師面對面授課、助教輔導等；數位服務如線上同步課程、線上討論區；實虛混成服務就是老師面對面授課＋線上同步課程。

而混成產品亦可與混成服務相結合，成為實虛混成產品與服務。例如將書籍教材 ＋ 數位非同步課程＋老師面對面授課、助教輔導＋線上同步課程、線上討論區等進行整合，亦稱為混成學習（Blending Learning）。

2. 定價（Price）

定價部分，實體世界的價格與數位世界的價格未必要相同，甚至可以進行配套。無論是將實體世界或是數位世界當作不同的市場，進行不同定價；或是將數位世界的價格當作定錨（Anchoring），並於實體世界進行價格的彈性調整。總之，定價策略因為實虛混成，多了更多的彈性。

3. 通路（Place）

當通路遇上實虛混成的發展，從單一通路、多通路（Multi-channel）、跨通路（Cross channel）、到全通路（Omni channel）。實體通路與數位通路之間，從衝突、到合作，再到融合。例如，企業在虛擬通路提供多元的商品選擇，由實體通路提供實體產品運送，實虛混成通路成為許多企業發展的主軸，像是 7-11 透過 Open Point 讓會員選購，再到鄰近的商店取貨、或是配送到府。

4. 推廣（Promotion）

傳統的行銷推廣方式包括：廣告、促銷、人員推銷、公共報導等，這些做法的主導權主要是在企業身上。例如，企業在有限的電視頻道上強力推播廣告，轟炸消費者。但當數位媒體如：網站、搜尋引擎、社群媒體、直播、短視頻……等工具不斷地出現，消費者接觸媒體的選擇性更加多元。而就在這樣的趨勢下，實虛混成推廣的模式逐漸被發展出來。

最後，混成行銷組合概念的發展，突顯了行銷管理的複雜與多變，同時也帶來了機會與威脅。對於行銷人來說，可以透過混成行銷組合，來檢視現有的行銷4P，將會帶來不同的啟發。對於創業家來說，混成行銷組合的思維，亦可作為發展創新商業模式的基礎，進而發展出新事業的雛型。

9-3 產品層次的進化論

Part 1
概論篇

Part 2
大數據篇

Part 3
行銷篇

Part 4
實務篇

9-3 產品層次的進化論

產品（Product）是企業在市場上引起消費者注意、購買、使用或消費的東西，並能滿足他們的慾望或需要，其中包括實體產品與無形的服務。學者科特勒認為，企業在發展產品的階段時，產品設計者必須考慮產品的五種層次，如圖 9-4 所示。

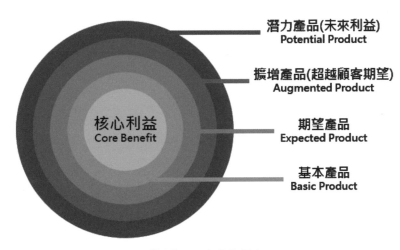

⊕ 圖 9-4　產品的層次

＊　資料來源：資料來源：Kotler, Philip，謝文雀譯，行銷管理

以下我們以飯店業為例，進行說明。

1. 核心利益（Core Benefit）

    即消費者真正想購買的部分，提供消費者真正需要的東西。

    例如：到飯店住宿是要睡的舒適、睡的安全。行銷人應找出隱藏在產品背後消費者真正的需求，並售出核心利益（Benefits），而不是產品特性（Features）。

2. 基本產品（Basic Product）

指的是將核心產品轉變為實體物品或服務，有形產品通常具備一定的品質水準、產品特性、品牌名稱、形式和包裝等特徵。例如：飯店提供有形產品，包括：床、盥洗設備等；提供的無形服務，如 morning call、親切、友善的用餐環境等。

3. 期望產品（Expected Product）

指消費者對實體產品與無形服務的期望。例如：我們會期望飯店的床單被套是乾淨的、浴室會有熱水、服務人員態度親切。

4. 擴增產品（Augmented Product）

指提供消費者實體產品以外，能超越顧客期望，提供更多的服務與利益。例如：飯店提供一泊三食、延後至下午三點退房等服務。

5. 潛力產品（Potential Product）

指提供消費者實體產品與無形服務的未來利益，而這類未來利益通常需要透過創新來達成。例如：地處鄉間的飯店業者，結合當地農民，推出農村體驗的活動。

進入大數據時代之後，行銷資料科學（MDS）可以協助企業產品層次進一步提升，以及產品層次再進化。

讓我們來看一下香港 handy 手機與飯店業的結盟的案例。handy 手機是由香港 Tink Labs handy 公司所推出的產品，也是一個整合旅客、飯店與商家的三方平台。旅客在入住與 handy 合作的飯店後，房間裡會有一支免費使用的手機，旅客可以直接拿著它上網、打電話、查詢飯店與周邊旅遊的資訊、訂票並獲得折價券等。

1. 產品層次的提升

以往手機被當成個人、昂貴的用品，因為打電話和上網都不便宜，但是當飯店業與 handy 結盟推出這項服務後，消費者馬上將旅館服務從「期望產品」（期望服務人員態度親切），被提升至「擴增產品」。

然而隱藏在這支手機背後的，反而是一大串商機。像是 handy 可以透過數據分析，找出旅客入住後的行為模式，推薦客製化的行程，甚至是推薦週邊加盟企業的商品。因此企業可透過行銷資料科學的觀點，來思考如何提升產品的層次，以及其附加價值。

2. 產品層次的進化

反過來看，一旦產品層次提升，而多數企業又都擁有類似服務時，產品層次會隨之進化，原本的上一層的產品會變成下一層的產品。例如：一旦大多數香港飯店業者都提供類似與 handy 結盟的服務後，原本屬於飯店的「擴增產品」，又回來變成了「期望產品」。因此，將來某一天，你只要到香港住宿，很可能每一家飯店都會提供免費手機這樣的基本配備了。

Part 1
概論篇

Part 2
大數據篇

Part 3
行銷篇

Part 4
策略篇

SECTION 9-4 透過行銷資料科學來幫產品與服務加值與創新

進入大數據時代,「行銷資料科學」可以對產品與服務進行加值與創新,目前已出現許多實際的應用。舉例來說,「保險」結合「全球定位系統」(Global Positioning System, GPS),可能就是一項創新服務,而這些新商品與服務的誕生,全看企業有沒有巧思與對行銷資料科學的掌握。

喜歡打高爾球的人都知道,某些球場的特定一兩洞,一段時間內就會出現球友一竿進洞的佳績。能夠幸運打出一竿進洞的球友,技術可能很強,但絕大部分時間,都是要靠點運氣。而更重要的是,打出一竿進洞的人常常要請週遭全部的朋友們吃飯,才能將好運氣完成「收尾」。

在日本,東京海上日動火災保險公司(Tokio Marine & Nichido Fire)與 NTT Docomo 合作,推出一種名為「一次型保險」(One Time Insurance)的商品。一旦球友抵達高爾夫球場時,手機上就會收到東京海上的簡訊,提醒消費者是否要花點錢,投保「一次性的一竿進洞險」,以防真的「一竿進洞」(Hole in one)後,屆時就要花大錢請客,如圖 9-5 所示。

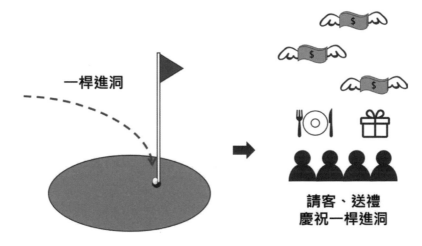

一桿進洞

請客、送禮
慶祝一桿進洞

⊕ 圖 9-5 「一竿進洞花大錢請客」示意圖
繪圖者:余得如

類似的服務，還出現在滑雪、極限運動和旅遊等地點，因為結合 GPS 定位，東京海上就可以傳遞各種客製化的「一次型保險」資料給消費者。而消費者也可以根據自己的需求，當下判斷決定是否立即購買。

其實，使用資料科學來做行銷的創意，可以非常多元。現在，請再想像一下，機場附近的飯店經營者能否透過利用一般運營期間，收集到的天氣資訊和航班延誤資訊來提高預訂量呢？

更重要的是，在企業中使用行銷資料科學的主要目標之一，乃是提供更好的服務，並讓消費者留下深刻的印象。企業可以透過網站日誌上、親自上店購買的顧客調查、兌換忠誠度積分的會員…等資料，針對消費者特定的「痛點」，創造出新方法來打動客戶。例如，改善對退貨客戶的退貨流程，或者為已將貨品放置在購物籃中，最終卻未購買商品的消費者，提供免運費服務，或是在系統中加入智慧聊天機器人，協助消費者處理瑣碎的細節問題，這些都是行銷資料科學可以達成的事。

從以上的案例中，可以發現「行銷資料科學」的概念能協助對產品服務進行加值與創新。然而，企業真正要執行時，常會發現自己所擁有或是能夠處理的資料其實很有限，而這也導致企業在進行產品服務加值與創新時，產生限制。所以，面對「行銷資料科學」的興起，企業應有更開放的思維，更有系統、有計劃的收集內外在的資料。甚至是透過與其他企業策略聯盟一起執行，這樣才能有效地掌握「行銷資料科學」所帶來的新機會。

「全球第一家笑多少、收費多少的喜劇院」
── 行銷資料科學在定價上的應用

在台北看一場電影，目前大概是新台幣 300 元左右，但你有沒有想過，這樣的票價是如何訂定出來的？是電影的卡司強弱？是電影院的競爭密度？是電影院的舒適度？還是周遭交通、停車方便呢？如果今天換個方式，依照電影劇情，並根據你笑的次數來收費，又會變得怎樣呢？

在還沒有進入這個主題之前，讓我們先來講一個故事。某家公司舉辦了一場「商業模式創新工作坊」。其間，來講課的老師開宗明義指出，企業的「價值主張」意指「企業透過產品或服務，對消費者（顧客）所提供的價值」。講師請大家開始思考，公司各單位真正所提供的「價值主張」是什麼？它是否能真正滿足顧客的需求？

這名講師接著提到 2013 年的一個案例，當年西班牙政府將影視娛樂的稅率從原來的 8% 提升到 21%，結果馬上導致觀眾流失 30%，三成的民眾認為票價太貴了，因此拒看，連帶使得西班牙劇院相關業者面臨營運上的巨大衝擊。講師問大家：「因應這樣的困境，大家有何具體建議？」有人說不妨「更換劇碼」，有人建議「加強卡司」，有人則主張「降價」薄利多銷以招徠更多的觀眾。

以上這些都是一般大家想得到的提案。

此時，授課的講師則反問大家，「劇院業真正的『價值主張』應該是什麼？或是來電影院看電影的觀眾，他們真正的需求又是什麼？」

在一連串的重新思考後，這名講師以一家戲院為例，戲院在面臨經營的壓力下，重新檢討自己的「價值主張」，認為觀眾來看喜劇的需求，主要是希望獲得歡樂，因此由此出發，決定創新商業模式。由於大家都認定，看戲的過程最好能「笑聲連連」，因此該劇院在收費上，捨棄傳統的票價收費方式，改採用觀眾「笑」的次數來收費。

他們在劇院的每個座位前，安裝一台平板電腦，內建臉部辨識系統，當觀眾開始發「笑」後，系統會自動偵測他們各式各樣的笑容，微笑、淺笑、眉開眼笑、到捧腹大笑，一邊錄影並一邊進行統計，同時計算費用。當然，票價會有個上限，否則到了片尾，可能就會有觀眾因為收到天價帳單笑不出來，或者刻意壓制情緒導致笑不盡興。

改變收費方式的作法，讓每位觀眾的平均消費提高了，然後觀眾帶去出的口碑宣傳影響力也拉昇了，最後，進劇院看戲的觀眾人數竟然也跟著增加了（幅度高達 35%）。

「價值主張」的概念本身不難，難的是，我們還是很容易將思維的重心放在「產品或服務」上，而非「消費者（顧客）」身上。看完以上的故事，不妨思考一下，透過「收費」連結到「消費者的真正需求」，應該是一個檢視自己價值主張的好方法。

以下的影片連結，就是這個西班牙劇院的個案。該劇院有一句口號，全球第一家笑多少、收費多少的喜劇院（The first comedy theater where you only pay for what you consume）

PAY PER LAUGH

https://www.youtube.com/watch?v=V0FowbxEe3w

SECTION
9-6

猜猜這瓶紅酒多少錢 ——
大數據來做價格預測

有一本書《什麼都能算，什麼都不奇怪：超級數據分析的祕密》[2]，提到一般葡萄酒的品酒專家都會採取「含酒吐出」的品酒方法，來判斷葡萄酒品質（就像漫畫《神之雫》裡所描繪的，有點像漱口）。不過，能受到知名葡萄酒專家讚賞的葡萄酒，身價也會跟著大漲。只是，品酒專家要喝到葡萄酒，通常得等到葡萄採收四個月後。而且他們必須在酒還在發酵時，就能準確預知葡萄酒未來的品質（當然，準確率未必能百分之百）。

為了解決這個問題，普林斯頓大學的經濟學家艾森菲特（Orley Ashenfelter）透過數據分析，來評估法國波爾多葡萄酒的品質。他研究波爾多地區數十年來的氣候資料，並根據 1952 至 1980 年的氣象資料，發現收成時雨量少，再加上夏季平均溫度高，就能生產出品質較好的酒。

艾森菲特發展出以下的公式，如圖 9-6 所示：

葡萄酒品質

⊕ 圖 9-6 葡萄酒品質公式
繪圖者：張庭瑄

任何人只要輸入任何年份的氣候統計數字，就能預測當年度的葡萄酒品質，並且根據這項預估值，來評估（或預測）葡萄酒的價格。艾森菲甚至發展出更複雜的公式，來預測超過 100 家酒莊的葡萄酒品質。

2　Ian Ayres，《什麼都能算，什麼都不奇怪：超級數據分析的祕密》，張美惠譯，時報出版，2008 年 10 月 30 日。

事實上，2015 年，另一名叫做崔斯坦‧佛萊徹（Tristan Fletcher）英國研究員想要了解機器學習技術的侷限所在，決定將複雜的人工智慧技術應用於價格混亂的高級葡萄酒定價領域，來比較這些新技術和傳統資產交易技術之間的優劣。

有趣的是，葡萄酒的交易成本很高，主因是它的交易量不大，因此買賣的人通常需要承受較高的單位價格。而葡萄酒也不像股票那樣，交易頻率很高，愛好者常常一次會買兩箱，然後把其中一箱喝掉，等待一段時間後，再將另一箱以更高價格賣掉，而這樣的方式除了可以喝到酒之外，還可賺回之前的酒價差額。這個情況就好像，如果你手上剛好有兩張絕版郵票，如果撕掉其中一張，另一張馬上價格飛騰。

佛萊徹的團隊開始從 Liv-ex 100 紅酒指數，收集約 100 種最受歡迎的高級葡萄酒的數據。他們對這個資料集以「高斯過程迴歸」和更複雜的「多重任務特性學習」來測試。結果發現，有一半葡萄酒的單日價格會呈現明顯的負相關性，也就是如果它們在某一日的價格上升，次日的價格就會下降。換言之，高級葡萄酒的價格走勢的確可以預測。

佛萊徹認為，類似的機器學習技術未來很有可能應用於其他小眾資產交易，像是古董車、絕版書籍甚至是藝術品。但是，其他資產的交易都與高級葡萄酒非常不一樣，它們之間不會一致。

不過，傳統的葡萄酒評論家對這類預測法很不以為然，並且批評這樣的做法對品酒師的權威是一項重大的挑戰。而如果預測方法非常準確，恐怕會有許多人就要失業。透過數據分析，人們在葡萄剛剛採收時，就能預測未來的葡萄酒品質，這對想要買喝酒的人來説，確實會有不小的助益。

最後，數據分析的應用非常多元，不但葡萄酒的品質都能「計算」出來，甚至棒球教練，即便未曾與球員見過面，也能透過數據評斷出他的潛力。

最後，還是要提醒您，喝酒不開車，開車不喝酒。

你沒看錯，它的價格一直在變 ── 動態定價

曾經在賣場打過工的人都知道，每次商品要更改價格，總是會搞得人仰馬翻。不但得爬上貨架，將所有相關商品卸下來，還要移除原有標籤，再將新的價格貼上。而這個過程要很小心，不能有任何遺漏，因為只要顧客到了收銀檯，發現價格不對，臉色總是會很難看。算便宜了，他不會跟你說，算貴了，他可是會毫不客氣地罵人。定價的重要性由此可見一斑。

可是在電子商務世界裡，「動態定價」卻是常態。動態定價顧名思義，即不採取固定售價，而是採取變動售價的一種定價方式。在電商環境中，透過資料科學的分析與應用，產品價格變化的時間，可以是每一天，甚至是每一小時變動一次。

由於在傳統的定價中，定價通常只受當地市場供給與需求的影響，例如：生產多少？多少人想買？要維持多少存貨？新一代的產品是否即將上市等，這些都是影響產品定價的重要因素。

而動態定價，則是透過系統即時分析、設定，產生價格的自動化過程。在實體商店裡，想要改變成千上萬件產品的價格並不容易，因為它必須透過人工將架上的產品重新置換。然而，在網路上卻相對簡單，因為網路商店可透過系統的設定，依據消費者近期的購買行為、銷售量、庫存量、甚至網路上最新的討論議題等，做為產品定價的判斷因素，即時更改網路上的產品定價。

因此，就成本面與時效面來說，動態訂價提供網路商店更多且更即時的行銷操作空間，同時也更有利於庫存管理。例如：當新聞報導空氣品質嚴重不佳時，網路商店可透過資料分析，即時設計出多款空氣清新機商品的限時價格促銷活動，例如不只降價，還買大送小。更重要的是，當時間一到，系統馬上會將各項商品恢復原價。

以下,簡單説明動態定價能為企業帶來的好處:

- 增加企業利潤率。

- 提高產品轉換率。

- 提升庫存管理效益。

- 刺激離峰尖峰時段的銷售。

- 提升對競爭者價格變動的反應。

至於如何進行動態定價,常見的動態定價方法如下:

- 時間動態定價:根據假日、淡旺季、離峰尖峰時間…等,進行動態定價。

- 地理動態定價:根據不同區域的狀態,進行動態定價。

- 競爭者動態定價:根據競爭者價格即時調整售價,如:限時最低價、產品組合定價…等。

- 消費者動態定價:對猶豫不決的顧客,提供價格誘因促使購買。

- 行銷資料科學與自動化,讓動態定價的應用更為活潑,也可以讓交易更為活絡。

MEMO ...

價值溝通與
行銷資料科學

SECTION
10-1

翻轉零售 ─
大數據帶來的零售業革命組合

零售業的歷史非常悠久，過去業者要佈建一個零售網，必須要考慮顧客、產品、位置、通路等四大因素，而現在進入大數據時代，行銷資料科學不僅賦予零售業新的意義和使命，還加進新的「時間」因素，等於讓所有零售業進入全天候、全通路營業的境界。

美國賓州大學旗下華頓商學院教授艾瑞克‧布萊德洛（Eric Bradlow）等人於2017 年，發表了一篇文章「大數據與預測分析在零售業中的角色」（The role of big data and predictive analytics in retailing），裡面提到大數據零售的五大構面：顧客、產品、位置、時間、通路，如圖 10-1 所示。

⊕ 圖 10-1 大數據零售的構面
繪圖者：廖庭儀

✻ 資料來源：Bradlow, E. T., Gangwar, M., Kopalle, P., & Voleti, S. （2017）. "The role of big data and predictive analytics in retailing." Journal of Retailing, 93 （1）, 79-95.

一、顧客（Customer）

大多數的人一想到大數據，直覺的反應就是要擁有或處理很多的資料。事實上，即使企業所擁有資料量未達大數據的標準，以目前的行銷資料科學技術，已經可以協助企業做到個人化行銷。在零售業裡，常用的顧客資料來源包括：個人信用卡的刷卡資料、IP位址、註冊用戶登錄等，企業可將這些資料來源，連結內部顧客關係管理（CRM）系統中的交易資料、email調查資料、來店消費資訊等，以進行資料分析。甚至企業還能結合社群媒體的資料，以及「用戶生成內容（User Generated Contents, UGC）」等，讓顧客資料變得更有價值。

二、產品（Product）

在大數據的時代，不但產品品項越來越多，產品資料也從一維的產品基本資料，擴展到第二維的產品屬性面向（特色、品質、設計、知覺、擴增產品服務…等）。在這樣的發展趨勢下，零售商將擁有更多元甚至是動態的產品資料矩陣，進而協助企業做到個人化行銷。

三、位置（Location）

能在任何特定的時間，定位消費者「位置」的能力，為零售業開展了新的契機。無論是在店內或店外，零售商可將消費者所處的位置，與公司的顧客關係管理系統（CRM）進行連結，並從消費者的購買歷史中，推薦他們最可能購買的產品。例如：當消費者接近零售店時，主動提醒消費者優惠資訊，吸引消費者前往購買。或是當消費者在店內消費時，提醒消費者特價商品的優惠出現在哪一區。這樣的效益，對零售商來說，短期內顯而易見，但應考量是否牽涉到消費者的個人隱私，以及對消費者所造成的負面影響。

四、時間（Time）

在零售資料中加入了時間的維度，會使資料量變得更為龐大。過去零售業只能分析每月或是每週的消費者資料，但現在已經可以連續測量消費者的瀏覽產品行為、行走動線、購買的品項、賣場環境變化等。例如：零售商想發展最好的折扣組合、改變產品擺放位置、或是改變消費者的動線，這些決策因為加入了時間的維度資料，並透過資料分析得以實現。除此之外，將時間維度資料與POS 系統、CRM 系統連結，零售業在倉儲管理上也更即時、更有效率。

五、通路（Channel）

現在的消費者在購買產品前，通常會先搜集產品資訊，並詢問他人的購買經驗等。企業若能收集、整合並分析這些資料，將可協助企業了解、追蹤消費者的購買歷程，並對產品利潤進行評估。此外，消費者收集資訊與實際購買的行為，極有可能發生在不同的時空，零售業要意識到新型態購買行為的出現。例如：消費者可能先到實體通路觀看產品，之後再到網路平台進行購買；或者消費者先在網路平台蒐集產品資訊，再到實體商店體驗後進行購買。零售業要能收集並分析各種不同接觸點的資料，以進行更有效的通路管理，甚至發展或運用新型態的通路類型。

今日零售業所產生的資料量大幅增加，企業若能妥善運用以上的五項構面，一定能更精確地掌握消費者行為，制定更佳的行銷策略。

SECTION
10-2

超越通路 ──
多通路、跨通路與全通路

智慧行動裝置的盛行，使得線上與線下購物的界線逐漸趨於模糊，個別消費者能使用多個零售通路前來購物，例如實體零售商、官方網站和行動裝置等，消費者的購買行為一舉跨越了時間、地理環境的限制。

相對地，通路概念的發展也從過去的單一通路，發展到多通路、跨通路，再進入到整合虛擬和實體之全通路零售模式，如圖 10-2 所示。

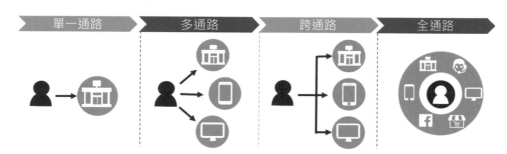

單一通路 　 多通路 　 跨通路 　 全通路

↑ 圖 10-2 通路概念的發展
繪圖者：周晏汝

以下簡單對多通路（Multi-channel）、跨通路（Omni channel）、全通路（Omni channel）進行說明。

1. 多通路（Multi-channel）：企業發展多種通路，包括：實體店面、網路商店、行動購物等與消費者進行溝通。例如：一家公司同時擁有實體店面與網路商店。

2. 跨通路（Cross channel）：企業在多種通路之間，進行交叉銷售（Cross-selling）。例如：消費者在一家公司的實體商店進行消費，銷售人員同時介紹其購買該公司網路商店上的產品。

3. 全通路（Omni channel）：以消費者為中心，透過企業實體通路與虛擬通路的融合，提供消費者個人化的行銷服務。例如：無論消費者曾經在企業的

哪一種通路消費過，企業都能透過不同的通路，提供消費者購買訊息、協助消費者進行採購並做好售後服務。

實務上，多通路、跨通路與全通路背後的差異，不只在通路之間整合的程度，還包括組織結構的設計、資訊庫的整合程度。在多通路階段，各通路部門之間彼此獨立，有時甚至相互競爭。各通路部門的資料庫彼此之間並未整合，各通路部門追求自身通路利潤極大化。

至於跨通路階段，各通路部門之間雖然彼此獨立，但相互合作。各通路部門的資料庫開始進行整合，各通路部門透過合作，將彼此的利潤擴大。到了全通路階段，各通路部門融合成同一部門，擁有單一來源的資料庫，並以提供消費者個人化的服務為終極目標。

在全通路時代，能讓企業在各種通路上的商流、物流、金流、資訊流，做到真正的無縫接軌。對企業來說，在商流上，實體通路與網路通路的布置，可以有一體性的設計。讓消費者在實體通路與網路通路所呈現的消費者體驗，能夠產生具體的綜效。

在物流上，消費者能在線上即時看到產品的庫存狀況（通常網站上會呈現目前的庫存總量，但後端系統可以即時看到各實體分店以及網路商店上即時庫存量）。在配送上，除了到店取貨、超商取貨、宅配到家（宅配還分貨車、機車、無人機配送…等），也因此，在全通路的發展趨勢下，物流的挑戰也越來越大。

在金流上，全通路提供整合各種付款型態（現金、線上支付、行動支付…等），搭配各種通路的優惠（紅利點數、優惠券…等）的服務；在資訊流上，一旦消費者曾經在客服中心（call center）留有消費、客服紀錄，當消費者到達實體商店進行消費時，店員能夠根據平板等裝置所呈現的資訊，提供延續性服務。

最後，別忘了，如何有效蒐集與分析這些消費者在支付過程中的所有資料，有助於企業更了解消費者心理與實際行為，進而發展後續相關的行銷定價及推廣方案，則是我們行銷資料科學的終極目標。

總之，從多通路、跨通路、到全通路，一旦資料庫整合的程度越來越高，而行銷資料科學所能創造出來的價值也越來越大。

Part 1
總論篇

Part 2
大數據篇

Part 3
行銷篇

Part 4
策略篇

SECTION
10-3

企業終極目標 ─ 讓消費者隨時隨地都能購物的全通路零售

為了促進消費者交易，企業無時不在思索如何建構隨時隨地都能購物的管道，而所謂的「全通路策略」，就是要鼓勵消費者多多進行「跨通路消費」，換言之，要想辦法讓原本在實體通路消費的人能夠上網購物。同時，也要讓原本在網路上消費的人，能夠到實體商店購物。

不過，值得一提的是，美國天普大學（Temple University）的羅學明（Xueming Luo）教授，一度懷疑這種策略的有效性。於是，他率領了一支團隊，與中國的一家大型連鎖百貨公司合作，分析了 33,000 多名在實體通路與網路通路消費的顧客，最後得到了以下的結論[1]。

「企業應該鼓勵網路消費者到實體通路消費，這樣有助於企業獲利的提升。而當企業鼓勵實體商店的消費者上網購物時，利潤反而會減少」。這樣的結果，基本上與企業認知的「全通路策略」做法並不一致。

為何企業要鼓勵實體商店的消費者上網購物呢？

主要的目的，在於降低實體通路的經營成本，另外就是上網購物已成趨勢。那為何鼓勵實體商店的消費者上網購物之後，企業的利潤反而會減少？主要的原因在於，在實體通路購物的消費者，通常消費量比較大，同時「衝動性購買」的機會也比較大。除此之外，在實體通路，一位好的客服人員，有機會讓消費者買的更多。而且，不但消費者自己會買，他（她）還會推薦別人，以及找客服人員詢問購買，這些行為很像是消費者滿意後的口碑推薦。

1　羅學明（Xueming Luo），《全通路零售必勝策略》，哈佛商業評論 HBR 中文版，2016 年 8 月。

所以，對擁有全通路的企業來說，不但不應該一直鼓勵實體通路的消費者上網購物，反而要想辦法鼓勵網路通路的消費者，到實體通路進行消費。這樣一來，有助於企業利潤的提升。（對啦，當然有人會說，開設實體店面要有人事、店面和資金成本呀）。

不過，行銷資料科學提供一項工具，讓企業透過內部的顧客資料，配合電子地圖，清楚看到自身企業的顧客分佈狀況，如圖 10-3 所示。如此也會讓開店成功機率比較高。

⊕ 圖 10-3 實體店面消費者分佈圖範例

以一家連鎖企業為例，透過以上的視覺化呈現，企業可以清楚瞭解各分店與消費者的距離，進而發展相關的行銷活動。對於擁有全通路的企業，即可透過上述繪製顧客分佈圖的工具，將「實體通路」與「網路通路」的消費者分佈，在電子地圖上呈現。再透過各種資料的交叉比對，配合行銷管理學的理論，行銷人員將有機會發展出更有效的行銷方案。

相形之下，有了行銷資料科學協助，開店成功率會比盲目設點大很多。

Part 1
概論篇

Part 2
大數據篇

Part 3
行銷篇

Part 4
策略篇

SECTION
10-4

地點、地點、地點 ──
選對店址先贏一半

美國總統川普在還沒有當上總統之前,曾經主持過一系列的創業節目,當時他在教導年輕學徒創業時,有一句金玉良言,就是開店最重要的三件事:「地點」、「地點」和「地點」。意思是,選對了開店地點,就已經贏了一半。美國如此,台灣亦然。台灣許多年輕人技術不錯也熱衷創業,但常因為選址錯誤,最後都以失敗告終。

台灣地區一家連鎖牛肉麵店的經營企畫部門主管曾經表示,只要選錯一家店址,會為該企業帶來 550 萬元的鉅額損失,而他們也是在開過 150 家店之後,才慢慢摸索出一些心得。而最常見的情況是,一般店家如果沒有做好選址分析,通常只能用前幾個月的營收來預測未來獲利情況,最終落得苦撐一年半載後,才會發現營收根本無法改善,帶著遺憾默默消失在市場中。

至於該如何選址,老一輩的行銷人都知道,企業在選擇店面時,需要蒐集許多資訊以利評估。除了像是調查商圈人口數、年齡分布、消費能力等人口統計變數外,有時為了了解當地人潮,還得請工讀生去所欲設點的位置附近,以按碼錶算人頭的方式,來估算人潮和流量。不僅白天、晚上、週間要計算,週末和假日更要算得一清二楚。現在,身處大數據時代,儘管上面所說的工作少不了,企業還能利用資料視覺化技術,讓自己的選址展店策略,更加精進與有效。

10.4.1 運用各式資料讓展店不失誤

資料視覺化(Data Visualization)是指將繁雜的資料轉換成圖片、影像,希望透過圖像化的呈現方式,幫助使用者更容易了解其意涵的方法。在大數據時代,資料視覺化變得更容易、更清楚。例如:企業可從政府資料開放平臺下載關於所欲展店區域的相關資料,包括各區人口數、各區消費熱度、各區所得水準等,進一步推估各區的來客數與可能購買的客單價,進而概算出潛在的營業額,如此一來,展店就會更有把握!

再舉個例子來說，對於一家連鎖文理補教業而言，通常會選擇國中小學附近進行展店。過去如果想在某個縣市進行展店，通常是由負責展店的主管，深入該縣市，對當地的市場進行評估。如果該連鎖補教業的目標市場，是以國中小學生為主，面對成百上千所的學校，評估的成本與費用將會非常可觀。同時，就算負責展店的主管，到了該區，通常也是透過經驗與訪談，來判斷是否適合展店。那究竟是否有其他更有效率與更有效果的方式，能協助主管進行展店？

中原大學資工所博士生姚舒嚴，就藉由大數據分析，以欲在桃園地區展店的連鎖補教業者為例，說明展店的進行方式：

步驟一：蒐集開放資料

首先，下載「政府資料開放平臺」（https://data.gov.tw/）裡的國中小學學校的位置資料與補習班位置資料。

步驟二：整理資料

接著對所蒐集到的資料進行整理，先去除重複、無用的資料，然後使用 R 語言 ggmap 套件中的 route 函數，將學校位置與補習班位置轉換成經緯度，如圖 10-4 所示。

學校名稱	經度	緯度	學生數
桃園八德國小	24.929049	121.283949	962
桃園三民國小	24.812870	120.981334	99
桃園三光國小	25.055955	121.496704	46
桃園三坑國小	24.836587	121.248887	68
桃園三和國小	24.847837	121.167688	61
桃園上大國小	24.979118	121.146817	208

補習班	經度	緯度
私立八方文理語文短期補習班	25.078705	121.261435
私立立興文理短期補習班	25.077134	121.257792
私立文燁美語短期補習班	24.983661	121.316738
私立親親語文數學短期補習班	25.00492	121.343011
私立凱婷美容短期補習班	24.9118	121.172575
私立春風舞蹈短期補習班	24.997237	121.321316

(↑) 圖 10-4 桃園地區學校與補教業經緯度

繪圖者：趙雪君

★ 資料來源：「大數據分析補救教學機構選址 - 以台灣北部為例」，中原大學資工所博士生姚舒嚴

Part 1
概論篇

Part 2
大數據篇

Part 3
行銷篇

Part 4
案例篇

步驟三： **資料視覺化**

將桃園區國中小與補習班的位置，利用 R 語言 leaflet 套件中的電子地圖來呈現，如圖 10-5 所示。

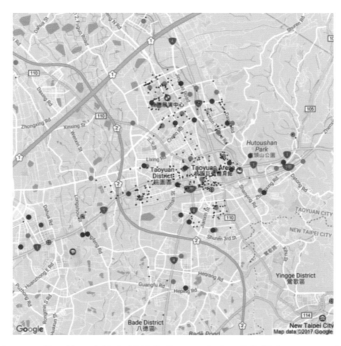

⊕ 圖 10-5 桃園地區學校與補教業位置圖（地圖著作權為 Google 所有）

＊ 資料來源：「大數據分析補救教學機構選址 - 以台灣北部為例」，中原大學資工所博士生姚舒嚴

步驟四： **制定決策**

考量文理補習班展店關鍵成功因素之一，在於市場規模的大小，姚舒嚴便將開放資料裡的數據，透過公式（學校周圍補習班平均可服務人數 = 學校人數 / 補習班數量），計算出「學校周圍補習班平均可服務人數」。並將平均人數最多的 30% 的學校（國小 3 筆、高中 1 筆），再次透過電子圖來呈現，如圖 10-6 所示。

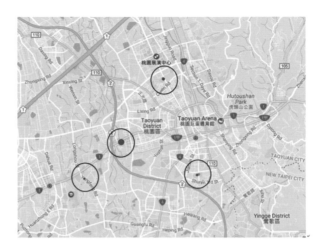

⊕ 圖 10-6　篩選後的桃園地區學校與補教業位置圖（地圖著作權為 Google 所有）

✻ 資料來源：「大數據分析補救教學機構選址 - 以台灣北部為例」，中原大學資工所博士生姚舒嚴

透過以上的方式，連鎖補教業的主管，能夠很快地進行候選地點的篩選，進而更有效率與更有效果的進行展店。至於其他不同產業的企業，在進行展店時，也可以參考以上的做法來評估。

10.4.2 展店成功是擴展企業影響力的指標

關於展店決策，對於有概念、有規模的企業來説，可透過行銷資料科學工具，針對各種影響展店績效的可能變數，如：市場環境的商圈人口數、消費熱點、競爭狀況⋯等（以上許多外部變數資料均可於政府資料開放平臺下載）；商店情境的賣場面積、店長經歷等（以上內部變數資料可於自身資料庫或是透過量表進行調查所獲得），並透過機器學習的方式，發展「展店關鍵成功因素的預測模型」。

雖然以上的例子可能説明得太精簡，只有透過「學校人數」與「補習班數量」進行篩選，但此案例背後的概念，確實可為企業在進行展店時，節省大量的搜尋成本，以及透過數據分析與視覺化呈現的方式，增加展店成功的機會。企業可依據上述的概念與做法，配合自身所處產業的特性，考量展店的關鍵因素，進而優化展店流程。

Part 1
總論篇

Part 2
大數據篇

Part 3
行銷篇

Part 4
未照篇

SECTION
10-5

運用大數據來做通路店型改造 ─ 屈臣氏的實例

有人預言，進入大數據時代之後，第一個得利的行業會是零售產業。因為消費者只要進入賣場，從距離貨架有多近，或者拿起商品又放下，任何一個舉動都會留下龐大的資料。零售業者只要好好將消費者留下的結構性資料和非結構資料加以記錄、篩選和分析，都會是企業行銷資料科學的珍貴來源。

讓我們來看一下屈臣氏這家美妝用品連鎖店的實例。屈臣氏從 2010 年開始，就依據數據分析，進行店型改造[2]。這種做法已徹底打破以往由自己決定店型的模式。屈臣氏主要是以超過 500 萬位會員以及店內 25,000 項商品的銷售資料進行分析，發掘出不同市場區隔的顧客，並藉此設計出七種店型，其中包括：高價住宅、價值取向型住宅、目的消費型、遊客型、商業區型、車站商場型與學校型等七種。表面上看，這些店面的外觀並沒有太大的差異，但內部的陳列卻有很大的不同。

根據商業周刊的報導，屈臣氏總共設計出約 1,500 種的貨架陳列圖，透過對消費者資料的掌握，對於營收下滑的店，在貨品陳列上可採取「快速轉換」類型。舉例來說，以陸客為主的「遊客型」店，就因應消費者的需求，成立「台灣冠軍伴手禮」專區，販售台製面膜等產品。一旦環境改變時，屈臣氏能馬上因應，調整成「住宅型」店，藉此抓住本地消費者。透過數據分析，轉換的過程非常迅速。屈臣氏在一週內先降低庫存，並對新店型進行布局，並在一個月內，完成所有調整的細節。根據以上的作法，屈臣氏「遊客型」店在陸客大幅減少超過四成以上時，業績衰退的幅度大多還能控制在 5% 左右。運用大數據，屈臣氏成功地進行了通路店型的改造。

2　資料來源：林洧楨，「算出七種人氣店型 解密屈臣氏大數據戰法」，商周，2017.10.18。

另外，依據今周刊報導，剛下班的王小姐趁著回家路上到屈臣氏買東西，原因是周三購物紅利乃是以兩倍積點計算。選好商品、拿著會員卡，結帳時不忘收下發票和折價券，回家一看發現店員給的折價券，正好是她下周想買的去油洗髮精。而如果就此認為屈臣氏送給每位消費者的折價券都是一樣的，那可不一定。因為它送出來的每張折價券，其實是屈臣氏搭配消費紀錄與個人喜好的大數據所算出來的。屈臣氏發現，過去三年王小姐買的都是特定功能的洗髮精，所以才會給予王小姐該產品的折價券，而這正是大數據的預測力量。

有趣的是，以上的故事，很像以前傳說中，台灣經營之神王永慶賣米的故事。話說王永慶在創設米店之初，只要送米到客戶家，就會偷偷測量人家的米缸存量，大約估算還可以吃幾天。然後他就把握機會，在人家快吃完米的前一天，將全新的米送到，以免被人搶走生意，而精準估算這一點則是靠王永慶個人所估算出來的。

此外，屈臣氏一度透過數據分析，發現自己的年輕客群逐漸流失，因此決定與速食業者合作，進行跨業促銷，並成功找到約兩成的全新年輕客戶。透過數據分析，屈臣氏在全省零售業整體營收年增不到 2%，甚至是持平的情況下，它卻能持續成長超過 5%。

SECTION 10-6

零售業如何用大數據提升業績 — New Balance 的案例

面臨經濟不景氣,各行各業都想法設法開源和節流,越來越多第一線面對消費者的零售業者,也開始使用資料科學概念與工具,來協助提升業績。這一次讓我們來看看著名的運動品牌 New Balance 利用物聯網,再透過資料分析後,所做出的改變。

New Balance 與大數據廠商 MIGO 合作,導入「AIR 智慧零售解決方案(Artificial Intelligence for Retail)」,透過裝設在天花板上 10 個左右的物聯網感測設備收集資料,再透過數據分析,得到能有效協助提升決策品質的資訊。

一、各店互比

以旗艦店和西門峨嵋店相互比較為例,透過這些設備,可得到環境人潮、騎樓人潮、進店人數、長停人數(停留 20 分鐘以上)、短停人數(停留 5 到 20 分鐘)和交易顧客(離店率和提袋率)等資料,並得知經營尖離峰何時出現,之後就利用這些資料,做環境和動線改造。

二、班表調整

New Balance 原本都以為,週末下午某個時段是人潮的高峰期,所以在排班上加派了人手,但實際分析數據後發現,高峰期卻落在原本預估時段的兩小時之後,因此隨即改變人力調度,讓人員調派更有效率。

三、交叉銷售

當某個常來光顧的消費者在店內拿起型號 A 的鞋子時,透過過去的數據分析結果,店員發現消費者還可能會喜歡型號 B 的鞋子。因此,店員可在當下立刻反應,同時拿出這兩款鞋子讓消費者試穿,此舉不但節省了交易時間,也同步提升了消費者滿意度。

四、顧客關係管理

在顧客關係管理上，透過數據分析，New Balance 將消費者區分成五種類型，如圖 10-7 所示：

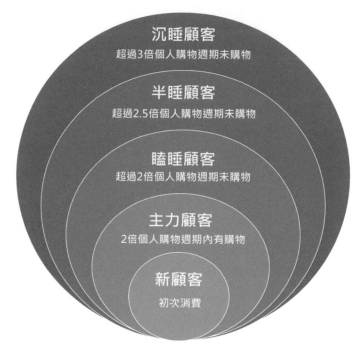

圖 10-7 New Balance 將消費者區分成五種類型
繪圖者：趙雪君

- 「新顧客」：初次消費的消費者。

- 「主力顧客」：2 倍「個人購物週期」時間內，曾來光顧的消費者。

- 「瞌睡顧客」：超過 2 倍「個人購物週期」時間，未回來購買的消費者。

- 「半睡顧客」：超過 2.5 倍「個人購物週期」時間，未再回來採買的消費者。

- 「沉睡顧客」：超過 3 倍「個人購物週期」時間，未回來消費的消費者。

當消費者被區分成這五種類型後，New Balance 即可針對不同類型的消費者，提供不同的服務。

值得注意的是，中原大學資工系賀嘉生教授曾經表示，一旦企業在取得和分析大數據之後，最好將這些聚類（分群）資料加以取名，名字越有趣、越響亮，企業會越有「感覺」（就像上述這五類一樣）。此時，企業就會思考，要分別利用何種行銷方案，去喚醒這些「瞌睡顧客」、「半睡顧客」與「沈睡客戶」，因為有些顧客被喚醒後，說不定就會成為企業的忠實客戶。

人臉辨識系統的應用

人臉辨識系統的應用越來越廣泛，運用領域還真是五花八門，在沒有切入正題之前，來跟大家分享個有趣的真實故事。

廿年多年前，一家在歐洲很有名的賣場進入台灣時。這家大賣場為了促銷，舉辦了自行車特價方案，每天都以低價號召民眾來買限量的腳踏車。沒想到，賣場附近的一家腳踏車店老板知道這件事後，每天一早都到賣場門口排隊，準備將特價自行車買回店裡後，再加價出售。而賣場起先因為沒有把遊戲規則講清楚，而只能忍痛讓他買了幾輛回去，後來知道他別有企圖，就打算讓他鎩羽而歸。為了不得罪消費者，這家賣場的做法是，只要這名老板一出現在賣場門口，保全人員就用無線電通報販賣部人員，趕快把自行車通通收起來。幾次下來，就讓他知難而退。現在，如果賣場大門裝了人臉辨識系統，一旦偵測到老板接近時，系統就會自動辨識出他的身分，並且標識出「黑名單」，這對賣場的管理將會是一大幫助。

依照維基百科定義，廣義的人臉識別，包括構建人臉識別系統的一系列相關技術，如：人臉圖像採集擷取、定位、識別的預處理、身分確認以及身分查找等；至於狹義的人臉識別則是透過人臉進行身份確認或者身份查找的技術或系統。這類被稱為「刷臉」的技術在日本已經發展的非常成熟；恩益禧（NEC）公司屬箇中翹楚；2018 年 3 月還有外電報導，外國媒體記者實測，中國已建置完成「天網」監視系統，能在 7 分鐘內抓到人而聲名大噪。而這套系統目前已佈建於 16 個省市自治區，號稱人臉辨視準確率達 99.8% 以上，把全中國人口的人臉過濾一遍，只要 1 秒鐘。

在「辨臉」的實際應用上，還牽涉到高速運算、比對和資料庫等電腦技術。你可以想像每次百貨公司週年慶，早上十點鐘百貨公司門口前已排滿三、四千人的長長人龍準備擠進來搶購，此時人臉辨識系統馬上還能分辨出新客、常客和貴客。而這類應用，也正如先前我們也介紹過西班牙「笑多少、收多少」的劇院，還能在昏暗的燈光下偵測出個別觀眾出現過多少次的笑容。

再舉個例子，擁有線上學員 3,500 多萬人、線下學員 400 萬人、目前在美國紐約證券交易所上市的中國「好未來」教育集團的執行長張邦鑫，看到人臉辨識技術背後的價值，花了不到三周的評估時間，就立刻投資一家 FaceThink 這家公司，並打造出符合教育產業使用的「魔鏡」辨識系統。這套系統能在老師上課時，捕捉遠端學生上課的行為（表情、舉手…等），並即時傳回老師的電腦面前，如果大部分的學生眉頭深鎖、難以理解內容，老師就可以及時修正，甚至重複講解一遍。另外，還能產出整堂課程的專注度曲線，讓老師能夠修正下次上課的方式，這樣的應用是不是很有趣呢？

人臉辨識系統的發展越來越成熟，這項技術將對各行各業的企業產生何種機會與威脅，將是各家企業經理和行銷人的挑戰。

Part 1
概論篇

Part 2
大數據篇

Part 3
行銷篇

Part 4
實務篇

行銷傳播的新樣貌 ─ 整合行銷傳播

網際網路帶動新的行銷傳播媒體的產生，消費者更懂得如何從不同的管道來源，獲取他們所要了解的資訊，進而影響他們最終所選擇的品牌，甚至消費者實際購買行為的時間、購買方式和地點等，也因此改變。正因如此，行銷人員在設計行銷傳播方案時，面臨更大的挑戰。因此，拉傑夫‧巴特拉（Rajeev Batra）與凱文‧凱勒（Kevin Keller）提出新型態的整合行銷傳播模式（Integrating-marketing-communications, IMC），以協助企業規劃行銷傳播方案。

巴特拉和凱勒這篇刊載在「行銷期刊（Journal of Marketing）」的文章，主要是提醒新媒體不斷改變舊的媒體生態，帶來新挑戰，它們分散了消費者的注意力，因此如何優化和整合行銷傳播越來越重要。因為像是搜尋、展示、行動載具與社群互動等不斷變化的媒體功能，會一再改變消費者的決策。

基本上，整合行銷傳播（IMC）主要結合兩個行銷概念模型，如圖 10-8 所示。一為由上至下的溝通模型，一為由下至上的溝通模型，其中包涵兩個概念：

一、概念一

由上而下的溝通，整合模型以主要溝通平台像是廣告、促銷與銷售…等，以「期望達到的溝通成果及目標」為中心，成果目標的設定是以顧客的需求為基礎，並考量各種情境與需求因素所形成。包括：試圖創造出明顯的溝通意識、將產品的資訊傳達給消費者、創造品牌形象與特色等。

同時，在設定目標後，可以針對特定目標，透過該模型對應到「消費者決策歷程（Consumer Decision Journey）」中的不同階段，包括：需求與想要、知道該品牌、想要該品牌等。也可以從在眾多不同的溝通平台中，選擇最佳的媒體及訊息傳播方式，包括：廣告、銷售及促銷、事件行銷等。該模型讓我們更清楚地掌握期望的溝通目標、消費者決策階段歷程以及主要溝通平台，三者之間的對應關係。

10-8 行銷傳播的新樣貌 — 整合行銷傳播

Part 1
概論篇

Part 2
大數據篇

Part 3
行銷篇

Part 4
策略篇

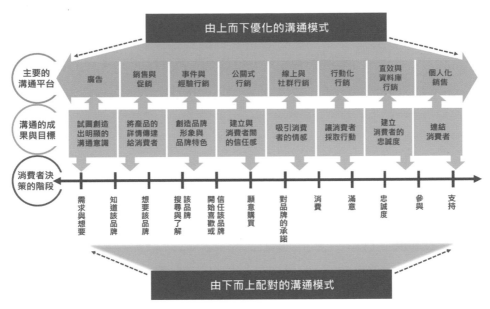

① 圖 10-8 整合行銷傳播

繪圖者：廖庭儀

※ 資料來源：Batra, Rajeev and Kevin Lane Keller,（2016）, "Integrating-marketing-communications," Journal of Marketing：AMA/MSI Special Issue, Vol. 80（November 2016）, pp.122–145.

二、概念二

由下而上模式，從消費者本身的需求出發。他們也舉例，例如在消費者決策的各個階段（圖下端黑體字部分，左端開始），比起過去，現代消費者從自覺想要／有需求，到知道某個品牌，再到想要該品牌，到最後支持品牌，一路由左到右共十二個階段。整個消費者的決策歷程，其間要跨越任何一個階段，其實充滿不確定性，因為中途變數太多。消費者可能一下子跨品牌，一下子回溯前一個階段，一下子又跳過某些階段，或者明確地選擇與拒絕某些品牌，消費者在決策歷程中「出軌」，所以讓企業的經營非常不容易，也因此，更必須依賴行銷資料科學的協助。

由這兩種行銷溝通模式的結合，讓企業更全面的了解行銷傳播計畫的全貌，也可以評估所有使用的傳播媒體的有效性及效率，達到整合行銷傳播計劃最大的整合性效益。

斯斯有兩種，招徠網路顧客一樣有兩種 —— 談拉式與推式行銷

市場行銷工具百百種，如何將產品送到消費面前，或是將顧客吸引到產品前，方法也大不相同。因此，在行銷管理學裡，將傳統行銷方式區分成所謂的「推式策略（Push）」與「拉式策略（Pull）」兩大類，背後巧妙各有不同。近年，因為網路興起，加上行動上網設備盛行，推式與拉式策略更在不同領域上，大行其道。

所謂拉式策略（Pull）：意指企業透過於廣告、銷售促進等方式，引發消費者的購買慾望，將消費者「拉」到企業手上；至於推式策略（Push）：則是由企業藉由人員推銷、銷售促進等方式，將產品透過一層層的配銷通路，「推」到最終消費者的手上，如圖 10-9 所示。

推式（push）策略

拉式（pull）策略

企業　　通路　　消費者

圖 10-9　推式策略與拉式策略
繪圖者：周晏汝

想像一下，在那個只有報紙和廣播的時代，消費者與企業沒有什麼媒體可以選擇，企業只能投入預算用在種類有限的媒體刊登廣告，以激起消費者的需求，吸引消費者上門。或是企業透過各類通路鋪貨，甚至是銷售人員擺攤的方式，來對消費者進行推銷。

隨著網路的興起，網路行銷學裡同時也產生所謂的 Inbound Marketing 與 Outbound Marketing。

Inbound Marketing 可譯為「集客式行銷」、「自來客行銷」或「搏客來行銷」。根據維基百科（Wikipedia）的解釋[3]，Inbound Marketing 是一種通過內容行銷（content marketing）、社交媒體行銷（social media marketing）、搜索引擎優化（search engine optimization, SEO）等技術，吸引消費者主動上門的行銷策略，如圖 10-10 所示。

建立消費者想看的內容

透過社群網路、搜尋引擎等工具

吸引消費者主動上門

⬆ 圖 10-10 Inbound Marketing 概念圖
繪圖者：周晏汝

Inbound Marketing 概念的興起，在於網路與社群媒體的興起，消費者習慣在購買商品前，搜尋相關評價與資訊。業者乾脆將所有類似資訊收集在一起，成為專業資訊網站，例如有美妝資訊網站、房屋、汽車租賃網站等，甚至是美食資訊網。

至於 Outbound Marketing，一般譯為「推播式行銷」、「推廣式行銷」，它是指企業透過電視、電話、報紙、電台、看板、郵件等工具，主動將產品訊息傳播給消費者，並促使消費者在心中建立起對企業的印象。未來一旦消費者有需求時，就會想起、甚至購買企業的產品，如圖 10-11 所示。

3　https://en.wikipedia.org/wiki/Inbound_marketing

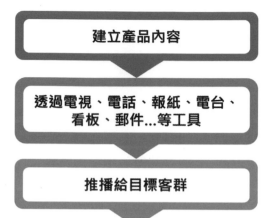

⊕ 圖 10-11　Outbound Marketing 概念圖
繪圖者：周晏汝

事實上，在各式各樣的行動裝置不斷問市之際，就曾有專家指出，網路行銷趨勢將傾向個人化的推播。而各位可別小看推播的威力，如果你的手機下載了多個新聞網站的 APP，重大新聞一來，手機可會是叮叮噹噹響個不停，這就是新聞網站主動推播、集合讀者的一種方式。至於社群媒體推特、Line 也都不定期推播各式內容、產品以及服務，主動走向目標顧客群，不再被動坐等消費者逛過來。

Part 1
概論篇

Part 2
大數據篇

Part 3
行銷篇

Part 4
實戰篇

10-10

零階關鍵時刻 ZMOT

我們曾經提到消費者購買行為的心理模式從 1870 年代的 AIDA，逐漸發展到 2004 年的 AISAS，而到了 2011 年，搜尋引擎龍頭 Google，再提出一個新的模式 ZMOT：Zero Moment Of Truth（零階關鍵時刻，或譯零類接觸行銷），直指現代的消費者在購物前，就已先上網搜尋產品和服務的相關資料、評論和口碑，而這個搜尋的時刻即為 ZMOT（Zero Moment Of Truth）。

1994 年北歐航空公司前總裁詹‧卡爾森（Jan Carlzon）首先提出「關鍵時刻（Moment Of Truth）」這個概念。到了 2004 年，寶僑（P&G）更進一步提出「第一關鍵時刻（First Moment Of Truth）」。因為根據 P&G 的研究發現，消費者到店裡買東西，取決於最初看到貨架商品時的最前面 3-7 秒。因此，寶僑認為商品陳列是影響消費者購買的第一關鍵時刻。

事實上，一般消費者的購買慾望，大都是受到某些刺激，然後動身到商店去採購，如果某項商品是消費者未曾使用，此時購買意圖就會在櫃台前萌芽，也就是寶僑所說的看到貨架上商品架時的最前面 3-7 秒，亦即第一關鍵時刻（First Moment Of Truth, FMOT）；反之，如果消費者已有使用經驗，購買決策就會落到第二關鍵時刻（Second Moment Of Truth, SMOT），亦即面對商品的第二關鍵時刻。如圖 10-12 所示。

舉個例子來說，老王晚上下班後，回到家看到美食節目「型男大主廚」，由於受到節目中的牛肉麵的畫面刺激而感覺到飢腸轆轆，但因為時間實在太晚了，因此只能跑到樓下的便利商店買碗泡麵解饞。

等到老王進了便利商店之後，他的眼光掃到貨架上的 A 牌牛肉麵，和這個商品有了第一類接觸，如果在此之前，他對架上的牛肉泡麵沒有任何印象，他很可能就會根據第一類接觸印象去選擇。反之，如果老王，在此之前已對 B 牌的牛肉湯麵有正面印象，老王的第一類接觸，此時已受到波及，其中就會摻雜了產品和臨櫃經驗來選擇牛肉泡麵。

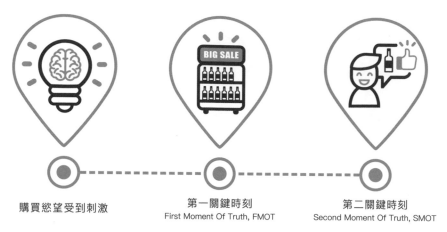

↑ 圖 10-12　購買的關鍵時刻
繪圖者：張珮盈

更重要的是，不管老王最後買了哪個品牌，他結帳後回家吃完的印象，又會累積成為下次購買的印象，也就是第二關鍵時刻（SMOT）。

不過，Google 後來進一步提出 ZMOT 的觀念，因為 Google 認為，現在的消費者在來店前，就會先在網路上進行搜尋，取得各式商品資訊，所以更重要的（零階關鍵時刻）關鍵時刻發生在第一關鍵時刻（FMOT）之前，圖 10-13 所示。

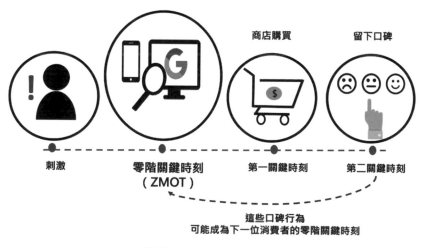

↑ 圖 10-13　ZMOT 概念圖
繪圖者：王彥琳

★　資料來源：Google

從圖 10-13 中可發現，當消費者接受到「刺激（Stimulus）」後，會開始上網搜尋商品資訊（零階關鍵時刻），然後造訪商店進行購買（第一關鍵時刻），之後，消費完商品後，會產生滿意度、忠誠度與口碑行為（第二關鍵時刻），而這些口碑行為，將可能成為下一位消費者的零階關鍵時刻。

當然，有些人認為 Google 提出 ZMOT（Zero Moment Of Truth）的用意，不言可喻，因為「零類接觸行銷」就是要讓消費者在「尚未接觸」到特定商品前，就透過網路向消費者行銷，零類接觸行銷就是要讓消費者主動接收產品的正面訊息來影響消費意向。而這樣的作法與一般廣告又有何差別呢？其實，廣告就是我們先前介紹的 Outbound Marketing（一般譯為「推播式行銷」、「推廣式行銷」），而零類接觸行銷術大多是消費者「主動」去接觸、尋找訊息而產生的行銷效果，這種 Inbound Marketing（一般譯為「集客式行銷」、「自來客行銷」或「搏客來行銷」），也就是 Google 在為其「關鍵字行銷」和「優化搜尋引擎（SEO）」的業務與功能，加以正名和美化。

Part 1
概論篇

Part 2
大數據篇

Part 3
行銷篇

Part 4
策略篇

SECTION 10-11 行銷資料科學的起步 — 塔吉特了解你的故事

2012 年 2 月，美國一家新聞電視台播放了一則新聞，標題為「Target 知道你何時懷孕」（Target knows when you're pregnant）（請見 QR Code），內容在說明全美第二大連鎖量販店塔吉特公司透過數據分析，能預測消費者何時會懷孕。電視台之所以會有這則新聞的原因，主要來自於紐約時報的一篇報導「企業如何得知你的秘密」（How Companies Learn Your Secrets）。

該篇報導的撰文者查爾斯•杜希格（Charles Duhigg），在文中描述一個匿名的故事。

🔙 Target knows when you're pregnant

https://youtu.be/XH1wQEgROg4

故事大概是這樣，一位生氣的父親，跑去跟塔吉特找主管理論。那位氣極敗壞的爸爸說：「我女兒收到這封信」「她還在念高中，你們竟然寄有關嬰兒用品的折價券給她，你們是要鼓勵她懷孕嗎？」當時不明就裡的經理先看了一下折價券的內容，隨即與父親道歉，並於幾天後再次打電話跟對方致歉。

結果在電話裡，這位爸爸告訴經理，他回家後與女兒詳談，才發現女兒真的懷孕了，他為此向店經理道歉。這則新聞後來引起軒然大波，甚至引發了資料科學與道德倫理之間的論戰。但塔吉特公司究竟是如何獲知少女懷孕的？

杜希格在報導中提到，塔吉特公司的資料分析專家安德魯·波爾（Andrew Pole）指出，他透過數據分析，發展出一個大約由 25 項孕婦會採買的相關產品所組成的「懷孕預測分數」。

首先，塔吉特公司透過提供消費者「寶寶用品清單的服務」，讓填答者留下是否懷孕，甚至是預產期的資料。接著，塔吉特公司將這些資料，與填答者的其他零售資料進行整合，再透過機器學習（Machine Learning）工具，產生預測模型。如此一來，塔吉特公司就可以透過這個模型，預測消費者是否懷孕，並且讓塔吉特的行銷部門在顧客從懷孕到預產期間，提供相關產品的資訊與折價券給顧客（如圖 10-14 所示）。

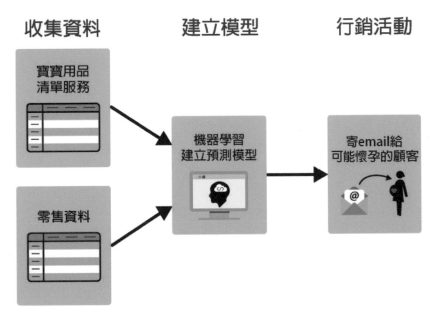

⊕ 圖 10-14 塔吉特（Target）如何預測消費者懷孕

繪圖者：張庭瑄

後來，有人對此事再加以調查，發現事實上，整起事件乃是一起「事件行銷」（Event Marketing）。原來是紐約時報在幫作者杜希格打書，而杜希格的書《為什麼我們這樣生活，那樣工作？》也確實擠進暢銷書排行榜。

儘管這個故事是杜撰的，但背後的預測技術卻是真實存在。因為消費者每一次去購物，或多或少都留下一些資料給廠商，不管你是有意還是無意，不管你是主動或是被動，因為這些消費模式的私密細節，都足以讓企業找出你喜歡什麼？或者你需要什麼？甚至是哪些東西有折扣，哪些最能讓你感到開心。

事實上，幾乎從那時開始，就有越來越多的預測分析工具，應用到商業實務中，尤其是行銷管理領域，而這正是「行銷資料科學」（Marketing Data Science）興起的原因之一。

SECTION
10-12

再探傳說 ─ 啤酒與尿布的故事

在數據分析的領域裡，有一個非常經典的故事，這個故事常常被用來強調數據分析的價值。

美國大型超市沃爾瑪（Walmart），利用數據分析，發現每週五的晚上，啤酒與尿布的銷售量呈現正向關係。也就是每個週五的晚上時段，尿布和啤酒這兩樣東西一起，賣得特別好。而其原因竟然是，年輕父親會去超市幫嬰兒買尿布，並且順便買啤酒回家，以便週末在家看球賽。

⊕ 圖 10-15　啤酒與尿布的故事
繪圖者：王彥琳

事實上，這個故事並不是真的。

2002 年，北愛荷華大學教授丹尼爾・包爾（Daniel J. Power）對「啤酒與尿布」的故事進行探源調查。他在同年七月，看了一部「歡慶啤酒尿布研究 10 週年」的網路影片。錄影中播出「啤酒與尿布」故事的主角湯瑪士・布理斯肖克（Thomas Blischok），講述他在 1992 年，協助大型超市 Osco Drug 做數據分析。他的團隊分析了 25 家門市，120 萬筆結帳記錄。布理斯肖克宣稱，研究團

隊發現在下午 5 點到 7 點間，消費者會購買啤酒與尿布。當時 Osco Drug 的管理階層雖然意識到，以消費者的偏好調整店面產品擺設是可行的，然而，最後 Osco Drug 卻沒有為啤酒與尿布的關聯性，做出任何陳設上的改變。

到了 1998 年，曾經參與該專案的研究成員約翰・厄爾（John Earle）提到，並非所有成員都同意布理斯肖克的說法。當時分析團隊建議應試著改變商品在店裡的擺設位置來進行實驗，以驗證分析結果。但是，布理斯肖克在媒體上發表時，並未提到他們，根本完全沒有針對專案進行檢驗，而團隊的另一位成員羅尼・科哈維（Ronny Kohavi）也提出，在 1990 年時，該團隊透過分析 50 家分店的資料，發現啤酒與尿布的規律「雖然有趣，但並不顯著」。

包爾教授（Power）總結，由於布理斯肖克需要一個噱頭，來行銷他的產品（亦即「數據分析技術」），於是布利肖克創造了「啤酒與尿布」的故事。而由於「啤酒」與「尿布」這二個名詞之間的衝突性，能為它帶來話題，而這個故事充其量只是銷售「數據分析技術」的一個行銷手法。

由於在行銷資料學領域中，「啤酒與尿布」的故事幾乎是家喻戶曉。儘管後來證實，它的傳說成份遠大於真實性，然而背後數據分析的技術卻真實存在。

從兩個看似風馬牛不相及的產品，深入去探究與分析，有時它的確違反直覺，但它們卻很可能真實存在。因此運用點想像力與好奇心，這對同時學習「行銷」與「資料科學」的我們來說，的確是非常值得一探之處。

行銷資料科學與策略

- ☑ 新科技影響行銷的四種方式
- ☑ 新科技改變行銷決策
- ☑ 新科技對行銷的未來影響
- ☑ 資料所為為何？資料運用的七大方向
- ☑ 資料導向決策（Data Driven Decision-Making）
- ☑ 不是大數據分析專家，一樣能做出資料導向決策
- ☑ 資料科學進化論 — 五種分析方式（Types of Business Analytics）
- ☑ 大步邁向分析 3.0 時代（Analytics 3.0）
- ☑ 以分析為基礎的策略（analysis-based strategy）
- ☑ 新時代的策略性資源 — 資料與資料科學
- ☑ 以「資料」與「資料科學」建立組織資源與競爭優勢
- ☑ 大數據為競爭優勢帶來的影響有哪些？
- ☑ 如何在組織裡發揮資料科學的價值 — 策略面
- ☑ 「簡單明瞭」就足以讓資料科學發揮價值
- ☑ 「資訊科技產業化」或「產業資訊科技化」— 資訊科技發展下的企業策略
- ☑ 企業競爭新優勢 — 建立自己的系統體系

11-1 新科技影響行銷的四種方式

行銷頂級期刊《Journal of Marketing》於 2022 年出了一份特刊《New Technologies in Marketing》。特刊編輯群唐娜‧霍夫曼（Donna L. Hoffman）等教授，發表了一篇重要的文章〈行銷新技術的興起：框架與展望〉（The Rise of New Technologies in Marketing：A Framework and Outlook）[1]。

在該篇文章中，霍夫曼教授等人提出新科技影響行銷的四種方式，如圖 11-1 所示。

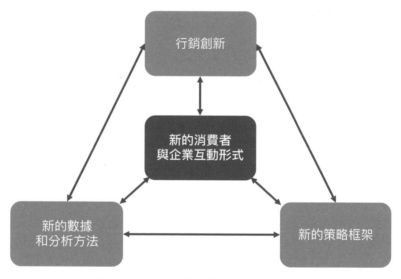

圖 11-1 新科技影響行銷的四種方式

* 資料來源：Hoffman, Donna L., C. Page Moreau, Stefan Stremersch, and Michel Wedel (2022), "New Technologies in Marketing Special Issue: Editorial," Journal of Marketing, 86(1), 1-6.

---

1 資料來源：Hoffman, Donna L., C. Page Moreau, Stefan Stremersch, and Michel Wedel (2022), "New Technologies in Marketing Special Issue: Editorial," Journal of Marketing, 86(1), 1-6.

Part 1
概論篇

Part 2
大數據篇

Part 3
行銷篇

Part 4
策略篇

具體來説，新技術能 1. 支持消費者和公司之間的新互動形式；2. 提供新的分析方法與新型數據；3. 創造行銷創新；4. 發展新的策略行銷框架。

1. 新的消費者與企業互動形式（New Forms of Consumer and Firm Interactions）

   新科技將促成新形式的消費者對消費者（C to C）、消費者對公司（C to B）、公司對消費者（B to C）和公司對公司（B to B）的互動。例如，耐吉（Nike）和阿迪達斯（adidas）等品牌企業，開發了數位平台，促進跑步者、教練以及第三方之間的互動。又例如，透過 AI 發展的擬人化聊天機器人，協助企業與消費者進行服務交流。亦或是將增強實境（AR）技術應用於零售業，作為一種「先試后買」的應用，讓消費者降低對產品的不確定性感。

2. 新的數據和分析方法（New Data and Analytic Methods）

   新科技也會產生新的數據並催生出新的分析方法。例如，已有學者利用資料視覺化的方法，來分析銷售人員臉部表情在直播銷售中的有效性。甚至有學者探討了消費者可能會同意企業使用其基因數據（Genetic Data），來進行精準行銷，以及開發新產品。這些研究表明，新技術會產生新型態的數據。反之，面對這些新型態數據，通常也需要開發新的方法或調整現有方法，來處理或分析這些數據。

3. 行銷創新（Marketing Innovations）

   新科技將促進行銷上的創新。利用 AI 持續優化直播銷售；持續優化聊天機器人的有效性；持續優化 AR 在零售業中的有效性等。新科技促使行銷人員能夠開發和部署新工具，從而使行銷更為有效。

4. 新的策略框架（New Strategic Frameworks）

   新科技有助於發展新的行銷策略框架。無論是數位平台成為群眾外包（crowdsourcing）的場所；或是新科技促使虛擬化身（Avatars）的出現；還有將遺傳學整合到消費者行為理論中，發展出遺傳數據的行銷用途。這些新型態的應用，展示出新技術對行銷策略框架的影響。

SECTION
11-2 新科技改變行銷決策

新科技如何改善行銷決策？唐娜・霍夫曼（Donna L. Hoffman）等教授，於 2022 年的《Journal of Marketing》特刊《New Technologies in Marketing》上，發表了一篇文章〈行銷新技術的興起：框架與展望〉（The Rise of New Technologies in Marketing：A Framework and Outlook）[2]。文章中展示了一個決策飛輪（如圖 11-2 所示），當公司投資於新的行銷科技時，將不斷產生回報與新的能量。

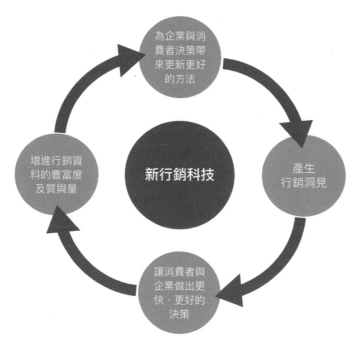

（↑）圖 11-2 新科技改變行銷決策飛輪

★ 資料來源：Hoffman, Donna L., C. Page Moreau, Stefan Stremersch, and Michel Wedel (2022), "New Technologies in Marketing Special Issue: Editorial," Journal of Marketing, 86(1), 1-6.

---

2 資料來源：Hoffman, Donna L., C. Page Moreau, Stefan Stremersch, and Michel Wedel (2022), "New Technologies in Marketing Special Issue: Editorial," Journal of Marketing, 86(1), 1-6..

1. 增進行銷資料的豐富度及質與量

   新科技可能會增強行銷和消費者數據的豐富性、品質與數量。例如，3C 設備和軟體應用程式的爆炸式成長帶來了大數據，這些大數據可以呈現消費者在顧客旅程中，各個階段是如何思考、感受、與行動，以及與其他消費者和企業的互動。

   此外，許多以前可能對企業來說遙不可及的數據，例如：語音辨識、臉部辨識、眼球追蹤、和遺傳數據等，隨著搜集和分析這些數據的技術不斷地出現，以及技術成本的降低，這些數據對企業來說可能會變得無處不在。

   企業透過科技，獲取圖像、影音、文本等消費者生成數據，以及消費者與公司互動的數據，再透過大規模 A/B 測試或是現場實驗，使行銷人員能優化網站與應用程式的設計，有效協助企業評估行銷工具所帶來的效果，並瞭解效果是歸因於整個顧客旅程中的何種行銷行為。

2. 為企業與消費者決策帶來更新更好的方法

   豐富的數據為消費者和企業決策帶來了更新、更好的方法。雖著數據豐富度的增加，例如各種數據來源與形式，包括：評論搜尋、部落格文章、使用者位置、消費者生成圖片、影像、語音，或是消費者的眼睛、手部、身體的移動，或是遺傳數據等。分析這些數據，通常需要更複雜的機器學習工具與模型。

   此外，更大的數據量降低了抽樣和測量的誤差。數據的豐富性和數量的增加，促使機器學習方法具有更好的預測能力。

3. 產生行銷洞見

更新、更好的方法，促使行銷人員能夠獲得新的且有價值的見解。例如，AR 可以減少消費者對產品的不確定性，從而改善行銷和銷售的成果。

4. 讓消費者與企業做出更快更好的決策

最後，從新科技中獲得了更好的洞見，將有助於消費者和企業做出更好、更快的決策。

以上的決策飛輪，又將產生更多、更豐富的數據，來啟動下一波的決策，並藉此進入良性循環。

Part 1
概論篇

Part 2
大數據篇

Part 3
行銷篇

Part 4
策略篇

SECTION
11-3　新科技對行銷的未來影響

延續之前唐娜‧霍夫曼（Donna L. Hoffman）等教授，於 2022 年的《Journal of Marketing》特刊《New Technologies in Marketing》上，發表的文章〈行銷新技術的興起：框架與展望〉（The Rise of New Technologies in Marketing：A Framework and Outlook）[3]。他們在文章中指出新科技對行銷的未來影響。

本文彙整霍夫曼教授文章中的內容，從消費者、行銷人員、企業、社會等四種角度，說明新科技對行銷的未來影響，如圖 11-3 所示。

消費者
- 企業須考慮到消費者對各種新科技的認知與接受程度，並思考如何透過這些新科技，優化消費者體驗。

行銷人員
- 行銷人員能以敏捷的方式，為企業部署行銷科技。
- 產生一種新的行銷科技人員的專業職能。

企業
- 透過科技的支援，產生新的行銷方法與知識，協助企業做好決策。
- 對消費者行為及偏好更深入了解，並有機會為消費者和公司創造新的價值。
- 新的行銷科技將改變行銷部門與其他部門協作的方式。

社會
- 無論是消費者、行銷人員、或是企業，都需要意識到新科技對行銷決策的影響，是否會在無意中，傷害相關者的利益。

⊕ 圖 11-3　新科技對行銷的未來影響

3　資料來源：Hoffman, Donna L., C. Page Moreau, Stefan Stremersch, and Michel Wedel (2022), "New Technologies in Marketing Special Issue: Editorial," Journal of Marketing, 86(1), 1-6..

1. 消費者

   消費者行為受到新科技的影響而改變。無論是透過 AR 擴增實境或是 VR 虛擬實境，促使消費者能夠與企業、產品進行更多元的互動；或是實際進行消費的「人」，已經從消費者演變成了 AI 機器人。這樣的趨勢，呈現出消費者越來越積極地使用那些能夠增強其自主性的新科技。

   為了充分了解消費者對新科技的體驗，企業必須考慮到消費者對各種新科技的認知及接受程度，並思考如何透過這些新科技，優化消費者體驗。

2. 行銷人員

   在新科技的環境中，行銷人員需具備更高度專業化的知識，尤其是科技素養。有鑑於新科技對行銷實務產生巨大的影響，企業越來越需要了解消費者使用新科技的樣貌，並且從中發現新的行銷洞見。這樣的行銷人員能以敏捷的方式，為企業部署行銷科技。職場上也進而會產生一種新的行銷科技人員的專業職能。

3. 企業

   霍夫曼教授導人指出，行銷決策的趨勢，是透過科技的支援，產生新的行銷方法與知識，進而協助企業做好決策。例如，AI 對於消費者在顧客旅程上行為的理解，發揮了重要的作用。此外，AI 亦開始融入公司的新產品開發決策。

   科技還能協助企業，觀察消費者以新的方式，與公司、產品、品牌、商店、和其他消費者互動的機會。這些觀察提供了對消費者行為及偏好的更深入了解，並有機會為消費者和公司創造新的價值。

此外，新的行銷科技將改變行銷部門與其他部門協作的方式，無論是與其他部門之間的流程再造；與研發部門合作進行產品研發，與資訊部門進行建置行銷資訊系統等。另外，在人類與 AI 協作的部分，不同的行銷環境中，亦有最有效的人類 /AI 協作團隊類型。

4. 社會

新科技的發展與應用，常常涉及消費者的個資與倫理問題。所有新科技在應用時，需要清楚地了解這些科技可能會對消費者產生何種負面的影響。無論是消費者、行銷人員、或是企業，都需要意識到新科技對行銷決策的影響，是否會在無意中，傷害相關者的利益。

對於新科技對行銷的未來影響，霍夫曼教授等人的文章，提供我們一個思考的方向。

資料所為為何？
資料運用的七大方向

如果你所處的企業一向來都有儲存資料的習慣，千萬要抓緊掌握大數據發展的機會。在美國，有「資料博士」之稱的湯瑪斯・雷曼（Thomas C. Redman），2017 年 6 月 15 日在哈佛商業評論數位版（HBR, org）中發表了一篇文章「你該知道的資料處理法」（Does Your Company know What to Do with All Its Data）[4]，臚列七種企業可以運用資料科學的方向。

1. 制定更佳的決策

   運用資料科學，降低不確定性，增加決策有效性。

2. 進行現有產品、服務與流程的創新

   運用資料科學，找出隱藏在現有產品、服務與流程背後的潛在商機。舉例來說：財富管理公司透過資料科學，分析所收集到的顧客資料，包括投資目標、投資組合、過去的投資記錄，甚至是與顧客往來的信件等，進而提供顧客更個人化的服務。

3. 將產品、服務與流程資訊化

   將更多的資料，融入到給顧客的產品中。舉例來説，車商在汽車零組件上加上各種物聯網裝置，讓車商本身可以做到遠端偵測與修復，以維護行車安全。

4　Redman, Thomas C.（2016），"Does Your Company know What to Do with All Its Data," HBR.org, 2017.6.15. 林麗冠譯，「你該知道的資料處理法」，哈佛商業評論全球繁體中文版，2017 年 9 月，33-35 頁。

4.　改善資料品質

藉由資料科學的導入，盤點企業現有的資料收集及處理方式，以改善企業的資料品質。

5.　將資料轉換成新的內容商品

將企業所產生的資料，轉換成對顧客有用的新商品。舉例來說，汽車製造商每月公布一次汽車銷售量，對投資者來說，這樣的速度太過緩慢。事實上，有汽車保險公司發現這個缺口，透過每日填寫新保單的數量，讓投資者可以更即時地掌握車商的動態，拉攏投資者的心。

6.　連結資訊提供者與需求者

運用資料科學，讓企業內需要資訊的人，快速地獲得所需資料。舉個例子，許多公司擁有戰情室，聘請專人收集資訊，提供給企業內部需要的人。企業可透過資料科學，發展應用程式，即時將「戰情」提供給所需要的員工，並取代專人收集與傳播資訊的角色。

7.　善用資訊不對稱

擴大資訊不對稱或是終結資訊不對稱，都可為企業帶來龐大的商機。舉例來說：在經濟學裡，二手車商就是善用資訊不對稱而獲利的經典案例。而提供顧客「車輛歷史報告」的網站「車狐 Carfax」，就以降低車商與顧客之間的資訊不對稱，獲得想買二手車的消費者好評，這也是終結二手車市場資訊不對稱的另一典範。

許多企業在導入資料科學時，並不清楚資料科學能夠應用在哪些地方。雷曼（Redman）的想法已提供我們清楚的方向。

SECTION 11-5
資料導向決策
（Data Driven Decision-Making）

進入大數據時代，我們不厭其煩地指出，企業應將經驗導向，改為以「資料導向決策」（Data Driven Decision-Making，簡稱 DDDM），意思是指企業能以「資料分析」為決策基礎，不要再使用以「直覺」為基礎的決策方式，因為兩者之間有著天差地別。

以網路平面廣告為例，當網頁平面設計師設計出廣告之後，一般公司會由行銷主管進行主觀判斷來決定廣告的好壞。再藉由主管提出修正意見，讓設計師進行修改。但如果是行銷研究能力強一點的公司，則會透過「焦點群體」（focus group）的運作，希望由少部分消費者來判斷廣告的好壞，意即由焦點群體內的消費者成員們提出修正意見後，交給設計師進行修改。當然，這樣作法的成本相對高很多，所以需要考量成本效益。

還有一些公司則會聘請資料分析師，在網站上針對平面廣告進行「A/B 測試」，透過讓使用者們瀏覽到不同的平面廣告，以及偵測背後點擊與瀏覽行為的差異，進而判斷出網路平面廣告的好壞。同時，藉由不斷地修正與驗證，將平面廣告的效益，調整至最佳的狀態。

以上三種做法，第一種由主管決定最為「主觀」；第三種由資料來決定則最為「客觀」；而焦點群體法則介於兩者之間（此處係指由「客觀」的消費者提供其「主觀」的想法，但要記得，消費者的「想法」往往不等於其實際的「行為」）。至於第三種決策方式，就是所謂的「資料導向決策」（DDDM），如圖 11-4 所示。

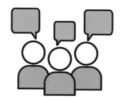

主管決定
Decide by Boss

焦點群體
Focus Group

資料導向決策
Data Driven
Decision Marking

Pass !

A ↑30%　B ↑55%

⊕ 圖 11-4　三種做法之比較圖
繪圖者：張庭瑄

根據麻省理工學院（MIT）教授艾瑞克‧布林優夫森（Erik Brynjolfsson）等人
的研究，在「資料導向決策」量表上，如果能做到每提高一個標準差，生產力
則成長 4%～6%。該研究同時也發現，採取「資料導向決策」的企業會有較高
的資產報酬率、股東權益報酬率、資產利用率以及市場價值。

事實上，「資料導向決策」概念的本質，說得直接一點，其實就是「理性決策」。
只是，過去要在有限的時間與金錢下，要收集到足量的客觀量化資訊有其困難。
但隨著電子商務的興起，許多消費者行為，全部都在網路上進行，他們的喜好
與真實行為也全部都被記錄下來。因此，讓理性決策的可能性與適用性，大幅
度地增加。

面對「資料導向決策」概念的興起，我們應該要選擇積極擁抱，因為這樣的概
念可大幅增加決策的有效性。不過，這裡也要強調一點，採取資料導向，但這
並不代表我們就要放棄「直覺決策」。畢竟不是所有情境，都適合透過「理性
決策」來進行，例如進入一個完全沒有資料可循、或是只有部分資料的新市
場，有時就得放膽去做，因為此時，展現企業家精神的「直覺決策」還是有其
價值的。

不是大數據分析專家，
一樣能做出資料導向決策

2013 年 8 月的哈佛商業評論（HBR）上，刊載一篇由湯馬斯・戴文波特（Thomas H. Davenport）所撰寫的「跟上計量專家」（Keep Up with Your Quants）文章。文中開宗明義地指出，要做出以資料為導向的有效決策，主管們不必是精通大數據分析專家，但主管必須找到能被公司所用的專家，並且知道該如何運用他們的專業。

戴文波特建議主管們，先想像自己是「資料分析」的客戶，而提供「資料分析」這項產品的人是「資料科學家」。「資料科學家」擅長收集資料與分析資料，並發展預測模型，並提出分析報告，但是他們通常不懂產業，也沒有相關的知識。而主管們擁有產業知識、經驗、與直覺。透過「資料科學家」提供的資料分析結果，主管們能結合自己的專業，判斷分析的結果與建議是否恰當。

為了能夠與「資料科學家」溝通，並讀懂他們的分析報告。戴文波特提出以下五點建議給企業主管：

1. 學習初階的分析技術

   透過上實體課、線上課程，學習基礎的統計知識。最好還能夠實際參與資料分析專案來學習。

2. 團隊中要有稱職的大數據專家

   主管們不必是大數據專家，但團隊裡必須有大數據專家，如此才能得到高品質的資料分析結果。

3. 聚焦在「定義問題」和「分析結果」的意涵

   主管們的強項在產業知識、經驗與直覺。從系統觀點來看，主管們應該把重點放在「輸入（Input）」與「輸出（Output）」，而非「處理

（Process）」。也就是說，主管應該將重心放在「定義問題」以及「分析結果」上，至於「資料分析」的方式，則交由資料科學家來執行，如圖 11-5 所示。

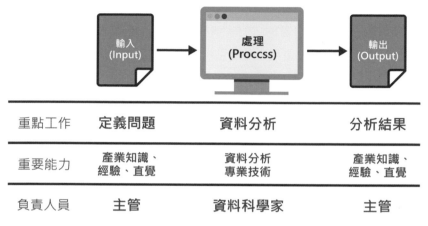

重點工作	定義問題	資料分析	分析結果
重要能力	產業知識、經驗、直覺	資料分析專業技術	產業知識、經驗、直覺
負責人員	主管	資料科學家	主管

↑ 圖 11-5 資料科學家與主管所扮演的角色

繪圖者：張庭瑄

4. 提出問題：過程中，保持質疑與挑戰的心

   面對資料收集、分析與呈現的過程，主管們必須時時保持質疑的態度，以確保過程中的嚴謹，進而避免出現「垃圾進、垃圾出（Garbage in, garbage out）」的情境。

5. 培養深究的企業文化

   數字會騙人，人們可以透過操弄數字，來獲得他們想要的結果。對於主管們來說，忠於數字、忠於資料分析，才是真正落實資料導向決策的應有心態。

最後，資料科學家需要經驗豐富的主管進行「實務上」的提點，兩者之間相輔相成。對於主管們來說，切記主管不必是大數據專家，但必須避免成為大數據的門外漢。

SECTION 11-7 資料科學進化論 — 五種分析方式（Types of Business Analytics）

企業搜集大量有關消費者的資料，無非是想找到隱藏在資料背後消費資料的模型，再藉由這些模型去預測消費者可能出現的行為。事實上，經過多年的演變，資料科學分析已經逐漸進化成五種方式，每一種都對預測消費者行為大有進步。

關於資料科學的分析，常見的分類有以下三種：「描述性分析（Descriptive Analytics）」、「預測性分析（Predictive Analytics）」[5]、與「指示性分析（Prescriptive Analytics）」，如圖 11-6 所示。

	描述性分析為主 (Descriptive)	預測性分析為主 (Predictive)	規範性分析為主 (Prescriptive)
總體資料 Macro Data	各家廠商的品牌定位圖	各類人口統計變數所造成的市場趨勢變化	發展機會地圖，找出個別為市場的成長熱點
個體資料 Micro Data	某位顧客過去的消費行為	某位顧客未來可能消費的趨勢變化	某位顧客在結帳時，給予客製化的優惠券

圖 11-6 描述性分析（Descriptive）、預測性分析（Predictive）與指示性分析（Prescriptive）

繪圖者：張庭瑄

以商業應用來說，「描述性分析」能解釋已經發生的事，協助企業分析出消費者是誰？或是買了些什麼？

首先，「描述性分析」又稱敘述性分析，舉例來說，根據上個月的銷售資料分析發現，這次的促銷活動，「以 18 到 25 歲的女性佔 55%，排行第一，所購買的產品以卸妝蜜最多，金額達 280 萬元」。就是描述性分析。

---

5 「指示性分析」又稱「規範性分析」、「建議性分析」。

「預測性分析」能協助企業解決可能發生的事，例如分析出消費者可能還會購買什麼？進而提前給予消費者相關的產品資訊。舉例來說，「從去年同期的銷售情況來看，在氣溫持續炎熱的條件不變下，今年芒果口味的冰品，有85%的機率依舊會暢銷，請各單位提早進貨備料」。

至於「指示性分析」則能指導實際執行時該如何做，舉例來說，當消費者走到某商圈時，手機會主動收到適合自己的附近店家折價券。

除了以上三種分類基礎，顧能（Gartner）顧問公司則在以上的分類上，再增加「診斷性分析（Diagnostic Analytics）」，並提出四種分析方式（Four Types of Business Analytics），如圖11-7所示。

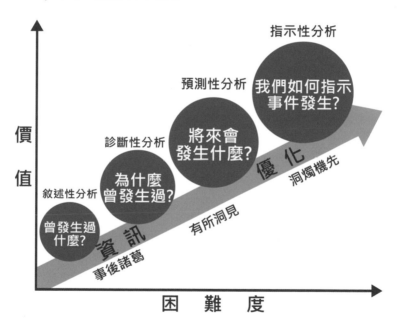

圖 11-7 Gartner 統計分析類型

＊ 資料來源：Gartner

從圖11-7中可發現，「描述性分析（Descriptive Analytics）」與「診斷性分析（Diagnostic Analytics）」的不同之處。在於「描述性分析」強調分析出「發生了什麼？（What happened）」，例如：消費者買了什麼，而「診斷性分析」強

調分析出「為何會發生？（What did it happen）」例如：消費者為何購買？這兩類分析，都是屬於事後分析。

值得一提的是，湯馬斯‧戴文波特（Thomas H. Davenport）教授則再根據以上的基礎，再最後加入了「自動化分析（Automating Analytics）」，發展出五種分析方式（Five types of analytics of things）[6] 的概念。

根據戴文波特的說明，「自動化分析」藉由物聯網產生的大量數據，進行決策自動化的發展。未來的趨勢，則將是由電腦人工智慧進行決策，人類決策將大幅減少，而相關應用領域已經出現在醫療、能源、交通和金融等產業上。

6　參考資料：http://www.grroups.com/blog/five-types-of-analytics-of-things#%2EV2a52pHQvls%2Elinkedin

Part 1
概論篇

Part 2
大數據篇

Part 3
行銷篇

Part 4
策略篇

11-8 大步邁向分析 3.0 時代（Analytics 3.0）

身為行銷資料科學家，我們在取得大量資料後，就得開始著手分析資料，但分析究竟指的是什麼？依照教育部國語辭典，分析是剖析與分解，它可以是將本來合在一起的事物加以分離，分析也可以是對事理的分解辨析。

美國哈佛大學畢業、目前在麻州巴布森學院執教的湯馬斯·戴文波特（Thomas H. Davenport）教授於 2013 年的「哈佛商業評論（Harvard Business Review）上，發表一篇「分析 3.0」（Analytics 3.0）。在這篇文章裡，戴文波特提出分析 1.0 到分析 3.0 的演進過程，在此，我們簡單將其概念整理如圖 11-8 所示。

以下就分析 1.0 到分析 3.0 進行簡單的說明。

一、分析 1.0（Analytics 1.0）

屬於「傳統分析時代（Traditional Analytics）」，其中統計分析以「敘述性分析（Descriptive）」為主，亦即「分析過去的事」。分析的資料屬於內部且較小量的結構化資料。執行團隊以統計分析師為主。

在企業部分，分析的目的，在透過分析展現營運效率與增進內部決策有效性。舉例來說，公司建立各種營運報表，如：營業額、毛利率、淨利率等營運指標，皆是屬於分析 1.0 時代。

二、分析 2.0（Analytics 2.0）

屬於「大數據時代（Big Data）」，統計分析以「預測性分析（Predictive）」為主，亦即「使用過去資料預測未來」。在此時期，非結構化資料開始大量出現。執行團隊為資料科學家。這個時期的企業運用大數據進行營運分析，而此時部分網路公司開始發展出「以分析為基礎（analysis-based）」的產品與服務。舉例來說，LikedIn 開發年度回顧（Year in Review）服務，讓使用者了解自己人脈網上的成員，以及他們工作變動的狀況。

	分析1.0	分析2.0	分析3.0
時代	傳統分析時代 Traditional Analytics	大數據時代 Big Data	資料經濟時代 Data Economy
統計分析	敘述性分析為主 Descriptive	預測性分析為主 Predictive	規範性分析為主 Prescriptive
資料類型	內部較小的 結構化資料	大量非結構化 資料出現	結合大量結構化 與非結構化資料
執行團隊	統計分析師團隊	資料科學家團隊	分析長 (Chief analytics officer) 職務出現
目的	•透過分析展現 營運效率 •透過分析增進 內部決策有效性	•企業運用大數據 進行營運分析 •網路公司發展以 分析為基礎 (Anaysis-based) 的產品與服務	•各產業公司發展 以分析為基礎 (Anaysis-based) 的產品與服務
實例	公司建立各種營運 報(營業額、毛利率 、淨利率...等)	LikedIn 開發年度 回顧 (Year in Review) 服務，呈現會員人 脈網成員工作變動 的狀況	優比速公司 (UPS) 透過ORION[1]系統 減少了8,500萬哩 的路程與840萬加 侖的油料

⬆ 圖 11-8 分析 1.0 到 3.0 的演變 [7]

繪圖者：張庭瑄

---

7 本圖為作者根據 Thomas H. Davenport 教授所提出之 Analytics 3.0 概念，與相關文章進行
整理。

三、分析 3.0（Analytics 3.0）

屬於「資料經濟時代（Data Economy）」，以「指示性分析（Prescriptive ）」為主，亦即「運用模型發展最佳行動」。分析資料以結合大量結構化與非結構化資料為主。在此時期，產業界開始出現「分析長（Chief Analytics Officer, CAO）」這個職務。除了網路公司外，各產業的公司發展出「以分析為基礎（analysis-based）」的產品與服務。舉例來說，優比速公司（UPS）透過 ORION 系統，即時分析公司內部的資料，並規劃與調整運送路線，一年減少了 8,500 萬哩的行駛路程以及 840 萬加侖的油料。

各位可能一下子無法體會，為何靠分析就能省下大量里程和油料，假設現在忠孝東路和復興北路口，有個客戶要快遞公司去收件。想像一下，如果在快遞公司的車輛派遣中心的螢幕上，當然以調派最近的車輛去取件，但這樣真的是最合理的嗎？其實不然，因為此時附近可能在塞車，或者剛好最近的那一輛車已經滿載貨品。經過分析，調派一輛小型車或者摩托車去取件，可能更符合成本效益。

最後，「以分析為基礎（analysis-based）」的產品與服務，強調即時（real-time）。而為了達到即時的要求，就必須透過強大的運算工具，例如：Hadoop、Spark 等大數據分析技術來支持。

11-9 以分析為基礎的策略（analysis-based strategy）

進入大數據時代，企業在了解分析的目的與類型之後，能不能顛覆傳統以天然資源，甚至是人力為競爭基礎，改以「分析」做為企業發展的競爭策略，就考驗企業領導人的智慧了。

以「以分析為基礎（analysis-based strategy）」的策略，其發展源自於策略管理領域中的「資源基礎觀點（Resource-Based Views; RBV）」。最早從 1984 年沃納菲爾特（Wernerfelt）[8] 提出「資源基礎觀點」，強調企業致勝的關鍵在於，企業擁有的資源，就是其競爭優勢的基礎，而這種資源優勢又可分成兩類，第一種是「我有，你沒有」，第二種則是「我多，你少」，企業如能有效利用資源，就能獲得比競爭對手更高的績效。

「資源基礎觀點」同時認為，在同一個產業或是策略群組（Strategic Group）[9] 中，各公司所掌控的策略性資源並不相同。當公司的策略性資源不易被模仿時，就能延續其競爭優勢。

拿以上的概念應用到行銷資料科學（MDS），當企業擁有競爭對手所沒有的「資料」（data），或是擁有競爭對手所沒有的「資料分析能力」，此時，該企業即擁有所謂的「分析優勢（Analytics-advantage）」。而背後隱含的策略觀點，即為「以分析為基礎的策略（analysis-based strategy）」。

根據勤業眾信（Deloitte）一份對美加、中國、英國高階經理人所做的「分析優勢調查（Analytics-advantage survey）」顯示，有超過五成的資深主管認為「分析優勢」對於企業競爭地位的提升，有具體的幫助。

---

8 Wernerfelt, Birger., "A Resource-Based View of the Firm", Strategic Management Journal. Chichester：Apr/Jun 1984. Vol. 5, Iss. 2; p. 171.

9 競爭群組（Strategic Group）裡的廠商，彼此之間為直接的競爭對手，消費者將這些廠商視為直接的替代者。

事實上，大家可以把資料與資料分析能力，想像成「體質」與「武功」的概念，武功大家都可以學，體質好不好則關係能否練成蓋世神功。以做好顧客流失管理為例。行銷人都知道，爭取一個新客戶的成本要比維持一個舊客戶高出五倍以上。如果擁有相對完整的顧客流失資料（體質），就有機會做好顧客流失資料分析（武功），進而做好顧客流失管理。

勤業眾信就指出，顧客流失（Customer Churn）指的是，企業現有的顧客因為某些原因，不再與企業進行往來。此時，如果擁有分析資料能力的企業，就會知道分析方法在顧客流失率分析的應用，可以包含以下範疇[10]：

1. 顧客獲得（Customer acquisition）：對顧客進行分群，並針對不同客群提供差異化服務，以增加顧客數。

2. 顧客關係發展（Relationship development）：在顧客生命週期（Customer lifecycle）裡，與顧客發展出更緊密的業務關係。

3. 顧客留存（Customer retention）：分辨顧客類型，創造顧客互動，改變與顧客的往來行為，以加強顧客維繫。

4. 顧客流失率分析（Customer Churn Rate Analytics）：建置顧客流失分析模型，協助企業找出因應方法。並將相關知識，移轉給第一線業務同仁，以確保顧客流失率分析的成果，能有效在企業裡運用，而如此也才稱得上是以分析為基礎的競爭策略。

以上的說明，在強調行銷資料科學不僅僅只是作業性層次的分析工具而已，它還可以是企業競爭優勢的來源。

10 https://www2.deloitte.com/tw/tc/pages/technology/articles/newsletter-12-32.html

11-10 新時代的策略性資源 ─ 資料與資料科學

企業要營運,通常得依賴兩種策略性資源,一種是資產,一種則是能力。其中,資產又分成「有形資產」與「無形資產」;能力又分成「個人能力」與「組織能力」。台灣科技大學特聘教授盧希鵬說,企業必須要先有資源,再在資源上談策略,而聰明的經理人會選擇在「稀有且有價值」的資源上,建立核心能力,給予特別的管理,確保企業擁有長久的競爭優勢。

進入大數據時代,企業可以循著同樣的方式前進,以下結合「資料」與「資料科學」的概念,簡單說明如圖 11-9 所示。

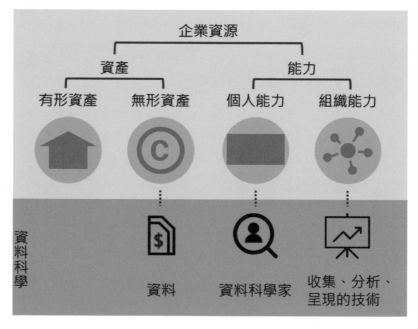

⬆ 圖 11-9 策略性資源圖

繪圖者:余得如

Part 1
總論篇

Part 2
大數據篇

Part 3
行銷篇

Part 4
策略篇

一、有形資產

有形資產包括：現金、土地、店面、設備、有價證券等，通常呈現在公司的會計科目以及財務報表上。

二、無形資產

無形資產通常指智慧財產，如品牌、專利、商標、著作權等。而現在，趕快盤點一下，如果你的公司資料庫裡，儲存著豐富的各類型「資料」，現在也可以把它列為無形資產的一部分。尤其是當公司擁有競爭者所沒有，同時又能發揮出其價值的「資料」，這些資料，就有可能成為公司競爭優勢的來源。

三、個人能力

一家企業能獲取較佳的競爭優勢，可能是來自於擁有某些關鍵能力的人物。對於行銷資料科學來説，擁有蒐集、分析、呈現資料能力的關鍵個人，就是這些關鍵人物。如果你的企業裡，擁有大批的資料科學家，現在千萬得善待他們，因為大數據時代，他們很可能成為企業競爭優勢的來源。而這也是最近美國許多企業大規模招募行銷資料科學家，導致行銷資料科學家非常欠缺的原因之一。

四、組織能力

組織能力是一種整體的能力。以行銷資料科學為例，組織能力通常表現於企業蒐集、分析、呈現資料的技術，以及透過資料分析結果，進而展現營運創新、產品服務創新以及商業模式創新的能力與執行力。此外，組織能力同樣反映在企業文化上，擁有能鼓勵持續創新、鼓勵合作、鼓勵學習的企業文化，亦是組織能力的一環。

當然，你可能會認為如果公司規模太小，以前又沒有蒐集、儲存資料的習慣，那我們來看看一家很特別的資料分析公司「網路溫度計」，這家公司是數年前台灣科技大學一個網路創業課程的真實案例，他們透過挖掘網路上各類的資料，製造出各種新聞話題，像是政治人物、娛樂、美食等各類網路議題與口碑，在Facebook 和其他網路社群上，不斷攻下版面，引領各類議題。

現在「網路溫度計」不僅做市場調查服務，也出售販賣挖掘技術，成為網路原生的「資料採礦（Data Mining）」企業。因為藉著個人和組織能力，反過來又將外界的無形資產（資料）變成企業的策略性資源（有形資產、無形資產、並強化個人能力與組織能力）。

Part 1
概論篇

Part 2
大數據篇

Part 3
行銷篇

Part 4
策略篇

SECTION
11-11
以「資料」與「資料科學」建立組織資源與競爭優勢

一家擁有策略性資源的企業，是否就具有持久的競爭優勢呢？美國管理學會院士、也是美國俄亥俄州立大學管理與人力資源系教授傑・巴尼（Jay・Barney）[11] 指出，策略性資源具有價值性（Value）、稀有性（Rareness）、不可模仿性（Imperfect Limitability）和不可替代性（non-Substitutability），只要企業能有效掌握這類資源，幾乎可在商場上立於不敗之地。

被視為現代企業資源觀之父的傑・巴尼，1991 年提出「企業資源與可持續競爭優勢（Firm Resources and Sustained Competitive Advantage）」一文中明確指出，企業之間可能存在著一些差異，也正是因為這些差異，促使一些公司能時時保有競爭優勢。因此，他認為公司的策略管理就是找出、配置與發展這一些與其他企業不同的策略資源，以獲得經營報酬。而策略資源可透過 VRIN 原則（價值性 Value、稀有性 Rareness、不可模仿性 Imperfect Limitability、不可替代性 Non-Substitutability，簡稱 VRIN）來找尋。這裡我們便以 VRIN 來解析「資料」與「資料科學」的重要性，簡單說明如圖 11-10 所示：

---

11 Barney, Jay., "Firm Resources and Sustained Competitive Advantage", Journal of Management. New York：Mar 1991. Vol. 17, Iss. 1; p. 99.

圖 11-10　組織資源與競爭優勢相關性
繪圖者：余得如、李宛樺

★ 資料來源：Barney, J.（1991），"Firm Resources and Sustained Competitive Advantage," Journal of Management, Vol.17,p. 99-120.

一、價值性（Value）

「資料」與「資料科學」資源的價值，來自於資源能否協助公司提升經營的效率與效能。這一點可從「資料導向決策」（DDDM）的研究中得到驗證。麻省理工學院 MIT 教授艾瑞克・布林優夫森（Erik Brynjolfsson）等人證明，推動「資料導向決策」的企業，無論在生產力、資產報酬率、股東權益報酬率、資產利用率，甚至是市場價值等方面，均有較好的表現。

二、稀有性（Rareness）

「稀有性」意指公司的競爭者或是潛在競爭者，尚未擁有「資料」與「資料科學」的資源。舉例來說：像是 Airbnb 和 Uber 這類的共享服務平台企業，在市佔率上大幅領先競爭對手，此時這些企業所擁有的「雙邊資料資源」（由供應方和需求方所組成）則具「稀有性」。

三、不可模仿性（Imperfect Limitability）

不可模仿性來性自於「專屬」、「模糊」與「複雜」。「資料」與「資料科學」資源是否專屬於特定企業、以及是否模糊到競爭者無法清楚得知來自何處，均有助於公司建立持續性的優勢，或者更極端的，競爭者無法藉由相同的方法來獲取相同的資源。更重要的是，「資料」與「資料科學」資源是否複雜到競爭者難以分析、難以複製的境界。

事實上，企業「內部關鍵資料」以及「組織層次的資料分析能力」通常較容易產生「不可模仿性」。尤其是「行銷資料科學團隊」的建立，要能招募到不同領域的專業人士，並且將其打造成高績效團隊。背後的知識（know-how）就具有相當程度的不可模仿性。

四、不可替代性（Non-Substitutability）

不可替代性指企業的「資料」與「資料科學」資源，無法被其他資源所替代。基本上，只要是積極推行「資料導向決策」的企業，其所擁有的「資料」與「資料科學」資源，通常不易被其他資源所替代。

SECTION 11-12 大數據為競爭優勢帶來的影響有哪些？

近年來，資源基礎理論（Resource-Based Theory, RBT）已被行銷學者廣為所用，也為大數據對行銷管理的影響提供頗具價值的解釋。

根據資源基礎理論，公司資源分為「實體資本資源（physical capital resources）」、「人力資本資源（human capital resources）」與「組織資本資源（organizational capital resources）」。

應用到大數據分析，「實體資本資源」指的是公司的軟體技術，以及用來蒐集、儲存或分析大數據的平台。由於傳統的軟體技術無法分析大數據，因此企業需要建立一個高效能的大數據平台。透過這個平台即時地蒐集、儲存、分析從各種不同管道得來的大量數據。

「人力資本資源」指的是管理者必須能掌握資料科學的趨勢發展，而公司也必須擁有具備資料科學相關的專業人員，能夠即時地從消費者活動中獲取數據，並能分析應用和管理大數據的資料。

「組織資本資源」則指組織結構必須能根據資料科學的趨勢發展，做即時與動態的變更，企業結構更要能因應大數據的興起，進而改變組織結構與業務流程。

學者埃維勒斯（Erevelles）[12] 等人發展出下圖 11-11，來說明大數據分析對持續性競爭優勢的影響。

12 Erevelles, Sunil, Nobuyuki Fukaw, and Linda Swayne（2016），"Big Data consumer analytics and the transformation of marketing," Journal of Business Research, 69, 897–904.

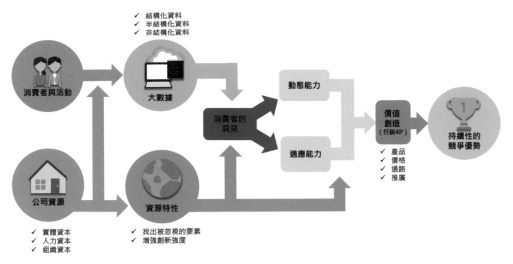

⊕ 圖 11-11　資源基礎理論下大數據對競爭優勢的影響
繪圖者：廖庭儀

★ 資料來源：Erevelles, Sunil, Nobuyuki Fukaw, and Linda Swayne（2016）, "Big Data consumer analytics and the transformation of marketing," Journal of Business Research, 69, 897–904.

首先，企業透過消費者的各項活動與企業本身的資源，獲得數據（包括：結構化資料、半結構化資料及非結構化資料），再藉由企業本身的資源特性以及所收集到的大數據，形成對消費者的洞察力。

一旦企業擁有對消費者的洞察力之後，就有機會提升自身的動態能力與適應能力。接著再透過行銷組合（4P）創造價值，進而建立持久性的競爭優勢。

基本上，上圖的核心，在於企業「動態能力」與「適應能力」的增強。以下簡單對此兩項能力進行說明。

一、動態能力（dynamic capability）

在當今競爭激烈的商業環境中，企業必須不斷因應外部環境的變化，來更新與重新配置企業內部的資源，以維持自身的競爭優勢。而企業因應環境變化的能力，即為「動態能力」，亦即指企業整合組織內部的技能與知識，改變現有的資源，並創造新的價值的能力。透過大數據了解消費者需求，增加企業的洞察力，就可以增強企業的動態能力。

以美國西南航空為例，西南航空利用語音分析工具，記錄服務人員與顧客之間的對話，用以制定能提高績效的關鍵因素。再利用語音分析軟體（即實體資本資源）找出顧客的需求，重新設計其組織流程，來加強顧客資訊的流動（即組織資本資源），並進一步培訓其服務人員（即人力資本資源）。此即利用大數據來提高服務品質，強化動態能力。

二、適應能力（adaptive capability）

企業在面對外部環境變化時，透過對市場的預測以及對消費趨勢的掌握，察覺消費者的潛在消費市場與未來市場，此即「適應能力」。而動態能力與適應能力最大的區別，在於「適應能力」並非來自組織結構的變化，而是從整體消費者活動中找到利基市場，並成功運用大數據為企業提供強化適應能力的機會。

以前面提到過的塔吉特公司（Target）為例，它利用大數據找出對消費者的可能需求，並有效預測消費者行為。像是能預測女性消費者是否已經懷孕，甚至在其家人與競爭對手還未知道之前，就掌握消費者的潛在購買行為，並提供各項採購建議如各類嬰兒用品。這就是利用大數據加強企業的適應能力。

事實上，企業藉由數據分析的結果，洞察出消費者的潛在需求（即對消費者的洞察力），對組織進行調整（動態能力），同時預測消費者的行為（適應能力），藉以製訂各種行銷方案（價值創造），最終就能創造無可取代的競爭優勢。

Part 1
概論篇

Part 2
大數據篇

Part 3
行銷篇

Part 4
策略篇

精準行銷於仲介機構平台上的應用

策略管理學中提及，當交易成本愈高時，仲介機構存在的價值也就愈大。人力銀行網站、房屋仲介網站…等，都是典型的代表。這類型的網站要成功，背後的策略，要「既『多』且『快』」。這裡的「多」，指的是仲介機構背後供需雙方的數目要「多」。例如：找工作的人越多、找人才的企業越多，或是賣房子的人越多、買房子的人越多…。有了「多」，找到人才、找到工作，或是買到房子、賣到房子的機會就會變大（有了「多」，還能產生網路外部性效果，大者恆大）。

但當供需雙方的數目越「多」時，有時反而會更難選擇，媒合與成交的機會未必更大。這時，為了加「快」媒合與成交的速度，企業會透過「數據分析」，來縮短媒合與成交的時間，如：主動「精準」推薦應徵者最有可能去上班的公司名單；主動「精準」推薦符合企業條件且最有可能來上班的人才名單；主動「精準」推薦買房者最適合的物件名單…。如圖 11-12 所示。

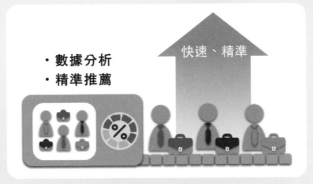

・數據分析
・精準推薦

快速、精準

⊕ 圖 11-12 精準媒合
繪圖者：張珮盈

以人力銀行網站為例，104 在整體市場，主動求職率下降一成的情況下，該公司透過數據分析，反而讓媒合率成長了一成，這就是數據團隊在公司裡所貢獻出的價值。

對於許多擁有「資料」的企業來說，「數據分析」能力將成為企業策略性資源的核心，也是競爭優勢的來源。

如何在組織裡發揮資料科學的價值 — 策略面

看過電影「魔球」後，大家可能對使用大數據來挑選大聯盟球員印象深刻，著名的「安侯建業（KPMG）會計師事務所」的高階主管卡爾・卡蘭迪（Carl Carande）與其他兩位同事，於 2017 年 6 月在哈佛商業評論數位版中發表了一篇文章「讓資料科學融入組織」（How to Integrate Data and Analytics into Every Part of Your Organization）[13]，裡面提到了一個故事就更神奇了。該篇文章指出利用資料科學來安排美國某個體育聯盟的賽事，不僅降低了經營成本，同時減少各隊夜晚在美國各大城市間奔波往返的辛勞。

卡蘭迪（Carande）等人提到，以 2016、2017 年的賽季為例，為了達成以上的目標，資料科學團隊必須為 30 支隊伍，共 1,230 場比賽，考量數千項的變數，包括：門票收入、場地、路線、選手疲勞程度、三大電視網轉播⋯等。背後選擇方案的排列組合，數以兆計。

最後，透過資料科學的計算與安排，該聯盟達成以下成果：

1. 各隊連續比賽數減少 8.4%。

2. 5 天內必須連續進行 4 場比賽的隊伍，減少 26%。

3. 7 天內進行 5 場比賽的隊伍，減少 19%。

4. 連續比賽隊伍不用奔波往返的數量，增加 23%。

5. 以往無法讓每支球隊，在主要的電視轉播網至少出現一次，現在都做到了。

---

13 Carande, Carl, Paul Lipinski and Traci Gusher （2017）, "How to Integrate Data and Analytics into Every Part of Your Organization," HBR.org, 2017.6.3. 劉純佑譯，「讓資料分析融入組織」，哈佛商業評論全球繁體中文版，2017 年 9 月，36-38 頁。

為了讓資料科學能融入組織，我們從卡蘭迪（Carande）等人的文章裡，整理出以下幾點建議：

高階主管的支持非常重要。在設定資料科學所欲達成的目標與策略時，他們必須完全參與。

1. 資料科學團隊在企業裡的角色，應是策略發展與策略執行的重要貢獻者，能提供高階主管關鍵的決策意見。

2. 當資料科學團隊提出關鍵意見時，可能會需要修改之前所做的決定。同時，高階主管也會面臨是否要將這些意見納入決策考量。因為，如同先前文章所說，許多資料科學的分析意見與主管的直覺可能無法契合，而這些都考驗高階主管的決斷力。

3. 對變革的抗拒是巨大的阻礙。根據研究，只有 51% 的企業高階主管，支持自家的資料科學策略。

4. 擁有正式的資料科學人員、組織架構，以及分析流程，有助於企業資料科學競爭優勢的建立。目前多數的組織，不是不具備資料科學能力，就是只仰賴少數幾位資料科學人員的意見，或是企業的資料科學能力，分散在不同部門裡。

卡蘭迪（Carande）等人也提醒，目前資料的規模，已大到人腦無法處理。企業領導人需要透過資料科學，來協助進行決策。此外，企業不該只是運用資料科學來降低成本，還應該能預測顧客即將需要什麼或想要什麼。甚至，真正善用資料科學的企業，能在顧客不知道自己需要什麼或想要什麼之前，就能先預測到。

「簡單明瞭」
就足以讓資料科學發揮價值

麻省理工學院的資料科學家卡爾安•維拉馬沙納尼（Kalyan Veeranachaneni），在 2016 年 12 月 7 日哈佛商業評論數位版中提到下列的一個場景。維拉馬沙納尼說，在一場資料科學應用研討會中，他問在場約 150 位的參與者：「你們當中有多少人，曾經建立過資料科學模型？」現場大約有三分之一左右的人舉手。接著他又問：「在你們當中，有多少人所建立的模型，能產生價值，並能加以評估？」這次現場則是鴉雀無聲，沒有人舉手。

事實上，許多公司在推行資料科學應用時，確實很容易出現以上的情境。因為資料科學家對建立模型的方法如數家珍，非常熟悉，但對企業的業務範疇卻不甚了解；而業務專家則抱怨，資料科學家所建立的模型複雜，常常對公司業務並沒有實質上的幫助，這也正是資料科學家與業務專家之間的鴻溝，如圖 11-13 所示。

⊕ 圖 11-13 資料科學家與業務專家之間的鴻溝
繪圖者：廖庭儀

為了填平雙方距離的缺口，維拉馬沙納尼（Veeranachaneni）提出，若要讓資料科學在企業內部產生真正的價值，應該注意以下幾項原則 [14]：

一、盡量使用簡單模型

維拉馬沙納尼（Veeranachaneni）的團隊認為，簡單的模型，如決策樹、隨機森林、邏輯斯迴歸，已足以解決大多數的問題。解決問題的重點，不在於如何發展出複雜的模型，而在於縮短「取得資料，發展出簡單模型」的時間，同時能快速解決問題。

二、探索更多問題

企業不應該用一個複雜的模型，探索一個業務問題。企業應該能同時探索數十個業務問題，並對每個問題進行簡單模型的發展，並且快速評估效益。

三、透過樣本分析

沒有必要使用分散式運算來處理大量的資料。只要透過有效的抽樣，對樣本進行分析，通常就能獲得類似的結果，如此一來，即可避免投資大量預算在運算方面。

四、將流程自動化

當落實以上的原則後，縮短開發模型時間的瓶頸，在於資料蒐集、資料處理以及資料的轉換。而這些步驟能否更有效率，在於是否能將現有產生資料與處理資料的流程加以自動化，尤其是將原本需要人工處理的流程自動化，或是將已經資訊化的流程，再進一步地整合。

對企業來說，資料科學絕對是一項有用的工具，但重點在於，企業是否真的能夠善用它。上述維拉馬沙納尼（Veeranachaneni）的建議，提供企業一些指引。

---

14 Kalyan Veeranachaneni（2016），Why You're Not Getting Value from Your Data Science," HBR.org, 2016.12.7. 林麗冠譯，「資料科學對你沒價值？」，哈佛商業評論全球繁體中文版，2017 年 9 月，28-29 頁。

「資訊科技產業化」或「產業資訊科技化」
─ 資訊科技發展下的企業策略

在商業市場中，總有一些企業表現的很靈活，但何謂靈活企業？一旦環境改變了，企業策略也馬上跟著調整。對企業來說，資訊科技的出現，產生了兩種策略方向。一是將資訊科技當成一個新的產業，稱為「資訊產業化」。其次則是如何透過資訊科技，來增加本身企業的附加價值，稱為「產業資訊化」。以下簡單分析，不同階段資訊科技的發展，並說明在不同階段，資訊科技對企業策略的改變以及對工作的影響。

回顧資訊科技發展的歷史，我們將其簡化區分成三個階段：分別為電腦、網際網路和人工智慧（AI），如圖 11-14 所示。

資訊科技產業

電腦	網際網路	人工智慧
電腦產業化 產業電腦化	網路產業化 產業網路化	AI 產業化 產業 AI 化
自動化	外包、外移	智慧化
生產線、辦公室等勞力工作被電腦取代	無論勞力或智力性工作，透過網路而被其他國家的人取代	無論勞力或智力性工作，皆被智慧型機器取代

⊕ 圖 11-14 資訊科技發展下，企業策略的改變
繪圖者：王舒憶

一、電腦

電腦的出現，對企業的策略意涵為：「電腦產業化」與「產業電腦化」。「電腦產業化」意指因為電腦的出現，誕生了一個新的產業，即「電腦產業」。在這個

產業裡，硬體的 IBM、軟體的 Microsoft 都是成功的代表。另外，「產業電腦化」意指因為電腦的出現，各行各業開始導入電腦，用來降低成本並增加效益。

在此階段，企業為了降低成本，透過電腦來取代人力。此時，勞力型工作如生產線人員、辦公室行政人員等，因為工作自動化與商業套裝軟體的出現，被電腦所取代。

二、網際網路

網路的出現，對企業的策略意涵為「網路產業化」與「產業網路化」。「網路產業化」意指因為電腦的出現，誕生了一個新的產業，即「網路產業」。在網路業中，Google、Amazon、Facebook 都是成功的代表。「產業網路化」意指因為網路的出現，各行各業開始透過網路，來降低成本並增加效益。

在這個階段，企業透過外包來降低人力成本。由於網際網路的無遠弗屆，工作被其他國家的人所取代。這些工作無論是勞力型，如：Call center 客服人員，或是智力型，例如：程式設計師，只要工作內容能夠透過 0 與 1 來呈現，就很容易被取代。最典型的例子就是美國的消費者打電話到銀行的客服中心（Call center），接聽電話進行服務的卻是遠在印度的客服人員。

三、人工智慧（AI）

AI 的出現，對企業的策略意涵為：「AI 產業化」與「產業 AI 化」。「AI 產業化」意指因為 AI 的出現，將誕生一個新的產業，即「AI 產業」。在這產業裡，未來將出現改變世界的全新企業。「產業 AI 化」意指因為 AI 的出現，各行各業開始透過 AI 來降低成本並增加效益。

人工智慧（AI）的出現，某些工作將會被擁有智慧的機器，如軟體、硬體所取代。這個階段被取代的工作，包含勞力型與智力型；同時，被取代的範疇勢必遠大於前兩階段。以金融業為例，以前被取代的可能是客服中心人員與櫃台，現在連分析師、精算師等「師」字輩，都已被「預言」可能遭到 AI 所取代。

根據以上的分析，無論是企業或個人，能掌握電腦、網際網路、人工智慧（AI）技術與趨勢者就是贏家。至於企業該如何掌握資訊科技背後的機會，「AI 產業

化」與「產業 AI 化」是兩個可行的方向。對個人而言，雖然資訊科技將取代許多現有的工作，但也同時將產生新的工作機會。

最後，「資料科學」與人工智慧（AI）之間的關係密切，我們認為掌握「資料科學」，有助於企業掌握「AI 產業化」與「產業 AI 化」的發展契機。

SECTION
11-16

企業競爭新優勢 ──
建立自己的系統體系

以往企業在經營績效表現良好，逐步壯大之後，便開始向上下游整合，發展各式聯盟，甚至跨產業競逐，以擴大自己的競爭優勢。而現在跨產業已嫌落伍，目前企業無不以發展自有的「系統體系（system of systems）」為目標，以逐漸拓展疆界的方式，到企業固有產品系統之外，發展自己的生態體系。

策略大師麥可・波特（Michael E. Porter）在「波特描繪競爭新版圖」[15] 這篇文章中提到，智慧連網產品有三要素：實體要素、智慧要素和連線要素。

拿汽車來說，實體要素有引擎本體、輪胎、電瓶等；智慧要素包含引擎控制器、防鎖定剎車系統（ABS）、自動感應雨刷系統等；至於連線要素包括天線、連結埠（port）... 等。在這樣的概念下，企業「產品概念」的發展，從「產品」，發展到「智慧型產品」、「智慧連網產品」、進一步可發展到「產品系統」，甚至是「系統體系」。如圖 11-15 所示。

再進一步以目前最夯的電動車為例，在原本的電動車上，加載許多智慧型車用電子設備，如智慧型煞車，屬於「智慧型產品」。透過智慧連網裝置，遠端偵測電動車內零組件的狀態，進而修改相關設定，就屬於「智慧連網產品」。而電動車與電池相關產品、車用電子相關產品、雲端相關產品，形成了「電動車生態系統」。

---

15 麥可・波特（Michael E. Porter）、詹姆斯・赫普曼（James E. Heppelmann），「波特描繪競爭新版圖」，吳佩玲譯，哈佛商業評論全球繁體中文版，November 2014。

圖 11-15　產品系統的系統體系

繪圖者：廖庭儀

★ 資料來源：修改自麥可‧波特（Michael E. Porter）、詹姆斯‧赫普曼（James E. Heppelmann），「波特描繪競爭新版圖」，吳佩玲譯，哈佛商業評論全球繁體中文版，November 2014

再放大來看，電動車生態系統與「運輸安全系統」、「共乘共享系統」、「交通指示系統」等系統相連，最終則形成「智慧交通系統體系」。

智慧連網產品的出現，往往導致企業競爭範疇不斷擴大。例如居家照明、視聽娛樂、與氣候控制等製造商，過去它們之間不會彼此競爭，但現在這些廠商卻在智慧家庭的新興產業中相互競逐市場。智慧連網產品擴大產業本身的定義，產業疆界逐漸擴大到產品系統之外，成為「系統體系」（system of systems）。

《動態競爭優勢時代：在跨界變局中割捨 + 轉型 + 勝出的策略》 的作者莉塔‧岡瑟‧麥奎斯（Rita Gunther McGrath），在這本書中提出了「競技場觀點」，強調傳統「產業內」的競爭，因為環境的變遷演化成「產業間」的競爭動態，往往形成「跨產業」的互補型併購。

了解以上產品系統的發展之後，企業就可以運用「系統體系」的概念，來思考如何發展自己事業單位的新產品，以及看待自己所處的產業未來可能如何變遷，甚至是探索在「系統體系」的概念下，如何進行策略性創新以發展出新的產業「標準」。而為了達成以上的目的，有效的「資料」收集與分析，在決策上將扮演著更重要的角色，而這也是目前許多世界一流的企業正在做的事情。

行銷資料科學｜大數據 x 市場分析 x 人工智慧 第二版

作　　者：羅凱揚 / 蘇宇暉 / 鍾皓軒
企劃編輯：蔡彤孟
文字編輯：江雅鈴
設計裝幀：張寶莉
發 行 人：廖文良

發 行 所：碁峰資訊股份有限公司
地　　址：台北市南港區三重路 66 號 7 樓之 6
電　　話：(02)2788-2408
傳　　真：(02)8192-4433
網　　站：www.gotop.com.tw
書　　號：ACD023700
版　　次：2023 年 08 月二版
建議售價：NT$550

國家圖書館出版品預行編目資料

行銷資料科學：大數據 x 市場分析 x 人工智慧 / 羅凱揚，蘇宇暉，鍾皓軒著. -- 二版. -- 臺北市：碁峰資訊，2023.08
　　面；　公分
　　ISBN 978-626-324-583-9(平裝)
　　1.CST：行銷學　2.CST：資料探勘　3.CST：商業分析
496　　　　　　　　　　　　　　　　　112012158